现代农业综合实用技术

杨　超　许　焕　赵要尊　李　松　主编

中原农民出版社
·郑州·

图书在版编目(CIP)数据

现代农业综合实用技术 / 杨超等主编. —郑州：中原农民出版社，2013.8(2014.11 重印)
ISBN 978-7-5542-0513-6

Ⅰ.①现… Ⅱ.①杨… Ⅲ.①农业技术 Ⅳ.①S

中国版本图书馆 CIP 数据核字(2013)第 177645 号

出版：中原农民出版社
(地址：郑州市经五路 66 号 电话：0371-65751257
邮政编码：450002)
发行单位：全国新华书店
承印单位：郑州九州印务有限公司
开本：890mm×1240mm A5
印张：8.25
字数：220 千字
版次：2013 年 8 月第 1 版 **印次**：2014 年 11 月第 3 次印刷

书号：ISBN 978-7-5542-0513-6 **定价**：18.00 元

本书编委会

主　编　杨　超　许　焕　赵要尊　李　松

副主编　赵洪海　朱新利　苏　鹏　王一尘

　　　　王爱荣　张　敏

编　委　孙德富　何青霞　陈宗坤　路冬梅

　　　　张保忠　李妍妍　孙广梅　徐培景

内容提要

本书主要介绍了河南省及其周边地区小麦、玉米、棉花等主要作物选种、耕作、施肥技术，及常见蔬菜的温棚栽培技术。特别是对近年来大力推广的有机生态型无土栽培技术进行了补充，如无土栽培的基本原理、应用设施以及番茄、黄瓜、生菜等的实用无土栽培新技术。同时加入了生态农业与庭院经营的内容，可以增强农业生态意识，学会从农业生态系统的高度来认识农业，学会庭院生产模式及配套技术的选配与组装。

目 录

第一章 优良品种及种子包衣概述

第一节 优良品种介绍

一、小麦品种

1. **矮抗58** 属半冬性多穗型中熟品种。该品种的突出特点是根系活力强、抗寒性好、成穗率高，株型紧凑、矮秆抗倒、穗层整齐、丰产稳产性好。2005年审定以来推广速度很快，2008年列入河南省重大科技专项，2008年河南省收获面积突破1 325万亩，上升为河南省第一大小麦品种，并在安徽、江苏、山东等周边省份得到大面积推广。该品种易感赤霉病和叶锈病，因此在河南南部麦区利用时注意防治叶锈病和赤霉病。

2. **郑麦9023** 属弱春性优质强筋早熟品种。该品种具有分蘖力强、耐旱性好、成熟早、落黄好、品质优等特点，在河南省推广面积居前列，并且在湖北、安徽、江苏等周边省份大面积种植。由于该品种属弱春性，抗寒性略差，近几年种植区域主要集中在河南省南部麦区。2008年收获面积达709万亩，居河南省小麦品种第二位。

3. **豫麦49－198** 属半冬性多穗型中熟品种。该品种继承了豫麦49的分蘖力强、成穗率高、抗寒性好、株型紧凑、抗倒性好等优点，同时丰产性有所提高，但抗病能力弱。主要分布在河南中部、河南北部和南阳市，2008年收获面积稳中有升，居河南省小麦品种第三位。生产利用时应加强病害防治。

4. **周麦18** 属半冬性中、大穗型中晚熟品种。主要优点是春季生长稳健，综合抗病、抗倒能力强，适应性广，成穗率高。对锈病和白粉病有一定抗性。缺点是颖壳松，易受吸浆虫危害，对纹枯病和赤霉病抗性不足。周麦18是河南省小麦区试的对照品种，在黄淮麦区各省均有种植，2008年收获面积比2007年略有降低，居河南省小麦品种第四位。

5. 郑麦366 属半冬性多穗型早熟强筋小麦品种。主要优点是冬季抗寒性好、耐旱性强，株型紧凑、矮秆、抗倒性好，穗层整齐、成穗率高，产量三要素协调。2008年列入河南省重大科技专项，种植面积从2007年的168万亩上升到552万亩，成为河南省小麦第五大品种。该品种缺点是高感纹枯病，春季发育快，抗倒春寒能力弱，2008年在河南东南部分麦田出现不同程度的冻害，在河南东部地区种植应适当晚播，并预防纹枯病。

6. 西农979 属半冬性优质强筋中早熟品种。主要优点是分蘖力强、成穗率高、苗期长势较壮、越冬抗寒性好、品质优，达强筋粉标准。缺点是抗倒春寒能力弱，不耐后期高温，有早衰现象，高感白粉病。主要分布在驻马店、南阳、周口和豫北麦区，2008年收获面积513万亩，比2007年增加307万亩，居河南省小麦种植面积第六位。

7. 周麦16 属半冬性中大穗型中熟品种。主要优点幼苗健壮，冬季抗寒性好，矮秆抗倒，穗层整齐，增产潜力大，适宜范围广。种植面积相对稳定，主要分布在河南省中北部，居河南省小麦种植面积第七位。缺点是感叶锈病和赤霉病，抗倒春寒能力偏弱，2008年许昌、平顶山、漯河三市反映有穗上部不结实现象。

8. 众麦1号 属半冬性中穗型中熟品种。主要优点是苗期长势壮，冬季抗寒性好，春季发育稳健，较抗倒春寒，分蘖力强、成穗较多，株型紧凑、茎秆粗壮、抗倒性好，丰产稳产，缺点是子粒商品性差，黑胚率高。主要集中在豫东南部、安阳、驻马店麦区，2008年收获面积278万亩，比2007年增加100万亩，居河南省小麦种植面积第八位。

9. 偃展4110 属弱春性多穗型早熟品种。主要优点是苗期长势健壮，分蘖成穗率高，穗层整齐，耐旱，灌浆快，成熟早，落黄好，产量三要素协调。近两年表现白粉病重，抗倒能力差。主要分布在豫南部、洛阳、开封等地，2008年收获种植面积与2007年基本持平，居河南省小麦种植面积第九位。

10. **新麦 18** 属半冬性多穗型中熟品种。主要优点苗期健壮、抗寒性较好，分蘖力强、成穗率高、穗层整齐，耐湿和耐后期高温，产量三要素协调。由于该品种近两年表现感白粉病较重，抗倒性稍差，种植面积下降较快，居河南省小麦种植面积第十位。

二、小麦搭配品种和扩大示范品种

1. **周麦 22** 属半冬性大穗型中熟品种。苗势壮，耐旱性较好，起身拔节快，成穗较高；株型紧凑，长相清秀，茎秆弹性好，抗倒能力强；灌浆速度快，耐后期高温，成熟落黄好；抗条锈病、叶锈病和白粉病，易感赤霉病；高产潜力大，稳产性好，适应性广，适宜黄淮南片麦区高中水肥地早中茬种植。

2. **郑育麦 9987** 属半冬性中熟品种。苗势壮，分蘖力较强；茎秆硬，抗倒性强；综合抗病性较好；穗层整齐，粒大饱满，商品性好，成熟落黄好，高产潜力大、稳产性好。缺点：对春季低温干旱敏感，穗顶部易虚尖，叶锈病较重。在河南省中北部高水肥地种植有较好利用价值，生产利用时应注意防治叶锈病。

3. **许科 1 号** 属半冬性中大穗型中晚熟品种。冬季抗寒性好，较耐倒春寒；茎秆硬，较抗倒性强；穗层厚，后期较耐高温，成熟落黄好；子粒饱满度较好，千粒重高，高产潜力大。缺点：易感条锈病、叶锈病和赤霉病。适宜河南省中北部高水肥地早中茬种植。

4. **周麦 23 号（周 9823）** 属弱春性大穗型中熟品种，冬季耐寒性较好，株型稍松散，后期根系活力强，较耐后期高温，熟相较好。对白粉病有一定抗性，易感条锈病、赤霉病，是产量潜力较高的弱春性品种，适宜黄淮南片和河南省中南部麦区种植。

5. **众麦 998** 属半冬性中大穗型中熟品种。苗期长势壮，起身拔节早，分蘖能力强：株高适中，茎秆弹性好，抗倒伏；穗层厚，穗较大，结实性好，高产潜力大。缺点：易感条锈病、叶锈病。适宜在河南省中北部高中水肥地早茬发展利用。

6. **新麦扮** 属半冬性多穗型中早熟品种。幼苗长势壮，耐寒性好，分蘖力强，成穗数多；根系活力强，耐旱，灌浆快、成熟较早、落黄好，产量三要素协调。对条锈病、叶锈病和白粉病有一定抗性，但易感赤霉病。其品质指标达到强筋小麦标准。近两年在河南省中东部和北部发展较快。应注意防治叶枯病和赤霉病。

三、玉米品种

1. **郑单958** 河南省农业科学院选育，2000年通过国家审定，审定编号国审玉2000009。株型紧凑，叶片上冲，夏播生育期100~105天。株高250厘米，穗位110厘米；果穗筒形，穗长16.9厘米，穗粗4.8厘米，穗行数14~16，行粒数36，结实性好，轴细：黄粒，半马齿，出子率90%，千粒重350~400克。子粒蛋白质9.78%，粗脂肪4.45%，粗淀粉73.36%，容重766克/升，品质达普通玉米一等级国标，饲料玉米二等级国标，高淀粉玉米三等级部标。中抗小斑病、矮花叶病，易感茎腐病、瘤黑粉病、弯孢菌叶斑病，易感玉米螟。适宜河南省及黄淮海夏玉米区推广种植，一般亩产650~700千克，种植密度4 000~4 500株/亩。5月下旬麦垄点种或6月上旬麦收后足墒直播，苗期发育较慢，注意增施磷、钾肥提苗，重施拔节肥，大喇叭口期防治玉米螟。

2. **浚单20** 河南省浚县农业科学研究所选育，2003年通过国家审定，审定编号国审玉2003054。株型紧凑，夏播生育期97天，株高240厘米，穗位105厘米；果穗筒形，粗大，穗长17厘米，穗粗5.1厘米，穗行数16~18，行粒数38，结实性好，不秃尖，轴细；黄粒，半马齿型，出子率90.4%，千粒重320克。子粒蛋白质10%~20%，粗脂肪4.69%，粗淀粉70.33%，容重758克/升，品质达普通玉米一等级国标，饲料玉米一等级国标。高抗矮花叶病，抗小斑病、瘤黑粉病、弯孢菌叶斑病，中抗茎腐病、玉米螟。一般亩产650~700千克，适宜河南省及黄淮海夏玉米区推广种植，一般肥力地块密度3 500~3 800株/亩，高肥力地块密度3 800~4 200株/亩。

3. **浚单22** 河南省浚县农业科学研究所选育，2004年通过河南审定，审定编号豫审玉 2004012。株型紧凑，夏播生育期 103 天。株高 258.1 厘米，穗位高 112.8 厘米左右；果穗筒形，结实好，穗长 17.6 厘米，穗粗 5.1 厘米，穗行数 15.9，行粒数 38 粒，穗轴白色，子粒黄色，半马齿型，千粒重 340 ~ 360 克，出子率 90%。子粒蛋白质 10.48%，粗脂肪 4.44%，粗淀粉 72.33%，容重 751 克/升，品质达普通玉米一等级国标，饲料玉米一等级国标。抗小斑病、弯孢菌叶斑病、矮花叶病，中抗草腐病，感瘤黑粉病。一般亩产 650 千克，适宜在河南省各地夏播种植，中肥地 3 300 ~ 3 500 株/亩，高肥地 3 500 ~ 3 800株/亩，使用种子包衣防治瘤黑粉病。

4. **中科 11**　北京中科华泰科技有限公司、河南科泰种业有限公司选育，2006 年通过国家审定，审定编号国审玉 2006034。在黄淮海地区出苗至成熟平均 98.6 天，比对照郑单 958 晚熟 0.6 天，比农大 108 早熟 4 天，需有效积温 2 650℃ 左右。幼苗叶鞘紫色，叶片绿色，叶缘紫红色，雄穗分枝密，花药浅紫色，颖壳绿色。株型紧凑，叶片宽大上冲，株高 250 厘米，穗位高 110 厘米，成株叶片数 19 ~ 21 片。花丝浅红色，果穗筒形，穗长 16.8 厘米，穗行数 14 ~ 16，穗轴白色，子粒黄色、半马齿型，千粒重 316 克。经河北省农林科学院植物保护研究所两年接种鉴定，高抗矮花叶病，抗茎腐病，中抗大斑病、小斑病、瘤黑粉病和玉米螟，易感弯孢菌叶斑病。子粒容重 736 克/升，粗蛋白含量 8.24%，粗脂肪含量 4.17%，粗淀粉含量 75.86%，赖氨酸含量 0.32%。一般亩产 600 千克，适宜河南省夏播种植，适宜密度 3 800 ~ 4 200 株/亩，注意防治弯孢菌叶斑病。

5. **中科 4 号**　河南省中科华泰玉米研究所、北京中科华泰科技有限公司、河南科泰种业有限公司联合选育，2004 年通过河南审定，审定编号豫审玉 2004006。株型半紧凑，夏播生育期 99 天。株高 270 厘米，穗位 105 厘米；果穗中间型，穗长 19 厘米，穗行数 14 ~ 16，行粒数 36，穗轴白色；偏硬粒型，黄白粒，千粒重 350 克左右，出子率 84%。子粒粗蛋白质 10.54%，粗脂肪 4.07%，粗淀粉 72.38%，容重 764 克/升，品质达普通玉米一等级国标，饲料玉米一等级国标，高淀粉玉米三等部标。高抗小斑病、弯孢菌叶斑病、瘤黑粉病、矮花叶病，抗玉米螟，易感茎腐病。一般亩产600千克左右，适合河南省各地夏播种植，适宜密度3 000～3 500株/亩，苗期注意适当蹲苗。

6. **滑玉15** 河南滑丰种业科技有限公司选育，2009年通过河南审定，审定编号豫审玉2009006。株型紧凑，夏播生育期99天。株高265厘米，穗位高124厘米；雄穗分枝数中等，花药浅紫色，花丝紫色；果穗圆筒形，穗长16.5厘米，穗粗5.2厘米，穗行数14.8行，行粒数35.8粒；黄粒，白轴，半马齿型，千粒重331.1克，出子率90.3%。子粒粗蛋白质10.01%，粗脂肪4.39%，粗淀粉73.62%，赖氨酸0.300%，容重750克/升。品质达到普通玉米一等级国标，饲料用玉米一等级国标。高抗矮花叶病，抗小斑病，感大斑病、瘤黑粉病，高感弯孢菌叶斑病、茎腐病，抗玉米螟。一般亩产600千克左右，适合河南省各地夏播种植，适宜密度4 000株/亩，苗期注意防治蓟马、棉铃虫等害虫，保证苗齐苗匀；施肥采取分期施肥方式，苗期少施肥，大喇叭口期重施肥，一般每亩施尿素30～40千克。

7. **浚单26** 河南省浚县农业科学研究所选育，2005年通过河南审定，审定编号豫审玉2005006。株型紧凑，夏播生育期98天。幼苗叶鞘浅紫色，叶色深绿、窄上举；穗上部叶片有卷，单株叶片数为19～20片，株高245厘米左右，穗位高105厘米左右；果穗筒形，穗柄短，穗长16.0厘米左右，穗粗5.11厘米左右，秃尖轻，结实性好，穗行数16，行粒数34～35粒，白轴；子粒黄色，半硬粒型，千粒重330克左右，出子率89%。子粒粗蛋白9.89%，粗脂肪4.5%，粗淀粉70.80%，赖氨酸0.3%，容重768克/升。抗大小斑病、矮花叶病，中抗茎腐病，易感弯孢菌叶斑病、瘤黑粉，高感玉米螟。一般亩产600～650千克，适宜河南省齐地夏播种植，夏播每亩适宜密度4 000株左右。

8. **滑玉11** 河南滑丰种业科技有限公司选育，2007年通过河南审定，审定编号豫审玉2007001，株型紧凑，夏播生育期98天。幼苗叶鞘浅紫色；株高250厘米，穗位高105厘米；果穗圆筒中间型，穗长16厘米，穗粗5厘米，穗行数16，行粒数35；白轴，黄粒，半马齿型，千粒重310克，出子率88%。子粒粗蛋白10.41%，粗脂肪4.50%，粗淀粉72.45%，赖氨酸0.31%，容重734克/升。抗小斑病，中抗大斑病、瘤黑粉病、矮花叶病，感弯孢菌病小斑病、茎腐病，易感玉米螟。一般亩产600～650千克，适宜河南省各地夏播种植，适宜密度3 800～4 000株/亩，6月10日前播种，密度4 000株/亩。

9. **新单26** 河南省新乡市农业科学院选育，2008年通过河南审定，审定编号豫审玉2008009。株型紧凑，夏播生育期98天；株高256厘米，穗位高108厘米；雄穗分枝13～15个，花药黄色，花丝红色；果穗筒形，穗长18厘米，穗粗5.1厘米，穗行数16，行粒数38.8粒，黄粒，红轴，半马齿型，千粒重300克，出子率89%。子粒粗蛋白质10.57%，粗脂肪4.80%，粗淀粉72.10%，赖氨酸0.32%，容重770克/升。品质达到普通玉米一等级部标，饲料用玉米一等级部标，高淀粉玉米三等级部标。高抗瘤黑粉病、矮花叶病，抗大斑病、弯孢菌叶斑病，中抗小斑病、秆腐病、玉米螟。一般亩产550～600千克，河南省中高肥力地推广种植，6月10日前播种，适宜密度4 000株痛，苗期注意防治蓟马、蚜虫、黏虫和棉铃虫，确保苗期苗壮；大喇叭口期重施攻穗肥，同时用杀虫颗粒剂丢芯，防治玉米螟。

10. **浚单29** 浚县农业科学研究所选育，2009的年通过河南审定，审定编号豫审玉2009029。株型紧凑，夏播生育期97天。株高250厘米，穗位高110厘米；幼苗叶鞘浅紫色；雄穗分枝数中等，雄穗颖片绿色，花药绿色，花丝浅紫色；果穗筒形，穗长15.8厘米，穗粗5.1厘米，穗行数16行，行粒数35粒；黄粒，白轴，半马齿型，千粒重30克，出子率89.8%。子粒粗蛋白质9.37%，粗脂肪4.42%，粗淀粉72.34%，赖氮酸。子粒品质达到普通玉米二等级国标，饲料用玉米二等级国标，高淀粉玉米三等级部标。高抗矮花叶病，抗小斑病，中抗大斑病、茎腐病，易感弯孢菌叶斑病、瘤黑粉病，中抗玉米螟。一般亩产600～650千克，河南省各地夏播种植。6月30日前播种，种植密度每亩4 500株左右。苗期注意防治蓟马、棉铃虫等虫害，保证苗齐苗壮；苗期少施肥，大喇叭口期重施肥，同时用辛硫磷颗粒剂丢芯，防治玉米螟和蚜虫。

11. **豫单998** 河南农业大学郑州国家玉米改良分中心选育，2006年通过河南省审定，审定编号豫审玉2006015。该品种夏播生育期 102 天左右。株型紧凑,全株叶片数 20 片,株高 270 ~ 280 厘米,穗位高 120 ~ 125 厘米;幼苗芽鞘紫色,叶片浓绿;雄穗分枝数 10 ~ 15 个,花丝出时绿色,后变红色,花药黄色;果穗筒形,穗长 18 厘米,穗粗 5.1 厘米,穗行数 15.2,行粒数 32 ~ 33;穗轴白色,子粒黄色,硬粒型,出子率 84.0%,千粒重 340.09 ~ 352.99 克。高抗茎腐病,抗大斑病,中抗小斑病、矮花叶病,感弯孢菌叶斑病、瘤黑粉病、玉米螟。一般亩产 600 ~ 660 千克,适宜河南各地夏播种植。种植密度为 4 000 ~ 4 500 株/亩。6 月 10 日前播种,等行距或宽窄行种植。苗期注意蹲苗,并保证充足的肥料供应,注意氮、磷、钾配合使用。

12. **豫禾 988**　河南省豫玉种业有限公司选育,2008 年河南省审定,审定编号豫审玉 2008001。该品种夏播生育期 96 天。株型紧凑,全株叶片 20 左右,株高 248 厘米,穗位高 105 厘米;幼苗叶鞘浅紫色,第一叶尖端圆到匙形,第四叶缘浅紫色;雄穗分枝数中等,雄穗颖片绿色,花药绿色,花丝浅紫色;果穗中间型,穗长 18.1 厘米,穗粗 5.0 厘米,穗行数 14 ~ 16,行粒数 27.0,黄粒,白轴,半马齿型,千粒重 316.2 克,出子率 89.5%。高抗茎腐病、矮花叶病,抗弯孢菌叶斑病,中抗小斑病、大斑病、瘤黑粉病,易感玉米螟。一般亩产 530 ~ 560 千克,适宜河南省中高肥力地推广种植。6 月 10 日前播种,每亩密度 4 500 株;用 50% 福美双可湿性粉剂拌种,苗期少施肥,注意防治蓟马、棉铃虫等虫害,保证苗齐苗壮;大喇叭口期重施肥,用辛硫磷颗粒丢芯,防治玉米螟。

13. **鑫玉 16**　河北石家庄鑫玉科技有限公司选育,2006 年通过河南省引种批准,引种编号为豫引玉 2006022。株型半紧凑,夏播生育期 99 天。株高 253 厘米,穗位高 110 厘米;穗长 17 厘米 ,穗粗 5 厘米,穗行数 14 ~ 16,行粒数 33.7,秃尖轻,白轴;黄粒,半马齿型,千粒重 323.79, 出子率 88.3%。子粒蛋白质含量 8.7%,粗脂肪含量 3.72%,粗淀粉含量 75.24%,赖氨酸 0.26%。高抗矮花叶病,抗大斑病、小斑病,中抗黑粉病,易感玉米螟。一般亩产 550 ~ 600 千克,适宜河南省各地夏播种植,适宜密度 3 500 株/亩左右,追肥要以前轻、中重、后补为原则,采取稳氮、增磷、补钾措施,喇叭口期及时防治玉米螟。

14. **蠡玉 35** 河北石家庄蠡玉科技有限公司选育，2007 年通过河南省审定，审定编号豫审玉 2007014。株型紧凑，夏播生育期 95 天。株高 250 厘米，穗位高 110 厘米；穗长 17.5 厘米，穗粗 5 厘米，穗行数 14～16，行粒数 35 粒，白轴；黄粒，半马齿型，千粒重 315 克，出子率 89%。子粒蛋白质 10.3%，粗脂肪 4.33%，粗淀粉 74.01%，赖氮酸 0.30%，品质达普通玉米一等级国标，饲料玉米一等级国标，高淀粉玉米二级国标。高抗矮花叶病、茎腐病，抗大斑病、小斑病、弯孢菌叶斑病，中抗黑粉病，易感玉米螟。一般亩产 550～600 千克，适宜河南省各地夏播种植。适宜密度 4 000～4 500 株/亩，追肥以前轻、中重、后补为原则，苗期注意防治黏虫，喇叭口期注意防治玉米螟。

15. **郑单 23 号** 河南省农业科学院粮作所选育，2006 年河南省审定，编号豫审玉 2006006。该品种夏播生育期 101 天。植株半紧凑，全株叶片数 19～21 片，穗上叶与茎夹角中，株高 290 厘米，穗位高 125 厘米；幼苗叶鞘紫色，叶尖圆形，叶片边缘紫红；雄穗发达，分枝中等，外颖绿色，花药黄色，花丝绿色；果穗筒形，果穗长 18.6 厘米，穗粗 5.3 厘米，穗行数 16.2，行粒数 42.4；穗轴红色，子粒黄色，千粒重 342.9 克，出子率 88.9%。一般亩产 500～550 千克，适宜河南各地推广种植。5 月下旬麦垄点种或 6 月 10 日前趁墒播种，一般中等肥力密度以 3 000 株/亩，上中等肥力以 3 200 株/亩为宜。

四、棉花品种

1. **鲁棉 14988** 山东省棉花研究中心选育。该品种出苗好，苗期长势强；株高 90 厘米，株型稍松散；结铃性强，单铃重 5.14 克，吐絮畅；霜前花率 81.9%，衣分 39.8%，子指 10.8 克，不孕子 7.2%；2.5% 纤维跨长 30.7 毫米，比强度 21.7 克/特克斯，马克隆值 4.35，整齐度 49.8%，伸长度 6.85；生育期 143 天，亩产皮棉 67.3 千克；抗枯萎病，耐黄萎病。适于山东省作春棉推广。

2. **中棉 29988** 中棉 29 是现代高科技生物技术成果培育成功的

转基因杂交抗虫棉,1998 年通过国家审定。

该品种高抗棉铃虫,一般全生育期不需要喷药防治,可减少用药 2/3。具有产量高、品质好、杂交优势强、增产潜力大等突出特点,一般亩产子棉 250 ~300 千克,最高可达 400 千克,同等条件下,较常规抗虫棉增产 25% ~30%。棉株塔形, 叶片适中,透光性好,吐絮畅,早熟不早衰,铃大(5 克),衣分高 (40%),色泽白。高抗枯萎病,耐黄萎病,是目前最为理想的高产抗虫抗病新品种。

3. **新棉 33988** 新棉 33 是利用现代高科技手段育成的高抗鳞翅目害虫的抗虫棉新品种。这种棉花可产生内源毒素在棉铃虫等鳞翅目害虫危害棉株初期将其杀死。

新棉 33 整个生育期基本不用药除治棉铃虫。二代棉铃虫发生期,顶尖受害率为 0.6% ~2.6%,三代棉铃虫发生期蕾铃受害率为 1.3% ~1.6%,达不到防治指标。丰产性好,效益高,抗逆性强,适应性广,纤维品质好。调控棉田生态环境效果好。种植新棉 33 由于大大减少打药次数,较好地保护了棉田害虫的天敌,对棉田生态环境调控作用显著。据调查,新棉 33 田间害虫天敌数量明显高于对照棉田。

4. **SGK321988** 双价转基因抗虫棉该品系生育期 130 天。该品系生育期 130 天。株高 100 厘米,植株呈筒形,果枝上冲,第一果枝着生节位 7 ~8 节。叶片大小适中,叶色淡绿通风透光性好。出苗快,苗齐苗壮,前期生长势壮,现蕾开花集中,花铃期生长稳健。早熟不早衰,吐絮畅,朵大易采摘。抗枯萎、耐黄萎。铃重 4.8 ~5.0 克,子指 10.1 克,衣分 39% ~40%,2.5% 跨距长度 28.4 毫米,比强度 21.6 克/特克斯,马克隆值 4.6。

5. **豫棉 19 号 988** 植株塔形,株高 70 ~90 厘米,主茎粗壮,根系发达,抗倒伏。果枝节位 6 ~7 节,果枝下长上短,第一节间较长,果枝属Ⅱ型。叶片大小中等,色深,较厚,叶功能期长达 90 天以上,后期不衰。赘芽少,好管理。中下部成铃集中,霜前花率高达 90% 以上。铃卵圆,4 ~5 室,壳薄,絮畅,铃重 5 克左右,衣分 40% 左右,绒长 30 ~31 毫米,子指9 ~10 克,饱满,发芽率高。

6. **豫棉 22 号(郑 113)988** 豫棉 22 号系郑州市农林科学研究所

以郑35为母本,豫职8602为父本杂交,并经多年系统选育而成的棉花新品种。

生育期131天左右。株高92~98厘米,植株较松散,呈塔形;叶片中等,绿色;茎秆粗壮,果枝数13.5个,单株结铃17.2个,铃圆形,单铃重5.7克,衣分42.45%,子指10.45克。出苗整齐,抗倒伏,吐絮集中,好花率高。2.5%跨长为29.0毫米,整齐度为49.4%,比强度为24.9克/特克斯,马克隆值为4.8, 属耐病类型。适宜河南省春棉区、麦棉套区和地膜覆盖棉田种植。每亩留苗3 000~3 500株。一般亩产子棉、皮棉、霜前皮棉分别为190~240千克,85~100千克、72~96千克。

7. 新高抗五号优系988　新高抗五号优系,是河南省新乡县人民政府棉花办公室,在育成新高抗五号的基础上运用三圃法系选而成的又一个棉花新品系。该品系属春棉中熟类型,生育期128天,叶片中等,叶色浓绿,茎秆坚韧,整齐度好,苗期生长缓慢,花铃期生殖生长迅速而集中。棉铃呈卵圆形,铃重5.5克,子指9克,纤维长度31毫米,衣分40%左右,霜前花率在90%以上。

主要特点:抗枯萎病、耐黄萎病、高抗棉铃虫;结铃性强而集中增产幅度大,一般亩产皮棉100千克,高产示范区曾多次出现亩产皮棉200千克以上; 抗涝耐寒,适合营养钵育苗移栽、地膜覆盖、间作套种等各种栽培模式和植棉地区使用;铃大、皮薄、吐絮畅,易采摘,皮棉洁白有光泽,纤维强度达23.6克/特克斯,马克隆值3.6,各项指标均达到或超过国家优质A级标准。

第二节　种子包衣概述

一、种子包衣概念及作用

1. 种衣剂　种衣剂是由杀虫剂、杀菌剂、复合肥料、微量元素、植物生长调节剂、缓释剂、成膜剂等加工制成的能够在种子表面迅速固化成膜，具有缓释性、内吸传导性的药肥复合型种子处理专用药剂。

2. **包衣机**　包衣机是专门用于种子包衣的机械，一台包衣机主要由储药桶、供药系统、供料装置、雾化装置、搅拌部分、机架和电器6大部分组成。

3. **种子包衣技术**　种子包衣技术是种衣剂、包衣机、种子加工、包衣种子包装以及储藏、播种、栽培技术等一系列综合配套技术的总称。

4. **种子包衣技术主要内容**

(1)优质高效种衣剂的研制　研制各理化性状达到要求的，特别是研制适应不同作物，高效、快速成膜剂是种衣剂研究的关键。

(2)包衣机械的研制　研制高效、安全、性能稳定的包衣机械是种子包衣质量的保证。

(3)综合配套技术研究　包括包衣前加工、包衣种子标准，包衣种子干燥、储藏标准，包衣种子播种及栽培管理等。

5. **种子包衣主要作用**

(1)促使良种标准化、丸粒化、商品化　用来包衣的种子都是经过精选加工的优良品种，这些种子经过包衣后，使种子带有明显警戒色、增加了种子科技含量，杜绝了伪劣种子，促进了种子标准化、商品化。

(2)综合防治作物苗期病、虫、鸟、鼠害及缺氧症　包衣种子播入土中，种衣在种子周围形成防治病虫的保护屏障，使种子消毒和防治病原菌侵染；种衣剂含有的锰、锌、钼、硼等微量元素，可有效防治作物营养元素缺乏症。

(3)提高产量　包衣后促进种子生根发芽，刺激植物生长，苗齐苗壮，可提高作物产量10%左右。

二、种衣剂的优点

种衣剂作为最新的种子处理用药剂，与一般的拌种、浸种、闷种方法及所用药剂相比，有如下优点：

1. **功能多**　种衣剂具有杀虫、杀菌、防缺素症、药肥刺激生长，增加产量。

2. **效益高**　经测算，投入产出比为1∶(10～30)。

3. **安全性高、毒性低**　对种子安全，不会降低发芽率，不会发生药害、不出苗等现象；对人畜安全，是地下用药，包衣种子又有警戒色，一般不会对人畜造成危害；隐蔽用药，减少对地面天敌的杀伤，协调化学防治与生物防治；种衣剂含有的杀虫剂呋喃丹虽为高毒农药，但加入成膜剂后形成种衣，使之低毒化而不影响药效。

4. **使用方便**　使用包衣机处理种子，一般包衣机每小时可处理5吨种子，不需晾晒和烘干即可装袋入库，备用播种。

5. **种衣剂品种多、使用范围广**　现已登记的种衣剂品种有50多个，几乎可处理所有的粮、棉、油、瓜、菜、中药种子，不是单打一的杀虫或杀菌剂。

6. **费用低**　种衣剂包衣种子，一般都精量播种，用种量小，比拌种、浸种药剂价格低，省工、省药、省钱。

三、包衣种子的储藏

包衣种子最好当年使用当年包衣，因种衣剂药效可保持2年，当年包衣种子可以下年使用但必须妥善保管。包衣种子水分要低于安全储藏水分；防止潮湿，放在通风条件好的地方；要妥善保管，严防畜禽吃食种子；在搬运包衣种子时，检查包装有无破损，防止遗撒。

四、包衣种子的播种

包衣种子达到精播要求，所以最好使用精量播种机进行机播作业。包衣种子播种后土壤中应保持足够水分，土壤含水量一般在20%左右。包衣后必须晾干成膜后再播种，不能在地头边包边播，以防药膜未固化成膜而脱落。播种时不需浸种。

五、包衣种子的栽培管理

包衣种子因药膜影响，比不包衣种子出苗晚1～2天，适宜播期，可以比大田提前5天，而其生育期与不包衣种子一致。在栽培管理上要注意：种衣剂不能与敌稗等除草剂同时使用。使用种衣剂30天后才能使用敌稗，如已使用敌稗，需3天后才能播种包衣种子，否则易发生药害或降低种衣剂使用效果。种衣剂在水中会逐渐水解，水解速度随pH值及温度升高而加快，所以不要和碱性农药、肥料同时使用，也不能在盐碱地较重的地方使用，否则容易分解失效。出苗后，间苗时严禁用间下的苗喂牲畜。

第二章 小麦精量半精量播种技术

第一节 概　　述

一、精量半精量播种的概念与优点

小麦精量半精量播种技术是在土壤地力和肥水条件较好的情况下,利用机械匀播,控制并减少播量,将小麦种子按照农艺栽培要求的合理数量、位置播入土壤中的农机化实用技术。该技术较好地处理了群体与个体关系,麦田群体较小,群体动态结构合理,改善群体内光照条件,使小麦个体营养良好,发育健壮,小麦穗足、穗大、粒重,达到高产的目的。

二、精量半精量播种的增产机制

该项技术之所以能在"足肥、足水、小播量、适宜群体"的条件下获得增产,根本原因在于该技术根据小麦的生长特性,合理调整生长过程中影响产量的有关因素,使其处于较佳状态,从而提高单产水平,达到提高总产的效果。小麦属禾本科分蘖作物,单位面积上的穗数由主茎穗和分蘖穗组成,不同的裁定方法,二者的比例不同。习惯用单株成穗数表示,由此决定小麦单产。晚播冬小麦和春播小麦由于难以实现分蘖,多用独秆法种植,单株成穗 1 个,通常靠提高播种密度保证单位产量。常见的高产栽培法,多数单株成穗 2 ~3 个,也决定了单位面积产量难以再有所突破。精量半精量播种是以分蘖成穗为主的栽培方法,可使单株成穗提高到 3 ~4 个,比常见的高产栽培法单株成穗多 1 ~2 个,单位面积总成穗数大于其他种植方法,从而提高了单产。

小麦精量半精量播种技术的增产机制在于精量半精量播种技术充分发挥了优良品种的增产潜能,增加了单位面积有效穗数,减少无效分蘖,小麦茎秆精壮,增强了其抗倒伏能力,从而达到节种增产的效果。

采用小麦精量半精量播种技术,还提高了氮、磷肥料利用率,进而降低了生产成本。试验表明,同一小麦品种采用精量半精量播种技术的小麦生产100千克子粒产量所吸收的氮磷显著低于其他播种方式,小麦对氮、磷肥的吸收能力明显提高。

小麦精量半精量播种技术通过在山东、河南等小麦主产区推广应用,取得了明显的增产省种效益,同时在其他小麦产区也开始普及,各地从实际出发,不断改进完善,进一步丰富发展了小麦精量半精量播种技术的内容,涌现了一批高产更高产、中产变更的典型。目前,该项技术分为北方冬小麦小播量机械化备播技术和南方稻茬浅旋耕机械化条播技术。据调查,中国小麦精量半精量播种面积已达4 500多万亩,通过在各地的推广应用,普遍取得了每亩增产20千克、节种40千克的效益,是一项典型的农业节本增效工程技术,受到了各级部门的重视和广大农民的欢迎。

第二节　操作技术和应注意的问题

一、实施小麦精量半精量播种技术所需条件

(一)选择适宜的地块

推广小麦精量半精量播种技术,其地块选择既应符合机械作业的特点,又应满足小麦农艺栽培要求。选择地块时要注意:地势平坦,毗邻连片,田间留有机耕路,便于农业机械作业的转移;土壤深厚疏松,透水、通气性较好,肥力中上;土层深度一般为80厘米,活土层25厘米以上,总孔隙度30% ~50%,空气空隙度在12%以上,耕层容

重为 1.1 ~ 1.3 克/厘米^3；土壤有机质含量在 1% 以上，含氮 0.007% 以上，水解氮 40 ~ 50 毫克/升，速效磷 20 毫克/升以上，速效钾 80 毫克/升，pH 为 6.5 ~ 7.5。

（二）适时进行土壤耕整地和施撒肥料

确定实施精量半精量播种技术的小麦田块应在播前适时进行土壤耕整。通过耕翻，可以改善土壤物理性状，减少土壤容重，增加孔隙度，维持土壤水、气适宜比例，增强土壤蓄水保墒能力。同时，利于土壤中好气性有益微生物生育繁殖，有效分解小麦难以吸收的养分，提高土壤有效养分含量。机耕作业时应打破犁底层，尽量加深活土层，以提高地温，有利于小麦根系发育。通过耕翻还要减少病虫草害发生，翻埋田间杂草残茬可提高土壤有机质含量。

结合耕整地作业，把农家肥和化肥施入土壤，保证小麦生长过程中对养分的需求。施用底肥应以农家肥为主、化肥为辅。农家肥施用量为每亩 3 万 ~4 万千克，耕整作业前先将农家肥均匀撒施地表，而后随耕整地作业翻入土壤。化肥施用量为每亩标准氮肥 12 ~ 15 千克、磷肥 30 ~ 50 千克，缺锌地块每亩施硫酸锌 12 千克。采用犁底施肥机或其他深施机具将化肥施于土壤 6 ~ 10 厘米处。土壤耕整后要做到田面平整、虚实得当。

（三）选择优良品种，对种子进行加工处理

选择适于当地栽培的优质高产小麦品种，该品种应具有穗大、粒重、有效分蘖多，发芽率高、抗倒伏和抗病虫害的特性。播种前对种子进行清选，去除杂质和干秕破碎种子，一般要求种子纯度 98% 以上，发芽率 95% 以上。并对种子进行药剂、营养膜包衣处理，提高其防御病虫害的能力，保证苗齐苗壮。

（四）播种作业

各地应选择最佳播期进行精播作业，尽量促进小麦冬前分蘖。播种前应进行土壤墒情检查，做到足墒播种。当土壤墒情不适合种子发芽生长时，应根据土壤情况及时进行灌排。一般情况下每亩播种量控制在 3 ~ 6 千克。华北地区适播期一般在秋分后开始，至寒露前 4 ~ 5 天停播。

（五）田间管理

田间管理对精量半精量播种麦田夺取丰产丰收至关重要。小麦田间管理方法因各地情况不同而各有差异。下面推荐山东省应用小麦精量半精量播种技术的田间管理方法，供参考：

第一阶段，从返青到起身期（3 月上旬至中旬）。一般不追肥，不浇水，只需进行划锄、镇压作业，增温保墒，促苗早发，促弱苗，控旺长，对生长偏旺或群体超过标准的田块，要及时深耕断根，控上促下，及时防病虫害，清除杂草。

第二阶段，从起身到拔节期（3 月中旬至 4 月中旬）。这是决定单位面积穗数和穗粒数的关键阶段。对地力较差、群体指标达不到要求的麦田，应把剩余的 50% ~70% 的氮肥在起身期一次追施于田间，并立即浇水；对地力较好，群体合理的麦田，以拔节初期追肥、浇水为宜，以确保秆壮、穗足、穗大。如遇病虫草害，要及时防治。

第三阶段，从拔节到挑旗期（4 月上旬至下旬）。这是肥水的临界期，要及时浇足孕穗水，保花保粒。对缺肥麦田及早衰品种应及时追施孕穗肥。

第四阶段，从孕穗到成熟期（5 月上旬至 6 月上旬）。开花后浇足灌浆水，土壤含水量在持水量的 70% ~80%，以利保叶、养根、增粒重。蜡熟期土壤含水量在田间持水量的 60% ~70%，预防干热风，防治病虫害，根外喷肥，蜡熟末期及时收获。

在小麦生长过程中追施化肥用量宜控制在 28 ~37 千克/亩。

二、机械播种作业基本操作

在实际生产中只有根据当地农业生产情况，选择合理适用机型、正确调整维修播种机具，切实掌握机械播种作业技术，才能达到节种增产的目的。目前，常用小麦的播种机械按照其排种方式分为两类：一是外槽轮式小麦精少量播种机，二是锥盘式小麦精量播种机及施肥播种联合作业机，分别介绍如下：

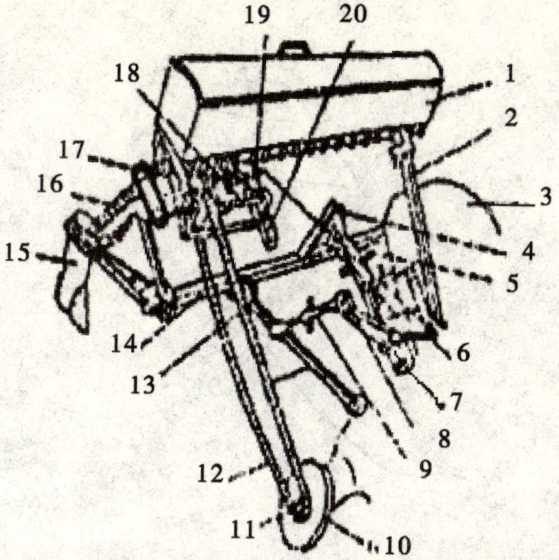

图 2－1　2BBL－6 型小麦精小量播种机总体配置

1. 种子箱　2. 左支架　3. 拖拉机右挡泥板　4. 上悬挂点　5. 中央拉杆　6. 离合器拉绳卡　7. 离合器拉绳　8. 右提升钩头链条　9. 右斜拉杆　10. 拖拉机右后轮轮段　11. 主传动　12. 钩头链条　13. 右下拉杆　14. 下悬挂点　15. 主梁　16. 开沟器　17. 输种管　18. 排种传动　19. 中间传动　20. 拉板

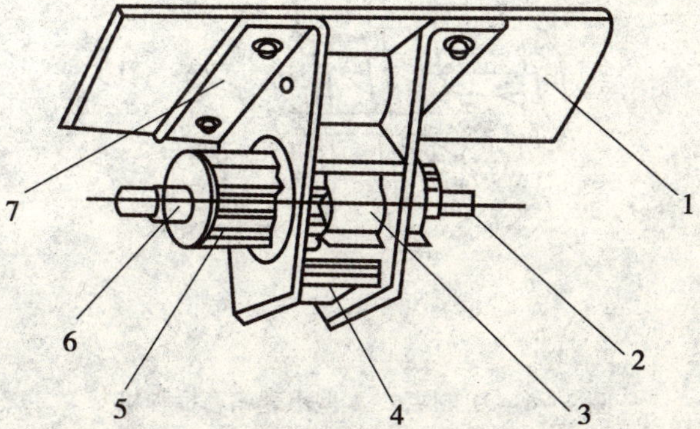

图 2－2　排种器

1. 种子箱底　2. 排种轴　3. 阻塞轮　4. 毛刷　5. 排种轮　6. 挡卡　7. 排种盒

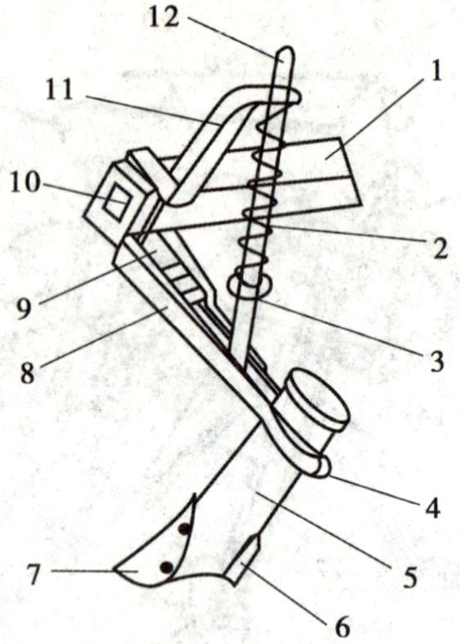

图 2-3　开沟器

1. 主梁　2. 弹簧　3. 开口销　4. 开沟器　5. 开沟器体　6. 分种板　7. 开沟铲　8. 拉架　9. 挂座　10. U 形螺栓　11. 压架　12. 调节杆

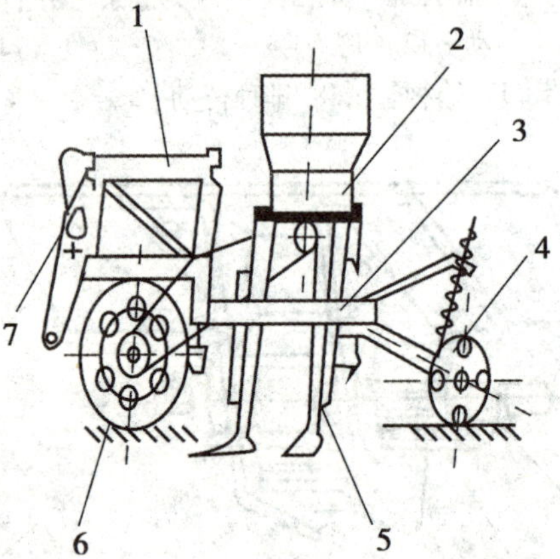

图 2-4　2BJM-6-1 型小麦精密播种机

1. 平等四连杆机构　2. 排种器　3. 机架　4. 镇压器　5. 开沟器　6. 驱动仿形轮　7. 主梁

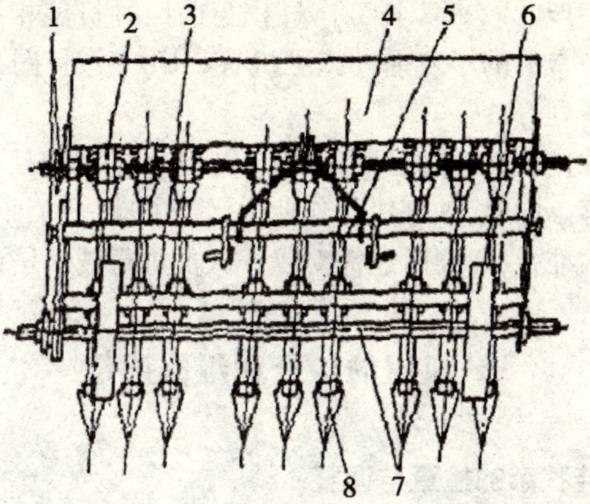

图 2-5　2BJD-6 型精播施肥机总装图

1. 传动链轮及链条　2. 螺旋形孔排种器　3. 开沟器接管固定架　4. 种子肥料箱　5. 杠架悬挂系统　6. 地轮　7. 地轮轴　8. 开沟器

外槽轮式播种机作业时，种子箱内的种子在重力作用下进入排种器的槽沟内，随着排种轮的转动，槽内种子被强制均匀排出槽外，经输种管滑落到开沟器内所开的沟底，并由覆土器覆土，完成整个播种过程。其代表机型为 2BBJ 系列(图 2-1)，主要由排种器(图 2-2)、开沟器(图 2-3)和传动机构三大部分组成。

锥盘式小麦精播机作业时，主动轮(地轮或拖拉机后轮)通过传动机构驱动排种器顺时针转动。种箱内种子在锥面型孔盘的旋转带动下，作相同方向的圆周运动，种子沿圆锥斜面滑落并充满周围平面环带，部分种子囊入型孔之内，随圆盘转动。限量刮种器将一部分多余种子刮出，其他多余种子从刮种器豁口进入投种器腔道内，绕过投种轮，再由投种器后边出来，重新回到种子箱。而被囊入型孔的种子经过投种孔上方时，依靠自身重力下落或由投种轮强制推下，进入输种漏斗，沿输种管流入开沟器开出的沟内，从而完成了播种过程。其代表机型为 2BJM 系列(图 2-4)。

随着小麦精量半精量播种技术和机械深施化肥技术的推广应用，出现了小麦播种施肥多用机，它可一次完成播种、施肥、覆土、镇压多项作业，并保证种、肥分离的农艺要求，既可提高肥效利用率，又可达到节本增产的效果。其工作过程与前两种机型相近，只是增加了施肥装置。常见的小麦播种施肥机有2BJD系列（图2－5）、2BFX系列、2BBF系列等。

机械播种作业前，要做好有关准备工作。主要包括机具检查、维修调整等内容。同时，做好机具作业中需用的柴（机）油、种子、化肥、农药等物料的准备，必要时还需对操作人员进行技术培训。

三、机组的检查和维修调整

（一）悬挂状态的检查与调整

分为横向和纵向水平状态的检查调整。横向水平状态通过调整拖拉机下拉杆的高度，使左右两个悬挂杆位于同一水平高度，从而使播种机主梁呈左右水平状态，调好后将两高度调节杆固定并锁紧，纵向水平状态通过调整拖拉机悬挂机构的上拉杆来保证播种机纵向水平，缩短上拉杆使播种机前低后高，反之前高后低，直至播种机主梁上平面在工作状态时处于水平，平行四连杆机构的前支架在工作状态时垂直于地面。

（二）排种器检查与调整

检查排种器有无松动，若有松动应及时紧固。

对于外槽轮式排种器应检查其齿槽有无损坏，若有损坏及时更换或修复；排种器有效工作长度要基本相等，相差过大时要做相应调整；排种轮与阻塞轮的挡箍间隙不应超过0.5毫米，调好后紧固挡箍螺栓；排种器上的消种毛刷与槽轮重叠1毫米左右为宜，不符合要求时，可松开固定毛刷的圆头螺栓调整。

对于锥盘式排种器，首先应检查锥面型孔盘是否符合播量范围，小孔盘适于亩播量3～6千克，大孔盘适于亩播量6～12千克；各锥盘大小一致，型孔大小均匀光滑，否则应及时整修。其次，检查调整限量刮种器，要求限量刮种器橡胶板的豁口半径为2毫米，限量铁板通道的豁口半径为2.5毫米，若橡胶刮种板两端豁口均已严重磨损，则更换新刮种橡胶板；安装压板时应注意两固定螺钉不要拧紧，以免橡胶板变形;要求刮种器橡胶板下缘至锥盘表面的间隙相距 1 毫米,保证各刮器的间隙基本一致,以达到各行排种一致性。第三,检查调整投种装置,要求投种轮连同推杆一起上下滑动灵活、投种轮转动自如,若投种轮橡胶圈磨损过度或剥蚀、脱落,应予以更换;投种器壳体下缘与锥盘表面平行,间隙大小一致。通过上述检查调整,锥面型孔盘应能转动平稳、均匀无阻,并保证各投种器上下伸缩自如。

(三)开沟器的检查与调整

开沟器的通过间隙应大于 100 毫米。开沟器起落时,传动装置应结合分离迅速。实际作业前,应根据本地小麦种植农艺要求,调整行距。具体方法是:先将开沟器固定螺栓松开,沿横梁左右移动,以播种机中轴线为基准向两边延伸;开沟器应安装端正,以开沟器铲头为基准,测量行距并调整,使行距满足农艺要求后紧固所有螺栓;播深调整可松开固定螺栓,上下移动开沟器柄,量好深度后固定。

(四)机具其他部件检查与调整

检查机具其他部件活动运转是否正常,需润滑处加注润滑油。另外,检查机架有无开焊、裂缝、变形,发现问题,及时修复,使机具能保证正常作业使用。

四、机组作业注意环节

机组进入田地作业前应认真检查田块情况,熟悉作业环境。画出地头线,作为播种机起落标志,确定机组行走方法。

在此基础上进行试播,实地检查和调整播量、播深、行距、衔接行距。具体操作步骤如下:

第一步,确定播种量、播种深度。①种子箱内种子应占其容积的 1/3 以上。②由拖拉机驱动轮传动控制的播种机具,其测定播量时应将拖拉机后驱动轮和播种机同时架起,并使播种机处于水平状态,按相当于实际作业速度均匀转动拖拉机驱动轮,回转圈数以相当于行进长度 50 米折算而定,对每个排种器种子排出量称重,测定各行排量,并进行调整,使之排量一致。由地轮传动控制的播种机具,其测定播量时将播种机架起处于水平状态,均匀转动地轮,测定方法同上。

第二步,田间试播作业,验证播量和播深。①机组按正常速度行进 50 ~ 100 米,观察各行下种量是否一致,行内种子有无断条,成簇现象。②把各输种管同排种器分开,往排种器排种口上各套一个布袋,机组进入田间按实播作业速度前进 25 ~ 30 米,停机分袋称重,按单位面积要求播量作相应调整直到符合要求。③检查播深。机组进地实播作业一定面积后,按地块对角线方向测 5 ~ 10 个点,扒开表土,当发现种子后,顺播种方向在地面上放一个直尺,再用另一个直尺量播深,计算各点平均值,其播种深度偏差不应大于 1 厘米。④测量行距。测量行距可与播深检查同时进行。测量时,扒开表土露出种子,两行播幅中心线的垂直距离即为两行的行距其偏大不应大于 2.5 厘米。

第三步,机组经过试播作业符合要求后,即可进行正常作业。作业中注意事项有:①作业过程中,应随时检查播量、播深、行距,衔接行是否符合要求。播完一块地后,应根据已播面积和已用种子,核对播量是否正确。②作业中应尽量避免停车,以防起步造成漏播。如必须停车时,再次起步时,要先将开沟器升起,后退 0.5 ~ 1 米方可重新播种。机组在工作状态下不可倒退。地头转弯时应降低速度,且要在画好的地头线处即时起、落。③插完一块地后,必须认真清理种子、肥料以免混杂。④作业过程中,机手要经常观察播种机各部件工作是否正常,特别是看排种器是否排种、输种管是否堵塞、种子和肥料在箱内是否充足。⑤机组作业中,禁止调整播种机,以防发生意外。如要清除排种器或开沟器上的杂物,应用木杆或专用工具进行,严禁用手直接清理。⑥播种机转移时,机上严禁站人,确保安全。

第三章 水稻栽培技术

第一节 概　　述

一、水稻生产在国民经济中的地位

1. **水稻是我国的主要粮食作物，也是重要的商品粮之一** 我国水稻的播种面积占粮食作物总面积的1/4以上，而水稻产量约占粮食作物的1/2。

2. **水稻适应性强** 在水源充足的条件下，酸性红壤、含盐稍高的盐碱土、排水困难的低洼沼泽地以及其他作物不能完全适应的土壤，一般都可栽培水稻或以水稻为先锋作物。

3. **稻米营养较高** 一般精白米含水分12.9%，含淀粉77.6%，蛋白质7.3%（有的可达12%～15%），脂肪1.1%，粗纤维0.3%和灰分0.8%，并含有赖氨酸和苏氨酸。

4. **稻谷加工后的副产品用途很广** 如米糠是精饲料，又是工业酒酿酒的原料，在医药上作为制造健脑磷素和维生素的原料。谷壳可作为建材原料，稻草可作为饲料，还可作为硅酸肥料，工业上还作为造纸、人造纤维、编织草袋、绳索等原料。

二、水稻生产概况

（一）我国水稻生产概况

我国栽培水稻的历史悠久，很早以前就是世界上面积最大，稻谷总产量最多的国家，1992年播种面积为48 135.3万亩，占粮食作物播种面积的29.03%，总产为18 902.0万吨，占粮食作物总产的

42.08%，每亩单产为400千克，占粮食作物单产的144.98%。近年来，在耕作制度改革、水稻良种培育、育秧技术、田间管理和光、温生态等方面取得较大的成绩。20世纪80年代以后，水稻优化栽培、品质区划等方面取得了突破性进展。为我国水稻科学化生产提供了可能条件，取得了一个又一个高产典型，江苏出现了一季亩产900千克的田块，浙江出现了双季亩产1 600千克的高产典型，在辽宁、宁夏、新疆等稻区，一些水稻也亩产过了750千克。

（二）世界水稻生产概况

世界上约有1/2的人口以水稻稻米为主要粮食，特别是在亚洲最为明显。

世界各大洲都有水稻种植，而以亚洲为最多，播种面积占世界水稻播种面积的90%以上，美洲约占4%，非洲占3%以上，欧洲和大洋洲各占1%以上。

在水稻栽培目标上，大致分为两类：一类是注重产量和品质，如日本和朝鲜，另一类是注意经济效益，如美国和澳大利亚。

三、我国水稻的分布与区划

我国水稻分布区域辽阔，南自热带北纬18°9′的海南岛崖县，北至北纬53°29′的黑龙江的漠河，东至台湾省，西至新疆维吾尔自治区，低自东南沿海的潮田，高至2 600米以上的西南高原，都有水稻栽培。但主要分布在南方各省（区）。

丁颖（1951）根据我国稻作区域的自然条件，品种类型，栽培制度及行政区域等特点，将全国划分为6个稻作带：华东、华中单双季稻作带，华南双季稻作带，华北单季稻作带，东北早熟稻作带，西北干燥区稻作带，西南高原稻作带。

第二节　稻种类型

稻是一种极古老的作物,栽培稻种是经自然选择和人为选择,从野生稻种演变而来。现代栽培稻分属于禾本科稻属的两个种:即普通栽培稻和光稃栽培稻。在我国,现出于适于各稻区和各栽培季节的品种近4万个。为了对我国稻种资源系统认识,丁颖根据我国栽培稻种的起源、演变、生态特性和栽培发展过程,提出栽培稻种的分类系统。

一、籼稻和粳稻

籼稻和粳稻的区别主要表现在以下几个方面:

1. **地理分布**　籼亚种分布在低海拔低纬度地区,而粳亚种分布在高海拔高纬度地区。

2. **耐寒性**　粳亚种较籼亚种耐寒。

3. **叶色、叶形**　粳亚稻叶色浓绿且短圆,而籼亚种叶色较浅且较细长。

4. **稃毛长短**　粳稻比籼稻长而密。

5. **脱粒性**　粳稻比籼稻难脱粒。

6. **苯酚液着色**　粳稻易被着色,而籼稻不易着色。

7. **氢氧化钾浸渍**　硬稻易溃烂,而籼稻不易溃烂。

8. **黏性大小**　煮熟后粳稻大于籼稻。

9. **发芽温度**　粳稻低于籼稻。

10. **抗病性**　籼稻抗稻瘟病大于粳稻。

11. **粒形**　籼稻细长,粳稻短圆。

二、晚稻和早稻

根据栽培品种的熟期性和季节性分布，把籼稻和粳稻再分为晚稻和早稻两大类。其主要影响因素是日照长度。晚稻对日长反应敏感，是感光性很强的品种，是典型的短日照作物。在光周期诱导期间，同时也需要较高温度条件，所以晚稻只分布于纬度较低的地区。因为在纬度较高的地区，高温期间的日照太长，待到秋季日长变短时，温度又降低得太快，晚稻不能正常成熟。

早稻对日长的反应钝感或无感，不论日长如何，只要温度相同，生育期变化不大。这类品种适应性较大，南北方向可种植。早稻不是短日性的。

晚稻和早稻之中，又依生育期长短分为迟、中、早熟品种。

三、水稻和陆稻

根据土壤水分的生态条件不同，再分为水稻（包括深水稻和稃稻）和陆稻（旱稻和旱禾、坡禾）两大类。

水稻具有适应沼泽环境的结构和机能。如茎叶通气组织发达，不定根具有发达的皮层气腔，深水稻能够在 1 米以上的深水中直立生长；稃稻的茎可达 5 米以上，随水位高低的变化，使叶冠及穗部露出水面。

陆稻通气组织不发达，但根系较发达。稻体中含有较多的水量，缺水对其生育影响较轻，也有沼泽植物的结构和机能。

四、黏稻和糯稻

根据稻米性质划分的两种类型。黏稻含有 10% ~30% 的直链淀粉，而糯稻几乎全部为支链淀粉，不含直链淀粉。

干燥的糯米呈蜡白色，而黏米则呈透明；糯米淀粉遇碘呈红褐色，黏稻则呈紫蓝色。

此外，稻种还可以按株高、品质、种性分为若干类型。

第三节　水稻栽培的生物学基础

一、水稻的一生及产量形成

（一）水稻一生概述

在栽培上把水稻种子萌发到新种子成熟称为水稻的一生。

水稻的一生可以分为营养生长期和生殖生长期。营养生长期包括萌芽、分蘖、根、茎和叶的生长。生殖生长包括穗的分化和形成，开花、灌浆和结实。区分两个不同性质的生长期的标志是稻穗分化。营养生长期分为幼苗期和分蘖期。幼苗期指萌芽开始到三叶期结束，分蘖期指从第四叶出生开始萌发分蘖，直到拔节为止。而生产上又分为秧田期（落谷到拔秧）和分蘖期（移栽返青到拔节）。返青期指秧苗移栽后，由于根系损伤，有一个地上都生长停滞和萌发新根的过程，经 5 ~ 7 天才能恢复正常生长，这段时间称为返青期。分蘖期所产生的分蘖，一部分能抽穗结实称为有效分蘖，一部分不能抽穗结实称为无效分蘖。

生殖生长期又分为长穗期和结实期。长穗期从幼穗开花分化至出穗为止。品种间的幼穗分化与拔节先后不同，又分为 3 种类型，即重叠型、衔接型、分离型。结实期从出穗开花至谷粒成熟。根据谷粒灌浆、充实的过程，结实期又可分为乳熟期、蜡熟期和完熟期。

（二）水稻产量的形成过程

水稻的产量构成因素包括穗数、穗粒数和单粒重 3 个因素。

1. 穗数　穗数是其他 3 个产量因素的基础，穗的基础主要在分蘖期，分蘖盛期前后各种环境因素和栽培措施对穗的影响最大。

单位面积上的有效穗数是基本苗数和单株成穗数两个因素决定

的,因此在一定基本苗数的条件下,提高秧苗的质量,移栽返青后促进早生分蘖培育健壮大蘖,提高单株成穗率,是增加有效穗数的重要条件。

2. **粒数** 无论是杂交水稻或是常规水稻,每穗粒数的变化规律都表现为:主穗 > 第一次分蘖穗 > 第二次分蘖穗;低位蘖穗 > 中位蘖穗 > 高位蘖穗;秧田分蘖穗 > 本田分蘖穗;早生分蘖穗 > 晚生分蘖穗。因此,争早促低,增加低位、早生分蘖的比例非常重要。栽培上采用的主要措施是稀播培育带蘖发育,早促早发。

3. **粒重** 稻谷的粒重是由谷壳的体积和胚乳发育两个因素决定的。生产上采用适当措施,使谷壳得到充分发育,防止后期叶片早衰或遭病虫害危害,增强光合强度,促进碳水化合物向谷粒运转,可达到增加粒重的目的。

二、水稻的光湿反应及其引种的关系

水稻的全生育期,包括营养生长的生殖生长两个时期。不同品种的生殖生长期从幼穗开始分化到成熟的日数差别是不大的。品种间生育期长短的不同,主要是由于营养生长的差异。水稻的营养生长期,又可分为基本营养生长期和可变营养生长期两个部分。前者是水稻在任何环境下,为了植株的发育所必需的天数,后者则为可因环境而变动的天数。在影响水稻可变营养生长期的环境因素中,主要是高温和短日照。

水稻是喜温作物,一定的高温可以提早幼穗的分化,缩短营养生长期反应,一定的低温可以延长营养生长期。这种特性称为水稻的感温性。

水稻又是短日照作物,缩短日照可以提早幼穗分化,缩短营养生长期。长日照则能延长幼穗分化,延长营养生长期。这种特性称为水稻的感光性。

在高温和短日照处理下都不能再缩短的营养生长期,便是基本营养生长期,这种特性,称为基本营养生长性。

基本营养生长性、感光性、感温性统称为水稻的“三性”。不同品种“三性”的强弱是不一样的，品种生育期的长短，便是由“三性”的强弱所决定。

一般来说，水稻早熟品种大都感光性弱而感温性强，基本营养生长性亦不强，只要温度升高，幼穗便开始分化。由于播后由春到夏，气温便不断升高，所以它较快地完成营养生长而成为早稻。水稻晚熟品种的基本营养生长性小，而感温性和感光性都较强，必须在高温再加上短日照，才能开始幼穗分化。而入秋后日照才显著变短，幼穗开始分化晚，营养生长期长，所以称为晚稻。多数中熟品种则仅具有一定的感温性和感光性，而基本营养生长性都较强。根据品种光、温反应的特性，我国西北、东北和南方高寒山区，都属早熟品种，华北地区也只有中熟品种和早熟品种，南方则既有早、中稻，也有晚稻。

对早、中、晚稻光、温反应特性的理解，在生产实践上很重要。对感温性强的早熟品种，迟播时温度高，生育期会大大缩短，营养生长量不足，容易出现早穗和小穗，为了夺取高产，应尽可能早播、早插，用较短秧龄并适当密植，还要早施肥、早管理、促使早生产。基本营养性强的中熟品种，早播、早熟、晚熟，生育期比较稳定，适应性较大。感光性强的晚熟品种，在热量得到满足的情况下，出穗期比较稳定，过早播种并不早熟，生长期长，所以对这类品种栽培时要注意培育长龄壮秧，以及安全齐穗，正常灌浆及时腾茬等问题。

在引用一个新品种的时候，也必须掌握品种的光、温反应特性。由于在水稻生长季节内，从南到北，温度由高变低，日照由短变长，所以南种北引，会延迟成熟，要考虑能否安全齐穗问题；北种南移，将提早成熟，营养生长期缩短，要考虑能否高产问题。

三、水稻生长发育及其与外界环境条件的关系

（一）幼苗期

1. 种子萌发　水稻的一生是从种子萌发开始的。当稻种吸水膨胀，胚芽根突破谷壳露出白点时，叫做露白或破胸。当胚根伸长达到

种子长度或胚芽伸出长达种子长度的一半时，便称为发芽。

稻种是由谷壳和糙米两部分组成。谷壳包括内稃和外稃两部分，其下方有两片退化花的外皮、种皮、糊粉层、胚乳及胚等部分组成。在加工时果皮及种皮都被碾去，在制成精米时，糊粉层连同胚全部被碾去。被碾去的部分统称为糠层。

稻种萌发，除了有健康的种子外，外界水、气、热是萌发的必要条件：

(1)水分　稻种萌发，首先需要有吸足水分。当种子吸水量达到本身重量的25%时就开始萌发，但缓慢而不整齐，吸水达40%时最适于萌发。吸水快慢受温度制约，水温10℃吸足水分需90小时以上，水温30℃，只需40小时。

(2)温度　稻种发芽的最低温度粳稻为10℃，籼稻为12℃，最适温度为20～32℃，最高温度为40℃，42℃以上的高温会使细胞内原生质变性，使芽、根灼伤。

(3)空气　稻种在无氧的水层下也能发芽，但此种发芽是不正常的，往往是芽长得很快而根长得很慢。据研究，稻种发芽时，只有在有氧呼吸时才能有新细胞的形成和新器官的分化。而在无氧呼吸时则仅有细胞的伸长，而不能进行分裂产生新的细胞、新器官。

2. **秧苗生长**　稻种发芽出苗时，最先伸出地面的是芽鞘，它是筒状，不具叶片也没有叶绿素。芽鞘伸长到一定程度，其顶端出现一个裂口，从中长出一个叶来，具有叶绿素，叶片很小，肉眼看不到，只见叶鞘，所以叫它不完全叶。当其伸长达1厘米左右，秧田呈现一片绿色便称之为出苗或放青。与此同时，幼根延伸入土，开始扎根。放青后1～2天，从不完全叶内伸出第一片完全叶，它具有叶鞘和叶片，秧龄即由此片叶算起。

约在第一片叶完全伸出前后，从芽鞘节上长一盘次生根，这种根一般有5条，像鸡爪一样抓住土壤，秧苗生长初期立苗主要靠这种根。此阶段，秧畦上不能上水，以利扎根立苗，这是培育壮秧的第一个时期。稻种萌芽出苗初期，完全依靠胚乳供给养料，但当秧苗达到2～3片叶时，谷种胚乳的养分已基本耗尽，幼苗进入独立生长，故称离乳期。第一片绿叶出现后体内的代谢进行光合作用，第二片叶完全展开时，光合能力增强，光合产物能较多地增强幼苗体内的代谢活动，体重加升，此时又是减重到增重的转折期；当秧苗重量开始超过谷种最初重量时，称为超重点，提前达到超重点是秧苗早生快发的良好标志。2～3叶既是从异养转为自养的过渡，又是从体重逐渐减轻过渡到回升超重的转折期，此时秧苗抗寒力减弱，对肥水反应敏感，是培育壮苗的第二个重要时期。秧苗管理中，要及时施断奶肥(2叶1心时)。

从落谷到3叶期，是秧田容易发生烂秧的阶段。所谓烂秧，一般指烂种、烂芽和死苗的总称。以现青、扎根为界，烂种、烂芽发生在现青、扎根以前。死苗发生现青、扎根以后。特别是在2叶1心前后易死苗。烂种是谷种落田以后，不发育就腐烂。一般是种谷本身丧失发芽力。有的是催芽中发生高温烧种、烧芽；有的是因催芽中水分过多，温度过低引起酒精中毒而丧失发芽能力。

烂芽指催芽的种子落谷后，在秧田未扎根现青就死亡。多数是由于灌水淹灌、低温缺氧、芽鞘徒长、根不入泥、头重脚轻，造成翻根倒芽。长期低温，种芽生活力降低，引起腐霉菌、绵腐菌等的入侵寄生，以致烂芽。

青枯死苗是一种急性生理病害，成片成簇地发生，病苗叶色暗绿，全株萎蔫。主要是因低温时，根系活动降低，吸收能力减弱。冷水暴晴，温度猛升，叶面蒸腾突增，造成苗体内生理失水所致，常发生在3叶期。

黄枯死苗是逐渐变黄而死。常一簇簇地发生，发病时从老叶到嫩叶，逐渐变黄褐色枯死。由于秧基部常为病菌寄生腐烂，手拉秧苗根部易脱离常发生在2叶期。

引起烂种的原因尽管很多，但主要是低温阴雨所致。早春育秧引起烂芽、死苗的温度条件大多是冷点以上的低温，综合各地调查研究结果，秧苗各个时期的受冻指标如表3-1。

表3-1 秧苗各个时期受冻指标

生育时期	最低气温(℃)		秧田畦面最低气温(℃)	
	籼稻	粳稻	籼稻	粳稻
播种至出苗	0	-5	-2	-3
出苗至3叶期	5	3	0	-1
3叶期以后	7	5	4	2

从表3-1可以看出,出苗期有较强的耐冷能力,随着秧龄的增长耐寒力迅速降低,特别是2叶1心前后,最易受冻。北方稻区在育秧期间更易受低温寒潮影响,为了防止烂秧、培育壮苗,既要掌握好春季的天气变化规律,避害趋利,在冷尾暖头时抢晴播种,又要抓好秧田管理,采取增温、追肥等措施。

（二）分蘖期

分蘖期的生育特点是长分蘖、长叶片和长根系,是每亩穗数的定型期,也是为长茎秆、穗子奠定基础的时期。水稻的茎秆一般有11~48节,除穗茎节外,每个节都长有叶片,叶腋均有1个腋芽。通常茎基1~3节只长根、长叶,不产生分蘖,称为根节。露出地面的4~6个节间伸长,形成茎秆,也不产生分蘖,称为伸长节。只有接近地表的几个密集的茎节,由腋芽长出分蘖,称为分蘖节。凡由主茎上直接长出的分蘖为一级分蘖,由一级分蘖上长出的分蘖,称为二级分蘖,以此类推。

分蘖的产生期与主茎的出叶期有一定的相关性,即主茎第n叶伸出时,正是第$(n-3)$叶位的分蘖出现期,以此类推。

根据叶、蘖同伸规律,蘖位越低,分蘖发生越早,分蘖上的叶片愈多,将来的成穗可能性就愈大。因此,栽培上应尽量充分利用秧田分蘖。对本田中的低分蘖,促使其分蘖早生快发,才能达到增蘖、增穗的目的。分蘖能否有效,取决于在主茎拔节以前能否长出根系并独立地吸收水分和养分。通常以全田总茎蘖数与最后穗数相当的日期,称为有效分蘖终止期。在此以前的分蘖期为有效分蘖期,在此以后的分蘖为无效分蘖期。

影响分蘖的诸因素中，温度是首要因素。气温低于20℃，水温低于22℃，分蘖发生非常缓慢。气温低于15℃，水温低于17℃，分蘖停止发生。分蘖的最适气温为30～32℃，最高气温38～40℃。其次是光照。光照不足对分蘖发生不利，发生分蘖的临界日照量为840焦/（厘米^2·天）。在自然光强下，返青后3天的秧苗就开始分蘖，当光强为自然强的50%时，13天才开始分蘖。当光强降到自然强的5%时，不但停止分蘖，主茎也会死亡。分蘖的发生还需要充足的水分。在缺氧受旱时，不仅母茎、母蘖生理功能减弱，削弱对分蘖供应养分的能力，而且初生分蘖组织细嫩，缺水时体内水分易丢失，常会干枯致死。

水稻分蘖期也是长叶和长根系的重要时期。水稻前3片叶是分蘖前长出，最后3片叶是在长穗期长出的。总叶片数少者为12～13叶（早熟品种）多者可达18片叶（晚熟品种）。

影响叶的寿命和机能的主要因素是矿质营养和光照强度。各矿质营养的最低含量为有效磷1.5%，氧化钾1.5%，光照强度应保持在600～1 000勒克斯。

水稻分蘖期所产生的根，都是从茎节上发生的不定根。水稻长成的根具有裂生通气组织，与茎叶中类似的组织相连，成为地上部向根部输送氧气的途径，使在淹水条件下仍能生长，并且将氧气泌出根外，氧化周围的还原性有毒物质，形成一个根际氧化区，从而避免了有毒物质的毒害。但当稻根衰老时，泌氧能力降低，很容易被氧化铁凝胶状薄膜覆盖，使根成为黄褐色或红褐色，尽管有保护作用，但吸收能力已经降低。如果土壤还原性太强，使二氧化硫增加，致使稻根被二氧化硫毒害，变成淡灰色而腐烂。因此，适时晒田是最有效的措施。

（三）长穗期

水稻生长到分蘖期末，茎秆节间伸长，幼穗开始健化，直到地上部分节间伸长结束。幼穗长成至出穗为止，称为长穗期。此期既分化幼穗，形成生殖器官和生殖细胞，又要完成根、茎等营养器官的生长，是营养生长和生殖生长并进的时期。

1. 根、茎、叶的生长　水稻茎秆的形成要经历3个时期：一为组织分化期，二为伸长长粗期，三为物质充实期。拔节后地上部的几个节间伸长(4～6节)，才成为明显可见的茎秆。当伸长节茎部第一节间的长度达到1.5～2.0厘米，外形由扁变圆时，称为拔节，亦称圆秆。

水稻进入分蘖末期，要出现一个出叶转折点。首先表现在出叶时间间隔加长，由分蘖期的每5天长出1片叶变为每7～9天才长出1片叶。叶的寿命也加长。分蘖期长出的叶片寿命一般只有20～40天，而长穗期长出的叶片寿命在40天以上。叶子长度也不一样，分蘖期所长出的叶片是由短变长，而长穗期出现的3片叶则是由长变短。分蘖期长出的叶鞘呈三角形，而长穗期长出的叶鞘呈圆形，后一种叶鞘积蓄淀粉多，标志着叶片的功能由扩大型代谢转向积累型代谢。

长穗期的根系逐渐向下部伸展，分布范围呈一倒卵形。在靠近伸长节较上位的发根节上长出大量浮根，它的生理活性很高，吸氧能力很强。此期的根量达到高峰，以适应地上部旺盛生长的需要。

拔节以后茎节内的通气组织不如以前畅通，茎叶向根部的输氧能力下降，因此在生育后期，应注意提高土壤的通气性，并注意养根、保叶。

2. 幼穗的分化　稻穗为圆锥花序，穗子的中心为穗轴，轴上有穗节，穗节上着生的枝梗称第一次枝梗，其上再分出的小枝称第二次枝梗。第一次枝梗顶端各节和第二次枝梗各节生出小穗梗，顶端着生小穗。每一个小穗通常只有1朵小花发育，故称小穗为颖花，发育完全的颖花由内颖、外颖、鳞片、6个雄蕊和1个雌蕊组成。稻穗的分化发育一般分为8个期。

(1)第一苞分化期　首先从生长锥的基部产生状突起，称为第一苞原基。苞是退化的变形叶，在穗轴的各节上都有苞。第一苞着生处是穗颈节，穗颈节以上是稻穗，因此第一苞的出现，是生殖生长的起点。此期在高倍剖镜下才能看到，肉眼是看不见的。

(2)第一苞枝梗原基分化期　当第一苞原基增大之后，在生长锥的基部分化出横纹的长第二苞、第三苞原基，即为第一次枝梗原基。分化顺序是由下而上，当分化达到生长锥的顶端时，在苞的着生处长出白色的苞毛，至此第一次枝梗原基分化终止。

(3)第二次枝梗极颖花原基分化期　第一次枝梗原基分化结束时位于生长锥顶端最迟分化的第一次枝梗原基本最快，在其基部又分化出苞，由下而上在苞腋部分化出第二次枝梗原基分化的顺序恰好第一次枝梗基分化的顺序相反，是由上而下。

在第二次枝梗分化尚未结束时，顶端第一次枝梗开始分化瘤状突起（颖花原基）颖花从此时开始陆续分化。在颖花原基的外面有弧形突起围绕，它们是退化花的外颖和结实花的内外颖原基。幼穗长1.0～1.5毫米，苞毛非常浓密。此时在栽培上是施促花肥的重要时期。

(4)雌雄蕊形成期　颖花原基分化后，在每朵花的颖片内又出现一些小圆球突起，即雄蕊和雌蕊的原基。这些突起被内外颖包围，在解剖镜、放大镜下观察好像一窝鸡蛋，分化顺序也是由上而下。当最下部第二次枝的颖花分化结束时，每穗的颖花已成定局。穗长5～100毫米，穗轴、枝梗和小穗开始伸长，内外颖逐渐伸长，相互靠拢。雄蕊分化出花药和花丝，雌蕊分化出柱头，花柱和子房。

(5)花粉母细胞形成期　内外颖合拢后，雄蕊分化四室的花药药室中出现不规则的花粉母细胞。雌蕊原基的顶端出现柱头突起。幼穗此时长1.5～1.0厘米。

(6)花粉母细胞减数分裂期　具有24条染色体水稻花粉母细胞，经过连续两次细胞分裂，第一次为减数分裂，后一次有丝分裂最后形成4个具有12条染色体的子细胞，即四分体，4个子细胞的染色体数比母细胞减少1/2，故称此过程为减数分裂。一个稻穗由第一朵花开始，到全穗完成减数分裂需5～7天，此时穗长5～10厘米，颖花达最终长度的1/2。减数分裂期对环境十分敏感，穗部营养物质的分配矛盾尖锐，是决定颖花能否健全发育和子粒容积大小的关键时期。此时是栽培上施保花肥的时期。

(7)花粉内容物充实期　此时花粉外壳逐渐形成，体积增大，出现发芽孔，并不断充实花粉内容物，细胞只有1个核，称单核花粉粒，此时小穗达到全长的85%～90%。

(8)花粉完成期　随着花粉内容物的充实，单核经过分裂，形成1个生殖核和1个营养核，即双核期。散粉前，生殖核又分裂成2个生殖核(精子)，加上营养核即为三核花粉粒。此时内、外颖含有叶绿素呈现绿色。花丝迅速伸长，花药呈黄色，即为抽穗。

(四)结实期

水稻从出穗到成熟的过程叫结实期，这一过程早稻30～40天，中稻30～35天，晚稻40～55天。结实期的生育特点是开花受精和灌溉结实，它是决定粒数、粒重和最终形成产量的时期。

1.开花受精　稻穗自抽穗的当天或第二天开始开花，全穗的开花顺序和颖花分化的顺序相同。开花时，先是鳞片吸水膨胀，将外颖向外推开，在开颖的同时，雄蕊花丝急速会伸长，花药开裂、花粉散落，进行授粉。开颖、裂药和散粉几乎同时进行，故水稻属自花授粉作物。

开花的顺序和小穗发育的顺序相同，主茎穗首先开花，然后各个分蘖穗依次开花。在一个穗上，自上部枝梗依次向下开花，在一个枝梗上，顶端第一个小穗花先开，然后由基部向上顺序开放，而以顶端第二个小穗开放最迟。每朵花自开放到关闭需1～2小时。在正常情况下，每天上午9～10点开花，11～12点最盛，下午2～3点停止。

影响开花的外界因素主要是温度。开花最适的温度为30～32℃，低于23℃或高于35℃，都会造成裂药、散粉和花粉管发芽受阻的不良现象。所以把常年日均温下降到20℃(籼稻)和19℃(粳稻)称为安全齐穗期。

2.灌浆结实　水稻灌浆是指水稻受精后，养分从茎、叶向子粒输送的过程。

水稻灌浆好坏和结实饱满与否，主要决定于灌浆物质来源。据西北农业大学测定：在往穗部的灌浆物质来源中，一部分是出穗前叶鞘、茎秆中储藏物质运转而来，大部分则是出穗后光合作用的产物。因品种不同，前者占子粒产量的14.5%～28.2%，后者则占61.6%～

65.5%。稻株最后3片叶的功能对灌浆结实起决定性作用,尤以剑叶影响最大。

水稻灌浆对外界环境的要求:一是光照,充足的光照是获得高产的重要条件;二是温度,水稻灌浆结实期的最适温度为25~30℃,当平均温度降低到15℃以下,灌浆就很困难子粒就不能充实,形成秕粒或者青粒(米),所以一般年气温下降到15℃的阶段,叫做安全灌浆期。

第四节　水稻的栽培技术

一、种稻的土肥条件

水稻土是在一定的自然环境和人们采用各种措施的影响下形成的。高产水稻土壤应具有:①田面平整,耕层深厚绵软。②土壤保水、爽水、保肥、供肥性能好。③耕作层养分含量适中协调,pH值为6.0~7.2,有机质为2%~4%,全氮为0.13%~0.23%,全磷为0.11%以上,全钾为1.5%以上。④有益微生物活动旺盛,如固氮菌、硝化细菌、氧化细菌等要适量。

施肥可以提高水稻产量,但施肥不当也可能减产。据计算,每生产500千克稻谷从土壤中吸收氮素8~12千克,磷素4~7.5千克,钾素9.2~19.1千克。三者比约为2∶1∶3。在水稻移栽返青后,需肥逐渐提高,至抽穗前达最峰,以后逐渐下降。不同品种类型的施肥原则不同:早稻的施肥原则是一次轰足,中稻的施肥原则是促前补后控中间,晚稻的施肥原则是前轻中重后补足。

稻田供水不仅为水稻正常生理活动及保持体内水分平衡提供了生理需水,还为调节空气、温度、养料等生态因素而提供了生态需水。归纳起来,稻田需水量(耗水量)包括整田用水量、叶面蒸腾量、株间蒸发量和地下渗漏量四部分。为了补充稻田自然降水不足,就需人为灌溉。每亩稻田需要人工补给的水量,叫稻田灌溉定额。一般南方一季中稻灌溉定额为 200 ~ 460 米^3/亩，而北方新稻田 266 ~ 1 000 米^3/亩。差异较大。

二、水稻育秧

水稻育秧时，水稻的生长期和生长量一般高于直播稻，加之作业集中，便于精细管理，有利于高产、稳产。因此，我国水稻产区多以育秧为主，这项技术成为提高水稻产量的一项重要措施。所以有“秧好半年稻，壮苗产量高”之说。

（一）壮秧的外表特征和生理特性

1. 外表特征 根旺而白，茎部粗扁，苗挺叶绿，秧龄适当，均匀整齐，达到“一板秧苗无高低，一把秧苗无粗细”的要求。

2. 生理特性 发根力强，植伤率低，插后返青快、分蘖早，光合能力强，干物质生产多。

发根力是指秧苗移栽后，发生新根快慢和多少的能力；植伤率是指秧苗在拔秧、移栽过程和栽后风吹日晒受伤的程度，与植株内碳、氧水平密切相关。

（二）育秧方式的改革

辽宁、吉林等省围绕着培育壮秧进行了一系列改革。在水分管理方面，由过去的水育苗，发展到目前的旱育苗。在保温方面，由过去的保温条件发展到目前的塑料薄膜覆盖。在施肥方面，由原来的不施肥“板育”到施用营养土，并开始使用床上调制剂。在育秧地点方面，由本田向旱田，最终向园田转移。在播种量方面，改大播量为小播量。在育秧方式方面，由原来的露地育秧，改为塑料薄膜育秧、工厂化育秧、温室育秧、两段育秧、软盘营养土保温旱育秧（简称软盘育秧）。

这些改革，大大地改善了水稻生长的地上、地下生态条件，培育出素质高的适龄壮秧，为生产提供了保证。

1. 塑料薄膜育秧 塑料薄膜育秧是利用薄膜覆盖后具有的透光、保温、保湿的特性，促进秧苗生长，达到早播种、早成秧、早移栽、早成熟的目的。在管理上必须通过通风炼苗,培育适龄壮秧。

2. **温室育秧**　温室育秧是指人为建造的一种适时保温升温的育秧室房。有无土育秧、有土育秧、肥水育秧等。无土育秧省种,省秧田,不烂秧,抗寒力较强,还可减轻白叶病,并且利于实现育秧工厂化,插秧机械化,是目前推广的主要方式。

3. **两段育秧**　两段育秧是指把育秧过程分为两段:第一段称小苗阶段,由于秧苗初期生长快而小,可以吸取小苗带土秧,具有节省秧田和早发、快发的优点,实行密播、旱育,当秧苗长大相互挤扎(晚粳叶龄 5 ~6 叶,苗高 12 ~15 厘米)时,就铲秧寄植;第二段称寄秧阶段,把育成的小苗带土分散,浅寄植在经过耕整施肥的寄秧田里,培育壮秧。

(三)水稻育秧的基本环节

水稻育秧是水稻栽培的首要环节。由于栽培制度、品种、季节等不同,各地选用的育秧方式、方法各不相同,但都必须抓好以下几下基本环节:

1. **选择适宜播种期**　春稻培育头批秧苗,必须掌握安全播种期,防止过早播种,因遇到低温寒潮,造成烂秧死苗。由于各地的气候条件、品种特性及前后茬的不同,安全播种的时间也不一样,但有两条基本的经验:

(1)气温指标　水稻正常出苗温度为 15℃,所以需掌握气温稳定升到 10 ~12℃时,才宜开始播种。这样,秧田畦面白天可有 5 小时在 15℃以上,能够满足秧田正常出苗需要。

(2)寒潮规律　在上述气温指标适期范围内,还要注意当地气象预报,掌握在冷尾暖头,抢晴播种。这样,播种后只要有 3 ~5 个晴天,幼根扎下以后,再来寒潮时就不易受害了。

在采用塑料薄膜保温育秧时,播期受安全播期限制,则应根据安全揭膜的温度指示确定适宜播期。安全揭膜的温度指标为平均气温中 13℃以上,没有 7℃以下最低气温,叶龄为 2.5 ~3.0 叶。因此,播期大致可比露地育秧提早 7 ~10 天。

麦茬稻田关门秧,播期还必须和安全齐穗期对口,防止播种过晚,在出穗扬花期时遇到连续低温,影响开花受精,导致大量空壳秕粒,甚至造成秋封,翘穗头现象。水稻安全齐穗的气温指标为日平均气温20℃,日最高气温23℃。

2. **做好种子处理** 种子处理包括选种、晒种、消毒和催芽等环节,可以保证用纯净、饱满、无病和生活力强的种子播种,为培育壮秧提供良好的基础。

(1)选种 为了保证种子纯度,稻种常用风选、筛选、比重选种等办法淘汰秕粒、草子,留饱满充实的谷粒作种。相对比重选种适宜的溶液浓度,籼稻和有芒粳稻的相对比重为1.05~1.10,无芒粳稻为1.11~1.12。泥水、盐水、硫铵水等都可用来选种,选后要用清水淘净,以免影响发芽。

(2)晒种 能促进种子内酶的活性,提高种子胚的活力,提高发芽率。一般在晴天晒1~2天。要注意做到薄摊、勤翻、晒透,防止破壳断粒。

(3)浸种 使谷种预先吸足发芽所需水分,保证发芽整齐。浸种不透,出芽不齐;浸得过度,造成养分外溢,播后容易烂秧。春播育秧时气温在12℃左右,需浸种3~4天,麦茬稻浸种气温较高,浸2~3天就行了。

(4)消毒 种子消毒是预防水稻病虫害的重要一环。水稻稻瘟病、白叶枯病、恶苗病、干尖线虫病等多种病害虫害都是通过种子传播的,可以用种子消毒加以防治。常用的方法是:①1%的澄清石灰水浸种2~3天,不搅动,不见阳光。②40%的福尔马林50倍液,浸种(冷水预浸1~2天后的种子)3小时,浸种后水洗干净。③10%“401”抗菌剂500~1 000倍液浸种1~2天。

(5)催芽 指人工控制水分和温度使种子发芽的过程。达到“根长一谷,芽长半谷”的壮芽标准。其基本要求是:出芽迅速,芽根整齐,芽长适度。

催芽的方法很多,如室内堆积催芽、火炕催芽、塑料棚催芽、地窖催芽等,但基本原理和做法基本相同。

1)高温破胸 将浸种、消毒后的种子用45℃左右的温水淘拌

2～3分，然后趁热上堆，以后适当浇洒温水，以增温、保温、使谷堆内温度保持在35℃左右，不超过40℃。促使稻谷破胸露白。

2）适温催芽　在谷种露白后，应经常翻动谷堆，使温度保持在25～30℃，必要时淋温水保温，达到壮芽标准。

3）低温炼芽　根芽出齐后，推开晾种1～2天，以喷淋冷水炼芽，以增强芽谷抗寒能力，防止干芽，抢时播种。

3. **做好秧田准备**　秧田应选择地势平坦、灌排方便、不易受涝、水源清洁、阳光充足、土质肥沃、略近大田、杂草少的田块作为秧田。秧田低肥施用掌握"腐熟、速效、适量、浅施"的原则。

水稻育秧提倡通气秧田，就是要求秧田既要透水，以利种子发芽出苗，又要通气，便于幼苗扎根生长。从而有效地防止烂秧而培育壮秧。

整好通气秧田的关键是改水耕水做为干耕干做。就是先把田耕耙整细，便起沟做畦，施用底肥，把畦面泥块打碎、初步耙平，然后放水浸泡，再进一步把畦面整平抹光。要求畦宽1.2～1.5米（塑料薄膜育秧视膜幅宽而定），沟深0.24米，达到"下松上糊、沟深面平，肥足草净"的要求。这样做成的秧田，畦面下是一层土坷垃，通气性好，透水性强，晴天畦面不易开裂，雨天不易积水，便于进行湿润管理。

4. **播种塌谷和覆盖**　播种首先要按发芽率调整每亩大田用种量和秧田播种量，播种要均匀，边角播到。要提倡按秧板定量落谷。

塌谷是提早出苗，防止烂秧死苗的重要一环。有保暖、抗旱、防冻的作用。播种后即行塌谷，使种子陷于表土，表层泥浆薄覆盖。谷种有浮泥保护，天晴不易干，降雨不易冲乱，而且谷泥紧接，也容易扎根出苗，可以减少烂秧，提高出苗率。

覆盖指用覆盖物（如焦泥灰、陈草木灰、或灰拌土等）将播种后的秧板按一定的厚度均匀遮盖的现象，覆盖以盖没种子为度，可以起到防晒、防暴雨冲谷、防鸟害等作用。深色覆盖物可起到提高床温的作用。

5. **实行湿润管理**　水稻育秧一般宜采取温润管理办法，满足秧苗对水、气、肥的要求，达到生长健壮的目的。根据秧苗生育特性，可分为几个阶段进行管理：

从播种到1叶1心期，即在鸡爪大部分形成时为立苗期，要求出齐苗、立好苗、稳住苗、防止烂种、烂芽。这时秧苗耐低温能力较强，而对氧的反应敏感，是影响根、芽健壮生长的主要因素。因此，一般只在沟中灌水，并根据天气情况，掌握"晴天平沟水，阴天半沟水，阴雨连绵排干水"的原则，保持田面湿润通气，而不灌水上畦，促使种子迅速伸根立苗。

从1叶1心到3叶期，即在开始长出不定根时为扎根期，要求扎好根、保住苗，防止烂秧、死苗。秧苗扎根，仍需氮气。这时秧苗耐低温能力已大大降低，既怕夜晚霜冻，也怕烈日高温。所以，要灵活掌握水层，防冻防晒。一般原则是："天寒日排夜灌，天热日灌夜排。"保持秧田里既有水，又通气，有利扎根保苗。

秧苗进入扎根后，要及时施用"断奶肥"。因为谷种中的养料，虽在3叶离乳期才耗尽，但胚乳中氮源的消耗远较糖源为早，米粒糊粉层和胚乳中的蛋白质早在1叶期便已分解完毕。所以"断奶肥"宜在1叶1心期施用，不宜迟于2叶1心期。

3叶期以后为长身期。在此以前，秧田管理基本要求是"控上促下"，促使扎根立苗，防止烂芽，死苗，3叶期以后，则要求在"控下促上"防止秧根深扎，以利拔秧，积极促地部分生长，使秧苗向壮的方向发展。这时秧苗体内通气组织已经形成，光合作用加强，天气也已转暖，生理需水增多已成为主要矛盾，所以秧畦上就要经常保持3.3厘米(1寸)左右浅水，以利长身。

在移栽时为成秧期，要求秧苗达到壮的要求。在拔秧前4~5天，施一次"起身肥"，以提高叶片内含氮量，增强秧苗发根力，以利插秧以后能迅速返青分蘖。到插秧前1~2天，加深灌水，以利拔秧洗泥。铲秧则要提前1~2天落干，以利作业。

稻田立枯病的防治方法是60%~70%敌克松500~1 000倍液，每平方米1.5~2.0千克，于播后和秧苗1叶1心期喷洒于床面即可，绵腐病可用含铝制剂防治，潜叶蝇可用乐果防治。

三、水稻插秧

水稻插秧要培育壮秧和精细整地的基础上，做到适时早播，合理密植，提高插秧质量。

(一)插秧时间

插秧时间应以有利于秧苗返青和生长发育为标准，随各地气候条件和栽培制度而不同。生产上一般需日平均气温稳定15℃以上时作为早插适期。这样，可以充分利用生长条件，延长本田营养生长期，不但促使一季早发、早熟、高产，而且还为后季高产创造条件，特别是连作晚稻，早插的早熟增产效果更为明显。北方稻区可供水稻生育的日数较短，特别是出穗以后，常受低温冷害的侵害，影响适时灌浆成熟，从高产的经验来看，一季稻区一般在5月中下旬插秧产量较高。

(二)插秧规格与密度

在北方稻区，采用长方形的插秧方式，水稻生育后期通风透光好，对分蘖成穗、灌浆成熟及防止病害、倒伏等有积极效果。由于目前各地自然条件、品种类型等不同，插秧规格也略有不同。在辽宁、吉林等地，紧凑品种插秧行距30厘米，穴距15厘米左右，每穴3～5株，每亩1.5万穴左右，4万～10万株基本苗，松散型品种插秧行距30～35厘米，穴距16.7～20厘米，每穴3～5株，每亩1.5万～2.2万穴，5万～10万株基本苗。南方插秧密度一般高于北方。

(三)插秧方法与插秧质量

插秧方法直接影响插秧质量，进而影响快慢、分蘖迟早、产量高低。要注意浅、直、匀、稳相结合。

浅：要求插秧深度保持在3～4厘米为宜，过深易形成“地中茎”，出现“两段根”、“三段根”现象，低位蘖不萌发而休眠，严重影响有效分蘖数，穗小、粒少、产量低。

直：要使秧苗垂直于地面而上挺，整块田行列分明。

匀：要求行株距匀、深浅匀、苗数匀，保证个体均匀健壮生长发育。

稳:插后秧苗不会因灌排、风雨而浮秧倒苗。

坚持“三种,三不种”:“三种”指现秒现种,现拔现种,浅水浅种;“三不种”指大风大雨不种、黏土田大泥块不种,低洼塘不种。

四、水稻本田管理

水稻本田管理是水稻栽培的最后一重要环节,包括分蘖期管理、长穗期管理和结实期管理。

(一)分蘖期管理

分蘖期的主要特点分蘖的发生和成长,是决定每亩穗数的关键时期。在合理密植的基础上,每亩穗数的多少,便决定于有效穗数的多少。因此,促使分蘖早生快发,提高分蘖成穗率,是分蘖期管理的主攻方向。主要途径是:积极促进前期分蘖,适当控制后期分蘖。

积极促进前期分蘖。分蘖是成穗的基础,但并非所有的分蘖都能成穗。分蘖是否成穗,决定于分蘖发生的早晚和分蘖的独立生活能力两方面。

水稻分蘖在长出3叶时,开始发根。到4叶长出时,形成分蘖自己独立的根系。这种具有独立根系的分蘖,具有独立生活能力。因此在主茎拔节前,仅具有1~2叶的小分蘖,就有着成穗的可能;而有4叶的分蘖,就有较大成穗的把握。根据叶蘖同伸关系,分蘖发生愈早,蘖位愈低,分蘖上的叶片也就愈多,发根便越好,独立营养性越强,成穗把握也就越大,所以要积极促进前期分蘖。

分蘖每长出1叶经5天左右时间,所以在拔节前15天出现的分蘖能长出3片叶子,才有成穗的可能。这就是通常把拔节前15天作为有效分蘖终止期的生物学依据。一切增穗的措施必须在拔节前15天以前发挥作用才有效,也就是必须在拔节前15天的总茎数、分蘖数才能达到预期穗数的目的。

适当控制后期蘖。控制后期分蘖是分蘖管理的另一重要方面,因为后期分蘖成穗的可能性不大,后生分蘖过多,不但减少母茎、母蘖中养分的积累，影响将来长成壮秆大穗；而且会造成早封行，群体严重郁闭，下部叶片早死，根系发育不好，带来早期倒伏和招致病虫危害等一系列后果。所以必须加以适当控制。

控制后期分蘖，并不意味着完全不要后期分蘖。后期分蘖虽然不能完全成穗，但它是母茎、母蘖健壮生长的标志。如果无效分蘖终止期后不再产生分蘖，那就意味着母茎、母蘖营养状况不好，便将会有一些有效分蘖转化为无效分蘖。所以，为了巩固有效分蘖，适当地让一些无效分蘖发展是非常必要的。

由此可见，水稻在进入无效分蘖期后，要求长势平稳，分蘖速度逐渐减慢能有适当数量的后期分蘖发生是栽培的基本目的。一般来讲，掌握在有效分蘖终止期后，再产生相当适宜穗数50%左右的后期分蘖，也就是控制每亩最高茎、蘖数的1.5倍左右，保证最后成穗数的70%左右较合适。

分蘖期田间管理就是要紧紧围绕促蘖早生快发，提高分蘖成穗率；增加单位面积的有效穗数这个主攻目标。主要措施是：

1. **早施促蘖肥、酌施保蘖肥**　水稻在分蘖期，从生理功能上看，是以氮代谢为主的时期。叶部的氮素代谢作用非常旺盛，形成大量含氮化合物。叶片光合作用制造的碳水化合物，很少积累，大部分就地和含氮化合物合成蛋白质，构成细胞组织。蛋白质的增加，细胞增殖的结果，促使分蘖和叶片的不断出生和生长。因此，这一时期的氮素营养对水稻分蘖的产生起着主导作用，所以早施、重施速效性氮素促蘖肥，使叶色迅速转“黑”是促进前期分蘖的主要措施。

促蘖肥适宜施用的时间，原则上应使分蘖始期便能发挥肥效，而不能迟于有效分蘖终止期。由于施肥4～5天才能见效，所以，以增多有效分蘖为目的的促蘖肥，必须在拔节前20天以前施下方能见效。

到了有效分蘖期末，全田总茎、蘖数和穗期的适宜穗数相比，如果少于5万以上时，宜酌量施用保蘖肥，促进分蘖平稳生长。保蘖肥宜重点施用的秧苗发黄之外，以促使全田平稳生长。

2. **寸水活棵，浅水攻苗**　水稻插秧时为了便于浅插，一般实行薄水插秧。插秧后便宜适当加深水层，减少叶面蒸发，减轻植伤，以利返青成活。但也不宜过深，以免淹死下部叶片，降低土温，影响发根，一般以3~4.5厘米为宜，即所谓“寸水活棵”。

在秧苗返青后，要立即把水层放浅到1.5~3.0厘米，以利分蘖和发根。因为分蘖的发生和根系的生长，和温度有密切关系。在一定范围内，分蘖的快慢和发根的多少，几乎和温度的升降成平衡。但北方各地，水稻分蘖盛期的温度，一般都不能充分满足分蘖和发根的需要，特别是春稻田，温度低常常成为分蘖发生的限制因素。浅水灌溉有利于提高水温、土温、增加土壤中有效养分，并使分蘖处的氧气和光照较为充足，因而可以显著促进分蘖、发根。

3. **早中耕锄草** 追肥后要紧接着中耕，把肥料埋入土中，做到追肥、中耕不过夜。这是因为水稻吸收肥料以铵态氮为主，稻田表面一层为氧化层，铵态氮施入稻田后，如不紧接中耕，留在氧化层，就被氧化为硝态氮，渗到还原层，就会引起反硝化作用而造成脱氮损失。中耕后把铵态氮埋入还原层，便不易损失，也利于稻根吸收。

分蘖期一般宜中耕1~2次，达到除净杂草，改善土壤通气状况，促使土、肥、水相融，以利分蘖、发根。

4. **够苗晒田、深水淹蘖** 在分蘖末期，幼穗分化之前，进行排水晒田，限制秧苗对肥水的吸收，其好处：一是促使后生分蘖迅速消亡，使养分集中向有效分蘖积累，提高分蘖成穗率；二是适当抑制地上部分生长，使碳水化合物在茎秆和叶鞘中积累，增加抗倒伏能力；三是促进根部发育，提高根系活力；四是疏通土壤空气，排除土壤中有毒物质，改善土壤的理化性质。

晒田的时机很重要。一要看发苗情况，实行“够苗晒田”。当全田总茎数，蘖数达到适宜穗数的1.3~1.4倍时，就要开始晒田控制。二要看禾苗长势。如生长旺，来势猛，叶色深，有徒长现象，宜早晒、重晒；如生长慢，叶色较淡，可适当迟晒、轻晒。三要看稻根发育情况。如新生白根多，仅有一些黄根，晒得可迟些、轻些，如果黑根很多，就要早晒、重晒。

盐碱地晒田后容易引起泛碱；保水不良的新开稻田晒后会加重

渗漏，应轻晒，一些寒冷地区可采用“深水淹蘖”办法抑制后期分蘖，水深以 10 厘米左右为宜，时间不宜过长，一般一超过 10 天，以免茎部节间过度伸长，容易引起倒伏。

（二）长穗期管理

水稻生长到分蘖末期，茎的营养生长锥转化为生殖生长锥，开始幼穗分化，茎基部节间开始伸长，茎生叶及根继续生长，营养生长和生殖生长并进，直到抽穗结束。分蘖末期是决定每穗粒数的关键时期，也是为灌浆结实奠定基础的时期。因此，此阶段的主攻目标是在保蘖增穗的基础上，促进壮秆、保证大穗多粒、防徒长、防倒伏。壮秆是大穗的基础，可以通过适当晒田，使茎部节间宿短，防止倒伏，穗大粒多与幼穗分化密切相关。在幼穗分化过程中，如果养分跟不上，则每穗粒数减少，中途停止发育，形成败育小穗。所以，长穗期要求水稻植株稳健生长，植株氮素代谢和碳素代谢均旺盛、防止过早封行，促使株壮、蘖壮、秆粗、穗大。为此，栽培上采取：

1. **巧施拔节长穗肥** 长穗肥施用的肥料叫穗肥。穗肥施用的目的：一是增多颖花数，争取穗大；二是防止颖花退化，确保粒多。前者称为“促花肥”，后者称为“保花肥”。

促花肥的施用时间为第一苞分化期至第一次枝梗分化期间，其次是分蘖高峰期至第一苞分化期追施氮肥，有促进颖花增多的作用；促花肥的施用时间为雌雄蕊形成期至花粉母细胞形成期之间，如果延迟至花粉充实期施肥，则无保花效果。只有在促花之后，再施保花肥，才能使每穗粒数增多。

穗肥的施用应掌握“瞻前顾后看当时”的原则，因地制宜施用。就品种而言，早熟品种要“前促一轰头”，并要在花粉母细胞减数分裂时酌施保花肥以防早衰。中熟品种掌握“促头、保尾、控中间”的原则，要求在拔节前后 10 多天的时间内，控制肥料施用，使其在拔节时出现一次“拔节黄”，适当施用促花肥和保花肥，在孕穗期达到“黑不黑”的程度，一般尿素施用量 4 ~5 千克/亩。

2. **灌好孕穗保胎水** 水稻在分蘖期要浅水勤灌，到长穗期要保持浅水层，不能断水，也不能灌深水，否则茎基部气腔加大，茎秆强度减弱,容易引起倒伏。长穗期是水稻一生需水最多的时期,也是对水分反应最敏感的时期。如在雌雄蕊形成期受旱,就会产生畸形颖花;在花粉母细胞减数分裂期受旱,花粉粒及卵细胞发育受阻,造成颖花退化。在花粉充实期受旱,则花粉发育不完,不孕花增加。水层灌溉还可调节温度变化,减小因高温或低温的颖花退化。

3. 及时防治病虫害 拔节长穗期正值高温多雨季节,容易引起病虫害的大量发生和流行。这一时期发生较为严重的病虫害是纹枯病、白叶枯病、叶稻瘟和二化螟、稻丛卷叶螟、稻苞虫等。这些病虫害的发生、发展和栽培管理密切相关。氮素肥料施用过量、偏迟以及长期深水灌溉和排水不良,造成稻株生长嫩弱、茎叶茂密、田间郁闭,透风通光不良,株间湿度大等是导致病虫流行的重要因素。因此,除选用抗病品种、进行种子消毒、处理带菌稻草外,关键在于加强肥水管理,适时晒田,促进稻株生长健壮,增强抗病虫能力。在病虫害发生季节,要加强田间检查,一经发现,应抓紧时机,及时用有效药物防治,打捞菌核。用井冈霉素是防治纹枯病的有效药剂,杀枯净和叶枯青是防治白叶枯病的较好药剂,敌百虫粉剂是防治各种水稻害虫的良好药剂。

(三)结实期管理

水稻从出穗到成熟的过程叫结实期。经过开花受精和灌浆结实等阶段,是水稻粒重的决定时期。因此,在栽培上的主攻目标是:促粒大粒饱,防止空壳秕粒,确保穗多、穗大、粒饱。

促进粒大粒多的主要途径是:增大谷壳库容体积和增多灌浆物质来源。

增大谷壳库容体积是形成大粒的基础条件。只有谷壳越大,米粒灌浆的容器越大,子粒才能越大。谷壳的水小主要决定于颖花分化期的营养条件,特别是减数分裂期,颖花急剧伸长时的营养条件,对颖花大小有决定性影响,因此单位面积上的颖花要适当,穗小粒小,固然达不到高产;如果颖花数目过多,在减数分裂期颖花急剧伸长时,营养供应不足,不仅造成颖花退化,成长的颖花也发育不良,谷壳变小,使结实率和千粒重都显著下降。

增多灌浆物质来源是确保粒饱的重要条件。米粒中的灌浆物质大部分来自出穗后的光合作用产物。水稻出穗后，叶面积不会再增加，只会因衰老而减少。叶面积减少过快，光合作用产物生产量下降，就减少了灌浆的来源。因此，保叶护叶、延长叶片功能期、提高光合效率是促粒大粒饱的关键。另一方面，根系的活力也会随之降低，开始衰亡。所以，提高根系活力、防止早衰是增加灌浆物质的又一途径。

防止空壳秕粒，提高成粒率是确保高产的必备条件。由于穗数和每穗颖花数确定之后，单位面积颖花数也就固定下来，由于粒重变异较小，产量几乎由成粒率决定。成粒率不仅受品种本身影响，而且受氮肥施用量影响，且较大，如 1986 年水稻高产效益研究中，随着氮肥施用量的增加，成粒率显著降低。但随后期氮肥比例的增大，成粒率则显著提高。通过育种和栽培手段协调源库关系，使水稻群体实现源库平衡，对成粒率和产量有重要意义。

造成空壳秕粒，关键的外界条件是低温和养分不足。必须使出穗扬花期勿受低温（日平均温度小于 20℃，日最高气温低于 23℃）的影响而安全齐穗。灌浆结实期勿受低温（日平均温度低于 15℃）的影响而安全灌浆养分供应不足易形成秕粒，因此要防早衰、防贪青晚熟、防倒伏和病虫害对养分制造和积累的影响。

为了达到上述目标和要求，栽培上应采取以下措施：

1. **活水养稻**　在出穗扬花期，田间仍需保持一定的浅水层，一般宜灌水 3 厘米左右，以满足水稻的生理需水和生态需水，以利调节水温，正常开花受粉、受精、结实。

到灌浆期，要求采取干干湿湿、以湿为主的方法，做到“水不见水”，就是在灌第一次水后，自然落干 1 ~2 天就可灌下一次水。这样水气交替，可以达到以气养根，以水保叶的目的，有利于促进灌浆，防止早衰。

到进入蜡熟期，要采用干干湿湿，以干为主的方法。就是在灌第一次水后，自然落干 3 ~4 天，再行灌水。

到蜡熟末期，以浇“跑马水”为主，这样可以增加土壤通气性，提高根部生活力，有利于子粒饱满。后期不宜断水过早，以免发生早衰青枯，一般宜在收割前5～7天，才把水放干。

2. 酌施粒肥 在出穗后，如果叶色过早落黄，表现营养不良，可以施少量速效性氮肥，缓和叶片衰老，提高叶片功能，对子粒充实有利，故称粒肥，但数量不宜多，一般生长正常的可不施，以免引起贪青晚熟。

3. 防止病虫害 水稻稻抽穗灌浆期，仍有多种病虫害，如穗颈稻瘟、三化螟、稻包虫、稻飞虱、稻叶蝉等，要注意检查，抓紧防治。敌百虫、久效磷、甲胺磷、稻丰灵是较好的药剂，选择使用，效果较好。

4. 除掉杂草 主要是残留在田间的稗草，它是下一年稗草种子的主要来源，剪起未落粒的稗穗，可以减轻以后的杂草危害。

5. 适时收获 水稻及时收获，有利于稻米的优质高产和提高收割效率。收割过早，青米多，出米率低；过迟，收割时容易落粒，且碎末也多。在谷粒90%变金黄色，穗枝梗也已变黄时，即为收获期。这时千粒重已稳定，各种营养成分和含热量已达最大，稻谷含水量约为19%，收割后，稻谷应及时干燥，使含水率降到14%。

第五节　水稻优化栽培的现状与展望

一、水稻优化栽培的现状

（一）水稻规范化栽培

水稻规范化栽培是在总结群众科学种田的基础上，多年、多点大量田间试验研究与验证获得第一手资料，采用科学的方法处理观测数据，通过定性定量分析发现规律，然后依据客观规律，按因地制宜分类指导的原则进行科学决策，组装成总体化经过优选的栽培技术推广法案，再反回实践去指导生产，接受实践检验，并不断反馈修正，这种试验、示范、推广一条龙组织和指导水稻生产技术推广工作的系统方法，叫水稻规范化栽培。

水稻规范化栽培是近年来把系统工程原理和计算机仿真等应用于水稻的研究和生产而出现的新事物。同传统的水稻技术相比，规范化栽培朝着横向化的方向前进了一步，具有明显的优点：

1. **加强了整体性**　规范化栽培措施，决不是许多单项技术的简单拼凑，而是多项技术按一定规律联系起来的一个整体，使整体功能最佳，实现系统总目标。

2. **定性与定量相结合**　使每项措施都能定出最优的数量来，这就摆脱了经验科学的局限性。

3. **具有继承性**　综合研究把传统的经验综合研制到数学模型中去，用某种数量关系表示出来，在决策时要充分发挥经验和判断力的作用；模型制订后还需到实践中去修正和改造，以求发展。

4. **具有转移性**　将水稻栽培技术措施加以系统化、模型化，需要运用多学科的知识，这样，其他学科的发展，就能促进栽培学的发展。

（二）水稻模式化栽培

水稻模式化栽培是根据系统研究工程原理及其分析方法，在深入研究水稻高产生理基础、生态条件、形态特征、栽培措施和高产经验的基础上，制订的水稻优化栽培技术体系。并据此制成技术规程、技术标准或直观易懂的模式图，指导农业生产。

模式化栽培的优点主要表现在以下几个方面：

1. **目标优化**　水稻模式化栽培是根据水稻生长发育规律及经济效益的变化等，把各主要目标的有关参数输入计算机优化，再用经验验证，逐步达到目标优化的。所以，水稻模式化栽培所要实现的不是哪一个单一性状，而是要实现经过优化的目标集。

2. **指标定量化**　水稻模式化栽培的每一项具体措施，都具有具体的指标要求，例如施肥，有明确的施肥时期、数量、方法。这样才能使每一个农民对技术本身有较深的了解，知道怎样实施。多项措施有机结合在一起，组织模式化栽培的措施。

3. **技术规范化**　模式化栽培根据当地的自然资源情况、水稻本身的生长发育特点及人们的经营水平，把经过优化的各项栽培技术，以技术规程的形式表现出来，形成水稻模式化栽培方案，在各地推广。因此,普及技术规程过程也是提高农民科学种田水平的过程。

4. 作业标准化 各项技术能否有效地转化为生产力,一方面要有先进的栽培技术方案,另一方面就是要把这种方案在生产中认真实施。提高作业效率要统一农田水利工程配套建设、统一供应农业生产资料、统一抗旱措施、统一管理用水、统一机耕作业、统一应用技术措施、统一种植计划。实行作业标准化,是实现水稻高产高效的保证。

5. 经营集约化 集约经营是现代农业的一大特点。为了提高作物生产的效率和经济效益,需要向作物栽培系统增加投入,并需要具有一定的经营规模,从而获得规模效益。

水稻模式化栽培,经近年来的研究和实践,提出了多种模式,如沈阳农业大学提出的"水稻高产高效优化栽培模式",江西农业大学制定的"双季稻一冬作高产栽培模式",江苏农学院提出的"叶龄模式",河北省柏各庄农场研制的"水稻冀粳 8 号亩产 600 千克模式"等。这些模式从"天—田—稻—人"这一系统出发,研究水稻高产高效问题,对实现水稻栽培现代化具有十分重要的作用。

(三)水稻高产田的产量表现

进一步提高水稻单产,从而提高稻田的光能利用率,是水稻栽培技术现代化的主要技术内容。为了充分发挥品种的增产潜力,达到增产增收的目的。多年来,经过许多水稻栽培技术人员的辛勤耕耘,水稻产量不断上升。如江苏省徐州市农业科学研究所的颜振德等种植赣化 2 号杂交籼稻,1981 ~ 1984 年,使其亩产量稳定在 850 千克。提出在淮北地区以早栽为途径,使该品种经济系数达到 0.5 左右,生物学产量每亩为 1 650 ~ 1 750 千克,亩最高茎数 40 万左右,最大叶面指数 9 ~ 10,每亩适宜穗数 16 万 ~ 17 万,每穗粒数 220 左右。1983 年,赣榆县农业局的许恒道等在 1.102 亩地上获得亩产 962.5 千克的好收成。1988 ~ 1990 年,王伯仑等提出了辽宁中部水稻亩产 700 千克以上的主要途径,即采用软盘旱育苗的方法栽培,本田每亩施农家肥 1 500 ~ 2000 千克,硫酸铵 50 ~ 65 千克,过磷酸钙 20 ~ 30 千克,硫酸钾 10 ~ 20 千克,插秧穴距 15 ~ 20 厘米,并配合模式化栽培的其他措施，均取得较好的经济效益，且重复性较高（表3－2）。

表3－2　杂交粳稻黎优57有关性状调查结果

年份	每亩穗数（万/亩）	每穗粒数（粒）	成粒率（%）	千粒重（克）	最大叶面积指数	总干物重（千克/亩）	实脱产量（千克/亩）
1988	36.7	107.8	82.7	26.0	7.12	1 328.6	819.2
1989	36.0	90.8	89.7	27.7	6.64	1 283.1	782.3
1990	27.7	95.9	88.8	27.4	6.23	1 197.2	738.3
1990（对照）	24.5	92.7	81.6	27.0	5.24	1 105.3	634.8
1990	27.7	95.9	88.8	27.04	6.23	1 197.2	738.3
1990（对照）	24.5	92.7	81.6	27.0	5.24	1 105.3	634.8

二、水稻栽培技术的现代化展望

（一）水稻生产的机械化

水稻生产机械化是指用机器代替人和畜力来完成水稻生产的各项作业。包括耕翻、耕地、旋耕、深松、机械播种、筑埂、开沟、清沟、插秧、中耕、除草、喷药、收获、干燥等生产过程的所有项目。

水稻现实机械化生产，取得显著的经济效益和社会效益。如胜利油田1982年实现水稻生产机械化以来，收到了“五省”、“二增”、“一转”的经济效益和社会效益。“五省”指省种、省肥、省膜、省水、省秧苗面积；“二增”是指增产、增收；“一转”指节省的劳动力转向工副业、畜牧业、水产业等行业中去，加快了这些产业的发展。

随着产业结构的调整，劳动力的转移，水稻生产机械化程度会愈来愈高，从而推动乡镇企业和整个农村经济的发展，实现真正的高效农业。

（二）数学及计算机在水稻高产栽培种的应用

水稻栽培是把水稻品种生产潜力、生态环境资源转化为现实生产力的直接生产过程。同其他生产领域一样，应用数学和计算机业日益增多。在教学应用方面，目前不仅应用直线回归，而且可转化为直线模型的一些曲线，如指数、对数、倒数、正弦曲线等已普遍应用。Logistic 方程、Richards 方程、正交多项式也普遍应用。二次回归设计的应用，使模式由过去的一维发展到多维，并由单纯的时间模式或空间模型发展到时空模型。加之模糊数学、灰色系统理论、动态规划等决策方法的应用，使分析和解决问题趋向合理。在计算机应用方面，已由单纯的计算、统计分析发展到模拟和专家咨询系统，从而加速了水稻栽培的研究和栽培技术现代化。

（三）水稻栽培技术现代化

在人类社会正向现代化发展的今天，传统的栽培技术也逐步向现代化转化。水稻栽培的基本目的是提高产量，但不同的历史阶段，栽培的方法不同，大约经历了：经验栽培、结构栽培、株型栽培、协调栽培，目前正向优化栽培转化。

1. **经验栽培** 指传统经验进行播种、灌溉、施肥、除草等提高产量。

2. **结构栽培** 是一种依靠苗、茎、穗、粒等群体结构的变化来从事高产研究并指导生产的栽培体系。

3. **株型栽培** 是依靠作物在生育过程的不同时期（阶段），本身的特点与外界环境条件共同作用所表现出的合理株型特征而进行的栽培研究和实践。如“小群体，状个体”，上位 3 片叶要短、厚、直立等。

4. **协调栽培** 指以栽培措施和作物生长发育规律及产量形成规律为基础，侧重于研究与高产形成有关的各种因素之间的协调关系，注重协调水稻体内与农田系统之间物质和能力的平衡与转化。如浙江省农业科学研究院蒋彭炎等的稀少平栽培法；吉林省延边地区的稀播稀插等。

5. **优化栽培** 是结合高产研究经验，把系统工程原理，特别是把回归分析和优化方案应用于水稻高产栽培中，经过大量的试验研究，将水稻高产栽培的生理基础、生态条件、形态特征和栽培措施有机地结合起来，形成优化的栽培技术体系。

优化栽培的主要特点是:①应用系统工程的原理对水稻生长发育和产量形成进行模拟、优化,并对各项栽培措施等进行综合组装和优化,从而使栽培技术更加合理。②从系统的角度研究水稻高产问题,可以从时间和空间上多方位地分析和解决问题,得出的信息、规律和结果更加深入、全面。③注重高产、优质、高效、低成本等多目标的统一,经济技术指标定性和定量的统一,再配合规范的技术,标准化的作业,集约化的管理,使栽培技术更加实用。

第六节　杂交水稻栽培

一、杂交水稻及其特点

利用两个或两个以上的水稻品种或类型进行杂交,所得到的具有较强生活力、生长势、适应性、抗逆性和丰产性等优良特性的杂种第一代,称为杂交水稻。由于它是异质体,其后代要分离,故生产上要年年制种。常利用"三系法"、"两系法"或"化杀法"获得杂交水稻种子。与常规水稻相比,杂交水稻具有以下突出特点:

(一)根系发达

不仅表现在数量较大、分布广而且发根强,移栽后返青快。

(二)长势旺盛

其分蘖发生早,且生长迅速,茎叶健壮,不易早衰,耐旱抗倒。

(三)穗大粒多

较大面积和较高的光合效率为积累光合产物奠定了基础。一般比常规稻每穗粒数多70左右,达到150左右。千粒可达26~28克,重的达35克左右。

(四)适应性强

杂交水稻无论在山区、丘陵、平原、肥田、瘦田、深泥脚田或冷浸低产田种植均能显著增产。

（五）米质好

外观品质、营养品质、蒸煮品质均较好。

二、杂交水稻栽培技术要点

（一）适时早播，确保安全齐穗

影响安全齐穗主要是温度条件，应使安全齐穗期在23℃以上，安全开花期在35℃以下，否则会严重影响结实率。适期播种要使齐穗至开花躲过上述不安全温度指标。

（二）培养多蘖状秧，坚持稀匀播种

杂交中稻每亩播种7.5～12.5千克，秧龄40天左右，叶龄7～8片，带蘖5个以上；杂交晚稻每亩7.4～10千克，秧龄不超过50天，秧田与本田之比为1:(15～20)。

（三）适期播种，合理密植

试验结果表明，在播期相同，插秧越晚，成熟也越迟，大致秧龄每延长10天，齐穗期推迟2天左右。因此，在最佳播期的基础上，还要争取把秧插在高产期之内。如汉中平川适宜在5月20日至6月5日插秧。

一般密度为20～27厘米的行距，10～17厘米的穴距，每穴1～2苗，保证基本苗每公顷120万～180万株。在上述范围内，早中熟品种、肥田、早栽、叶龄小的可稀些；瘦田、晚栽、叶龄大、晚熟品种则应密些。

（四）合理施肥灌水，确保丰产丰收

常规水稻与杂交水稻相比，单位产量吸氮、磷量相近，但吸钾量杂交水稻较多。一般杂交水稻产量较高，在高产栽培中，杂交水稻比常规水稻每公顷吸肥量，氮多10%左右，磷基本相同，钾多45%。在管理上，要施足基肥，早施追肥，重点在栽秧时施肥及返青分蘖期追肥。杂交水稻每亩产500千克，稻谷在施优质农家肥为主的条件下，需施纯氮12.5千克左右，过磷酸钙20～30千克，氯化钾5～7.5千克。当全田总茎数达到预定穗数时，即开始晒田，但不宜重晒，防止干旱对生长不利的影响。复水后宜采用干干湿湿，以湿为主的灌溉方法，但在孕穗至抽穗期间要灌浅水，灌浆结实后采用间歇灌跑马水的方法，保持湿润到黄熟，这样做可防治根叶早衰，收到青秆黄熟和谷粒饱满的效果。

第四章 化肥深施和配方施肥技术

第一节 化肥深施技术

一、概　　述

肥料的科学施用包括科学确定施肥量、肥料品种、施肥时期、施肥比例和施肥方式等,化肥深施是科学施肥方式的一种,是相对于表施或浅施等施肥方式而提出的。化肥深施的主要目的是为了将肥料集中施于土壤耕作层作物根系附近,促进作物对养分的吸收,减少由于施在地表而造成的化肥损失,提高化肥的利用率。由于大部分氮肥都具有挥发损失的性质,特别是铵态氮肥如碳酸氢铵等表面撒施极易造成氮素的挥发损失。因此,氮肥的施用应采取深施覆土的方法,不使肥料露于地表。磷肥在土壤中移动性较差,容易被土壤固定,从而降低有效性,因此宜集中深施。钾肥深施到植物根系也可以减少土壤固定,促进作物吸收。

(一)化肥深施的概念

化肥深施是指将化肥定量地施入到地表以下作物根系密集的适当部位,使养分能够被作物充分吸收,减少挥发和淋失,达到提高化肥利用率、节肥增产的目的。

化肥深施主要有沟施、穴施、条施等方式,其核心内容是将肥料按照作物需要的用量施入地表以下一定深度的土层中,以利于作物的吸收作用。化肥合理施肥的位置由于土壤肥力、化肥种类、作物特性、土壤水分等情况的变化而不同,据试验研究,在冬小麦上,传统的混施化肥(先撒施后翻耕或旋耕)效果比较稳定,为化肥基施的主要方法,肥带在种子侧下 5.5 ~6.5 厘米最佳,在不同肥力、不同肥料品种及不同降雨和土壤水分情况下都有明显的增产效果。化肥深施采用人力、畜力、机械均可以完成，但要同时完成开沟（或穴）、施肥、覆盖和镇压等多道工序，确保合理的施肥数量、深度和位置，严密的覆盖和有效的镇压等，并达到省时、省力的目的，则最好采用施肥机械来完成。机械深施技术的应用要坚持因地制宜、讲求经济效益的原则，以机械深施为发展方向，半机械、畜力、人力并举，结合当地的生产实际和技术成熟程度，制订具体的技术方案。这项技术的应用还应同配方施肥、作物营养诊断、模式化栽培等技术有机地结合，发挥综合效益。

（二）化肥深施的作用

应用化肥深施技术，可以减少化肥的损失，提高化肥利用率，提高作物产量，减少化肥对环境的污染。据有关资料，碳酸氢铵表施 5 天氮素损失 13.8%，深施入土 7 厘米 5 天氮素仅损失 0.88%。中国农业科学院土壤肥料研究所试验表明，碳酸氢铵、尿素深施到地表以下 6～10 厘米的土层中，比表面撒施氮肥当季利用率分别由 27% 和 37% 提高到 58% 和 50%，深施比表施利用率相对提高 115% 和 35%。化肥深施可促使根系向下扎，扩大根系生长量，增强作物吸收养分、水分的能力，能显著提高作物产量。机械深施比人工地表撒施，小麦、玉米可增产 15～45 千克/亩，棉花（皮棉）可增产 5～8 千克/亩，大豆可增产 15～25 千克/亩，增产幅度在 5%～15%。碳酸氢铵作为稻田基施时，深施比表施平均增产 7.8%。化肥的损失，一方面进入大气，造成大气污染；另一方面流失进入地下水，造成地下水中硝酸盐积累和水体营养化，严重影响人畜健康。化肥深施提高了化肥利用率，减少挥发和流失渗漏，从而大大减少对生态环境的污染。

采用机械深施还能实现种、肥定位隔离，避免烧种、烧苗。种、肥同床混施时，化肥直接与种子接触，极易腐蚀灼伤种子和幼苗根系，发生烧种烧苗现象。采用机械深施能够准确地将化肥深施于种子下面或种子侧面一定的位置，使种肥之间有可靠的隔离层，防止肥害发生。机械深施提高了功效，减轻了劳动强度。人工施肥效率低、劳动强度大，用工多，机械深施每小时生产率一般在 5～10 亩（机引机具），效率比人工作业可提高10～20倍，节约了大量施肥用工。机械施肥均匀、准确，通过机械调节装置能够保证施肥深浅一致，排肥量均匀，减少损失。深施技术还可与精量播种、机械中耕除草等技术结合进行复式作业，既可减少机具进地次数，又可实现少耕或免耕，节省作业费用，降低生产成本。

二、化肥深施基本操作

（一）基肥深施

旱地基肥深施主要同土壤耕翻作业相结合，一种是先撒肥、后耕翻。先将固体肥料均匀地撒在地面，随即翻耕入土，耕细盖严。要尽可能缩短化肥暴露在地表的时间，尤其对碳酸氢铵等易挥发的化肥要做到随撒肥随耕翻深埋入土。可在犁具前加装撒肥装置（也可使用专用撒肥机），肥带宽基本同后边犁具的耕幅相当即可。要求耕翻后化肥埋入土壤深度一般6～10厘米，地表无可见的化肥颗粒。另一种是边耕翻边将化肥施于犁沟内，由下一犁的犁堡覆盖。在化肥深施机具较发达的地区以这种方法为好。一般可对现有耕翻犁具进行改造，增加排肥装置，通常将排肥器安装在犁铧后面，随着犁铧翻堡将化肥施于堡面上或犁沟底，然后由后铧翻堡覆盖，达到深施肥的目的。这种方法基本上可做到耕翻、施肥作业同步，避免易挥发化肥露天造成的挥发损失。要求施肥深度6～10厘米，肥带宽度3～5厘米，排肥均匀连续，无明显断条。

水田基肥深施。在稻田土壤为壤土、黏土的条件下，可将化肥以基肥方式均匀施于耕层内，也称为全层施肥法。主要有3种：第一，与旱耙地结合施肥，在秋翻地的基础上，早春经拖拉机旱耙一次，随后撒施化肥，然后再旱耙2次，使化肥均匀混入10厘米深的土层，然后泡田，整平土地；第二，与水耙地结合施肥，在犁田或耙田后，随即灌水，撒施氨肥，然后泡田整平土地；第三，与水耙地结合施肥，在犁田或耙田后随即灌水浅水，撒施氮肥，然后再耙1～2遍，使肥料均匀分布在约7厘米深的上层内，也叫水田面肥。如结合水田耕整地机具作业,可在耕整机具上装设肥箱及排肥装置,在水田耕整作业的同时,将化肥均匀混合于土壤中,达到深施肥目的。实行水耕作业的地区,耕整施肥前应严格控制田间水量(水深1~2厘米),既不影响耕整作业,又保证深施肥质量。

(二)种肥深施

种肥需在播种的同时深施,穴施或条施均可。一般施于种子侧下方,避免与种子直接接触,在种与肥之间能形成一定厚度(一般在5厘米以上)的土壤隔离层,即满足作物苗期生长对养分的需求,又避免了肥种混合出现的烧种、烧苗现象。种肥一般化肥用量比较少,并且选用的是物理化学性能比较稳定的肥料品种,注意含氮的化肥一般不宜作种肥。种肥深施按肥料和种子的位置可划分为侧位深施和正位深施两种形式。侧位深施肥料施于作物种子的侧下方,小麦种肥一般在种子的侧方2.5~4厘米、深2.5~4厘米,中耕作物种肥一般在4~5厘米,肥带宽度宜在3厘米以上,肥条均匀连续,无明显断条和漏施。正位深施种肥施于种床正下方,肥层同种子之间土壤隔离层在3厘米以上,并要种肥深浅一致,肥条均匀连续,肥带宽度略大于播种宽度。使用施肥播种专用机具可一次完成施肥和播种两项作业,提高作业效率和作业质量,并节约生产成本。施肥、播种机可通过播种机上安装肥箱和排肥装置来完成肥、种同时作业。对机具要求要能较严格地按农艺要求完成肥、种的播量、深度、株距、行距等,应用该项技术对田块土壤整治要求较高,应保证土壤耕深一致,无漏耕,做到土碎田平,土壤虚实得当。

(三)追肥深施

旱地追肥深施一般采用开沟深施的方法,深度一般6~10厘米,施后及时覆土埋严压实或结合中耕培土把肥料埋入作物根际周围。施肥后最好结合灌水,采用化肥深施机能够一机完成开沟、排肥、覆土、镇压等多道工序。相对人工地表撒施和手工工具追施,可显著地提高化肥的利用率和作业效率。追肥机具有良好的行间通过性能,对作物后期生长无明显不利影响(如伤根、伤苗、倒伏等)。追肥深度(以作物植株同地面交点为基准)应在6~10厘米,追肥部位应在作物株行两侧的 10～20 厘米(视作物种类定)肥带宽度宜大于 3 厘米,无明显断条,施肥后孤盖严密。

水田追肥使用机械难度较大,目前一般采用人力器具将颗粒状肥料点施或穴施于作物根部。

三、机械深施机具的性能要求

深施机具应符合当地主要作物品种的施肥深度要求(一般大于 6 厘米),可调节施肥量,排肥装置有高度可靠性,作业时不应有断条现象,肥带宽度变异小于 1 厘米。

机械深施化肥作业标准要求:排肥断条率碳酸氢铵为 2%～4%,尿素等颗粒肥为 1%～3%;肥条均匀度碳酸氢铵为 20%～30%,尿素等颗粒肥为 20%～25%;各行排肥量一致性变异系数碳酸氢铵 6%～12%,尿素等颗粒肥为 3%～9%;化肥的土壤覆盖率要达到 100%,种肥、追肥作业还要保证镇压密实;施肥位置准确率大于 80%;作业伤苗率小于 3%。

第二节　配方施肥

一、概　　述

配方施肥是施肥技术的重大改革和发展。它是以养分归还学说、最小养分律、同等重要率、不可替代律、肥料报酬递减律等理论为依据,遵循土壤、作物肥料三者之间的依存关系,以肥料与综合农业技术相配合为指导原则,产前确定施肥的品种、数量、比例以及相应的科学施肥技术,实现高产、优质、高效、土壤培肥、提高化肥利用率、保护生态环境的综合目标。

(一)配方施肥的定义

配方施肥是综合运用现代农业科技成果,根据作物吸肥规律、土壤供肥性能与肥料效应，在有机肥为基础的条件下，产前提出氮、磷、钾肥和微量元素肥料的适宜用量和比例以及相应的施肥技术。

（二）配方施肥的发展

新中国成立以来，随着化学肥料的施用量大幅度增加，科学施肥研究与推广工作也取得了很大的进展。20 世纪 50 ~ 70 年代，针对中国不同时期施肥的主要矛盾，分别开展了氮肥、磷肥、钾肥和微量元素肥料的肥效研究和推广应用。20 世纪 80 年代初，针对以往施肥工作中出现的“三偏”施肥（偏施氮肥、用量偏多、施肥偏迟）和氮、磷、钾肥比例失调等问题，广大科技工作者从实际出发，在合理施肥技术方面进行了有益的探索，提出了测土施肥、诊断施肥、计量施肥、控氮增磷、钾和氮、磷、钾合理配比等众多的科学施肥技术，在生产应用上起到了一定的作用，同时在定量化合理施肥方面积累了大量的实践经验。配方施肥就是在总结各地科学施肥实践经验的基础上，综合运用各项技术而形成的。1983 年农业部在广东省湛江地区召开了配方施肥考察会议，将各地采用的科学施肥方法统一定名为“配方施肥”，对这项技术予以肯定和高度的重视。1986 年 5 月农业部再次召开配方施肥工作会议，对各地的配方施肥方法和经验进行了系统的总结按照植物营养学的基本原理和定量施肥的不同依据将各地采用的配方施肥技术归纳为 3 大类 6 种基本方法，以此为核心提出了配方施肥技术工作要点，对配方施肥技术进行了初步优化，建立了比较完整的技术体系。从此，配方施肥技术从经验上升为理论，从定性发展到定量，从感官判断发展到应用仪器测试，逐步走向了优化、规范化的新阶段。配方施肥推广面积在全国迅速增加，配方施肥从感官判断发展到应用仪器测试，逐步走向了优化、规范化的新阶段。肥推广面积在全国迅速增加，为农业增产增收做出了重要的贡献。

（三）配方施肥的效果

据各地试验、示范资料统计，实施配方施肥，各种作物增产幅度一般在 8% ~15%，高的达 20% 以上，平均亩增粮食 25 ~50 千克，棉花 5 ~10 千克，花生、油菜子 15 ~30 千克，每亩可降低化肥成本 10 ~

15元，提高化肥利用率5% ~10%，经济作物如瓜果、蔬菜等增产效果尤为明显。实施配方施肥还可以培肥地力，保护生态环境。应用养分归还的原理，做到用地与养地相结合，保持地力常新，实现农业可持续发展。实施配方施肥调控了氮素营养，增强磷、钾与微量元素的供应能力，满足作物不同生育阶段对营养的需要，有利于加快生育进程，增强光合作用和碳水化合物的积累，改善植株农艺性状，提高农产品品质。针对性地施用肥料，还可以达到营养调控、防治病害的目的。例如，在缺磷锌的田块实行氮、磷、锌肥配施，能有效防治和减轻水稻僵苗、玉米花白苗等危害。

（四）配方施肥的理论基础

1. 土壤肥力与因子综合作用律 土壤肥力是土壤的基本属性和质的特征，是土壤从养分条件和环境条件方面，供应和协调作物生长的能力。土壤肥力是土壤的物理、化学、生物学性质的反映。由众多的因子构成，主要有：

（1）直接因子 土壤中含有作物需要的营养元素，如氮、磷、钾等大量元素，锌、硼、锰、铁等微量元素，这是土壤的直接因子，也称狭义的肥力。它们的含量丰富，肥力就高。

（2）间接因子 土壤的母质、物理结构、酸碱度（pH 值）、通透性、有机质、耕层厚度、水分含量等，并不是作物直接需要的，而对作物吸收养分却有很大的影响，称为土壤肥力的间接因子。

（3）外来因子 作物品种、耕作、施肥、气候等，不为土壤所具备，但也左右着土壤肥力。对土壤来说，它们是外来因子。

众多因子综合作用形成了土壤肥力，一般用作物在土壤中不施用任何肥料所得的产量，即空白田产量来衡量，称为土壤肥力的综合指标。田间试验结果表明，作物产量的构成，有40% ~80%的养分吸收自土壤，要提高作物产量，首先要提高土壤肥力，只有在高肥力的条件才能达到高产稳产。土壤肥力是决定作物产量的基础。

影响作物产量的众多因子纠缠在一起，各因子之间，既相互促进，又相互制约，而且经常在不断变化。例如，磷的不足影响氮的肥效，增施钾肥可以提高氮的吸收，磷肥施用过量导致锌的沉淀，容易发生缺锌症等。作物丰产是由诸多影响作物生长发育的因子综合作用的结果。因此,肥料的增产效应必然受因子综合作用律的影响。为了充分发挥肥料的增产作用和提高肥料的经济效益,一方面要注意各种养分之间的配合施用,另一方面施肥措施也要与其他农业技术措施密切配合,发挥因子的综合作用是配方施肥技术的一个重要依据。

2. **大量元素和微量元素** 农作物需要的营养元素现在已经知道的有20多种,其中碳、氢、氧可以从空气和水中获得,一般不需要以肥料的形式提供。氮、磷、钾在作物体内含量较多,吸收得也较多,占干物重的百分之几到千分之几,称为大量元素。氮、磷、钾3种元素在土壤中含量普遍较少,需要以肥料的形式补充,所以特别称它们为肥料三要素。钙、镁、硫一般称为中量元素。铁、锰、铜、锌、硼、钼等元素,作物需要量少,占干物质重量和万分之几到十万分之几,称为微量元素。一般土壤中含有的中微量元素特别敏感的作物和某些微量元素缺乏较严重的土壤,则必须施用相应的中、微量元素肥料。

3. **同等重要律** 对农作物来讲不论大中量元素或微量元素都是同等重要,缺一不可的。缺少某一种微量元素,尽管它的需要量很少,仍会产生微量元素缺乏症而导致减少。例如,玉米、水稻缺锌植矮小,油菜缺硼花而不实等。所以,不论微量元素还是大中量元素,其重要性是一样的,并不因为需要的多少而改变,这就是同等重要律。

4. **不可替代律** 作物需要的各种营养元素在作物体内都有一定的功能,相互之间不能代替。缺少什么营养元素,就必须施用含有该营养元素的肥料,施用其他肥料不仅不能解决缺素的问题,有些时候还会加重缺素症状,这就是不可替代律。

5. **养分归还学说** 养分归还学说是19世纪德国著名化学家李比希提出的。他通过试验发现作物生长需要从土壤中吸收氮、磷、钾等物矿质元素,由于人类在土地上种植作物并把这些产物拿走,土壤所含的养分将会越来越少,必然会使地力逐渐下降。因此,要想恢复地力就必须归还从土壤中拿走的全部东西，否则，就难以再获得过去那样高的产量。为了增加产量，就应该向土壤施用肥料。当然，归还从土壤中取走是不必要的，从自然界养分循环和土壤中物质平衡的观点出发，应当根据土壤养分状况和作物类型，有重点地归还必要的养分。

6. **最小养分律**　植物为了生长发育需要吸收各种养分，但是决定作物产量的却是土壤中相对含量最小的养分因素，产量也在一定限度内随着这个因素的增减面相对地变化。通常用装水木桶进行图解见图 4－1。

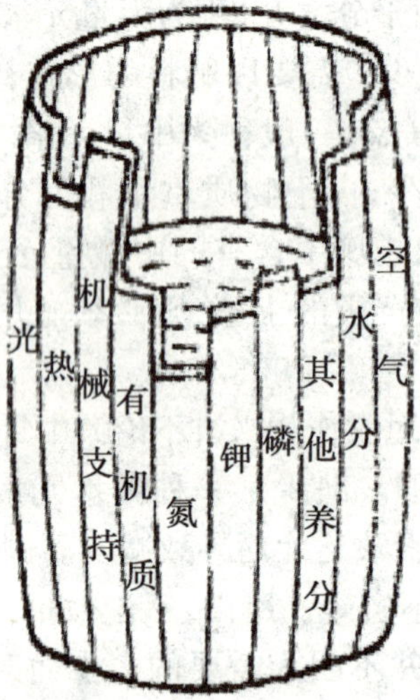

图 4－1　最小养分律木桶图解示意图

木桶由代表不同养分含量和因子的木板组成，储水量的多少（即水平面的高低）表示作物产量的水平，可以看出，作物产量决定于表示最小养分的最短木板的高度。如果不针对性地补充最小养分，即使其他养分增加得再多，也难以提高产量，只能造成肥料的浪费。例如，在严重缺钾的土壤上使用再多的氮、磷肥料作物产量也不会增加。最小养分也不是固定不变的，当土壤中的最小养分得到补充，满足作物需求之后，产量就会迅速提高，原来的最小养分就不再是最小养分而让位于其他养分了见图 4－2。

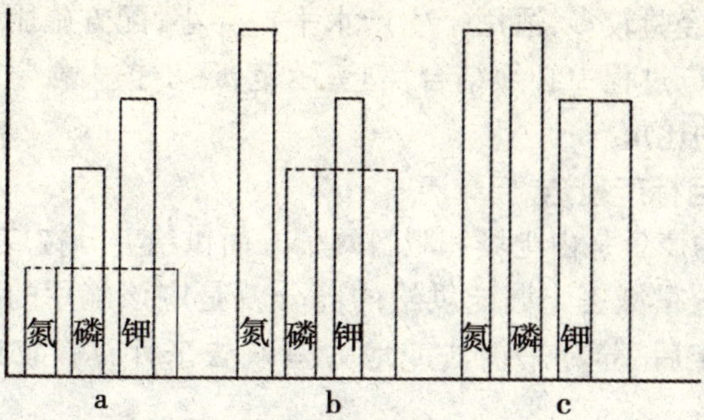

图4－2　最小养分律变化示意图

a. 氮是最小养分，产量水平受氮限制。b. 氮增加后，磷成了最小养分，产量水平受磷限制。c. 氮和磷都增加后，钾成了最小养分，产量水平受钾限制

7. **报酬递减律**　在土壤缺肥的情况下，根据作物的需要进行施肥，作物的产量会相应增加。但施肥量的增加与产量的增加并不是正相关关系。当施肥量很低的时候，单位肥料的增产量很大，随着施肥量的增加，单位肥料的增产量呈递减趋势，当施肥量增加到一定程度时，再多施肥料产量也不会增加此时的产量最高产量。这就是“报酬递减律”因此，施肥的增产潜力并不是无限的，施肥要有限度如果超过这个限度，就是盲目施肥，必然会带来经济上的损失。

二、配方施肥方法

（一）地力分区（级）配方法

在生产水平差异小、地力较均匀的地片，按土壤肥力高低分成若干等级或划出一个肥力均匀的地片，作为一个配方区，利用土壤普查、土壤养分概查资料和过去已有的田间肥料试验结果，结合农技人员及群众的实践经验，估计出每个配方区内比较适宜的肥料种类及其施用量，指导农民施肥。

地力分区（级）法的优点是具有针对性，提出的用量和措施接近当地的经验，农民容易接受，推广的阻力较小。其缺点是有地区局限

性,依赖于经验较多,适用于生产水平差异小,配方施肥基础较差的地区,在推广过程中必须结合实验、示范,逐步扩大科学测试手段和理论指导的比重。

（二）目标产量法

作物的产量是由土壤和肥料两个方面供给养分构成的。用作物吸收的养分量减去土壤能供给的养分就是应该施用的肥料量。目标产量确定后,养分平衡法或地力差减法来计算作物的肥料施用量。

1. 目标产量的确定

(1)以土定产经验法　目标产量受土壤肥力的制约,因此目标产量与空白田产量之间存在一定的数量关系。通过布置多点(≥30)不同土壤肥力条件下的田间试验,获得成对的空白田产量和施肥田最高产量,对二者进行相关分析,即可获得确定目标产量经验公式,公式如下:

$$Y = \mathrm{a} + \mathrm{b}X$$

$$\text{或 } Y = \frac{X}{\mathrm{a} + \mathrm{b}X}$$

式中:Y——目标产量

X——空白田产量

a,b——常数

应用上述公式,用当地空白田产量可确定目标产量。

(2)经验增产率法　在当地作物前3年平均产量基础上,低肥力田块增加15%～20%,中肥力田块增加10%～15%,高肥力田块增加5%～10%作为目标产量。例如,一块中等肥力的田块,前3年小麦平均产量为300千克/亩,则目标产量为300×(1+15%)=345千克。

2. 养分平衡法　根据作物目标产量所需要的养分量等于土壤所提供的养分加上肥料所提供的养分的原理来计算施肥量。以土壤养分供给量,肥料需求量按下式计算:

$$\text{施肥量} = \frac{\text{作物单位产量养分吸收量} \times \text{目标产量} - \text{土壤养分测定值} \times 0.15 \times \text{校正系数}}{\text{肥料中养分含量} \times \text{肥料当季利用率}}$$

例如:某农户小麦田,目标产量300千克/亩,测定土壤速效氮60毫克/千克,有效磷8毫克/千克,速效钾15毫克/千克,求需肥量。

先求需氮量:假设施用尿素(含氮量46%),把各种参数代入上式。同理,可求出所需磷肥、钾肥量。

这一方法的优点是概念清楚,容易掌握。缺点是由于土壤具有缓冲性能,土壤养分处于动态平衡。因此,测定值是一个对量,不能直接准确地反映出土供肥量。通常要通过试验,取得校正系数,加以调整,而校正系数变异较大,需要大量的实验研究确定。因此,此法适用于有测试条件的地区。

3. **地力差减法**　地力通常用空白田作物产量来表示。从目标产量中减去空白田产量,就是施肥所增加的产量,肥料需求量可按下列公式计算:

$$施肥量=\frac{作物单位产量养分吸收量\times目标产量-土壤养分测定值\times0.15\times土壤养分校正系数}{肥料中养分含量\times肥料当季利用率}$$

例如,某农户玉米地,空白田产量为300千克/亩,目标产量为每500千克/亩,每千克玉米吸收氮量0.027千克,使用硝酸铵作为氮肥,玉米对硝酸铵的利用率为30%,则每亩应施用硝酸铵量为:

$(500-300)\times0.027\div(0.34\times0.30)=52.9$ 千克

这一方法优点是不需要进行土壤测试,避免了养分平衡法的缺点。但空白田产量不能预先获得,给推广带来了困难。同时,空白田产量是构成产量多种因素的综合反映,无法表达若干营养元素的丰缺情况,只能以作物吸收量来计算需肥量。当土壤肥力越高时,作物对土壤的依赖越大(即作物从土壤中吸收的养分越多)需要由肥料供应的养分就越少,可能出现于有田间肥料试验有困难的地区。

有关参数的确定:

作物单位产量养分吸收量:可通过下式获得或参考有关资料见表4-1。

表 4-1 主要作物单位产量养分吸收量

作物	收获物	形成100千克经济产量所吸收的养分量(千克)		
		氮(N)	五氧化二磷(P_2O_5)	氧化钾(K_2O)
水稻	子粒	2.10~2.40	0.90~1.30	2.10~3.30
冬小麦	子粒	3.00	1.25	2.5
春小麦	子粒	3.00	1.00	2.50
大麦	子粒	2.70	0.90	2.20
玉米	子粒	2.57	0.86	2.14
谷子	子粒	2.50	1.25	1.75
高粱	子粒	2.60	1.30	1.30
甘薯	鲜块根	0.35	0.18	0.55
马铃薯	鲜块根	0.50	0.20	1.06
大豆	豆粒	7.20	1.80	4.00
豌豆	豆粒	3.09	1.30	2.86
花生	荚果	6.80	1.80	3.80
棉花	子棉	5.00	2.50	4.00
油菜	菜子	5.80	2.07	4.30
芝麻	子粒	8.23	0.70	4.41
烟草	鲜叶	4.10	2.30	1.10
大麻	纤维	8.00	0.15	5.00
甜菜	块根	0.40	0.07	0.60
甘蔗	茎	0.19	0.35	0.30
黄瓜	果实	0.40	0.23	0.55
架云豆	果实	0.19	0.10	0.68
茄子	果实	0.40	0.50	0.40
番茄	果实	0.81	0.10	0.50

续表

作物	收获物	形成100千克经济产量所吸收的养分量(千克)		
		氮(N)	五氧化二磷(P_2O_5)	氧化钾(K_2O)
胡萝卜	块根	0.30	0.31	0.50
卷心菜	叶球	0.45	0.05	0.38
洋　葱	葱头	0.27	0.12	0.23
芹　菜	全株	0.16	0.08	0.42
菠　菜	全株	0.36	0.18	0.52
大　葱	全株	0.30	0.12	0.40
柑橘(温州蜜橘)	果实	0.60	0.11	0.40
苹果(国光)	果实	0.30	0.08	0.32
梨(廿世纪)	果实	0.47	0.23	0.48
柿(富有)	果实	0.59	0.14	0.54
葡萄(玫瑰露)	果实	0.60	0.30	0.72
桃(白凤)	果实	0.48	0.20	0.76

注:①一般大田作物包括相应的茎、叶等营养器官的养分数量。②块根、块茎、果实均为鲜重,子实为风干重。③大豆、花生等豆科作物主要借助根瘤菌固定空气中的氮素,从土壤中吸收的氮素仅占1/3左右。

作物收获部分养分吸收量通过对收获部分不同器官分别测定其养分全量后累计获得。

$$\text{土壤养分校正系数}=\frac{\text{空白田产量(或缺肥区产量)}\times\text{物单位产量养分吸收量}}{\text{土壤养分测定值}\times 0.15}$$

$$\text{某元素肥料当季利用率}=\frac{\text{全肥区所施肥料中该养分总量}-\text{缺肥区作物养分总量}}{\text{全肥区所施肥料中该养分总量}}\times 100\%$$

肥料当季利用率随土壤、作物、肥料品种、施肥量等条件而变化,须根据实际情况通过试验确定。

（三）田间试验配方法

1. 养分丰缺指标法 当土壤某种养分测定值和作物产量之间有显著的相关性时，可根据作物产量反应将土壤测定值划分为高、中、低等指标等级，作为施肥建议的依据。制定养分丰缺指标，要在不同土壤肥力水平下布置多点（≥30）田间试验，设全肥区和缺肥区（即缺少该种养分区）2 个处理。播种前化验各点土壤中该养分含量，收获后用下列公式计算相对产量：

$$\text{相对产量} = \frac{\text{缺肥区产量作物产量}}{\text{全肥区作物产量}} \times 100\%$$

以土壤养分测定值为横坐标，以相对产量为纵坐标，作相关图。图中相对产量小于 50% 所对应的养分含量为极缺，50% ~75% 为缺，75% ~95% 为中，大于 95% 为丰。在指标确定后，可布置多水平肥料田间试验（或根据有关资料）确定不同土壤测定值条件下的肥料适宜用量。在推广应用中，通过分析测试某地土壤中该养分含量，即可确定该养分使用与否及使用量大小。

此法的优点是直观性强，定肥简捷方便。缺点是精确度较差，由于土壤理化性质差异中，土壤氮的测定值和产量之间的相关性很差，一般只用于磷、钾和微量元素的定肥。此法使用于有测试化验和肥料试验条件的地区。

2. 氮、磷、钾比例法 在不同土壤肥力水平下，通过布置多点（≥30）二因素（或三因素）多水平氮、磷、钾肥试验，得出氮、磷、钾肥的适宜用量，然后计算出二者（或三者）之间的比例关系，在应用中只确定其中一种养分的使用数量，就可以按养分之间的比例关系确定出其他一种（或两种）养分的施用量。如以氮定磷、钾等。

此法的优点是减少了工作量，也容易为群众所理解。缺点是作物对养分吸收的比例和应施肥料养分之间的比例是动态变化的，在实用上不一定能反映缺素的真实情况。由于土壤各养分的供应不同，作为补充养分的肥料需要量只是弥补了土壤的不足。所以，推广这一方法时，必须先做好田间试验，对不同土壤条件和不同作物相应地作出符合于客观要求的肥料氮、磷、钾比例。

3. **肥料效应函数法**　通过在不同土壤肥力水平下布置单(多)因子多水平多点(≥30)氮、磷、钾、微肥田间试验,求得作物产量与施肥量之间的函数关系(即肥料效应方程)。依据方程分别计算出经济最佳施肥量和最高产量施肥量。

此法的优点是能客观地反映影响肥效诸因素的综合效果,精确度高,反馈性好。缺点是有地区局限性,需要在不同类型土壤上布置多点试验,积累不同年度的资料,耗时较长。因此,此法适用于有田间肥料试验基础,并能进行数理统计的地区。

三、配方施肥的实施

配方施肥是一项综合性的农业系统工程,涉及多项技术领域和各级有关部门。在操作运用时既需相辅相成的协作配合,又有一定的实施程序。包括的内容及相互关系见图 4－3。

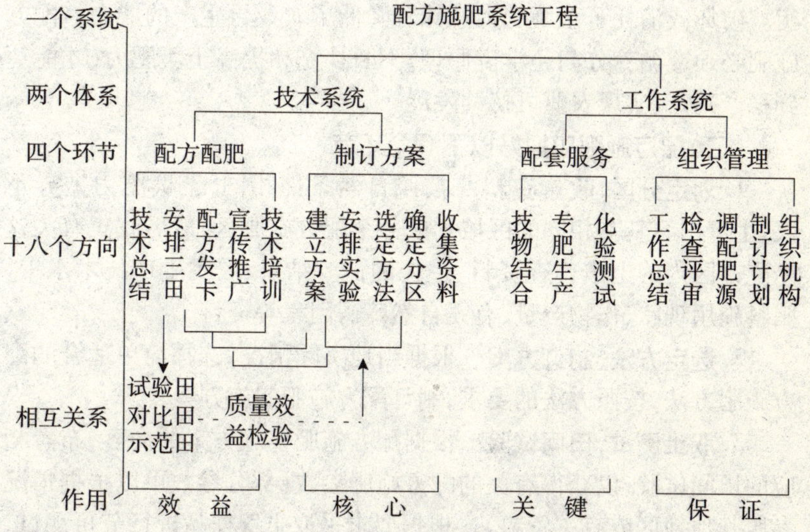

图 4－3　配方施肥系统工程框架图

配方施肥的实施主要应坚持3个原则和抓好6个环节：

（一）配方施肥的3个基本原则

1. 有机与无机相结合 实施配方施肥必须以有机肥料为基础。土壤有机质是土壤肥度的重要指标。增施有机肥料可以增加土壤有机质含量，提高土壤保水保肥能力，增进土壤微生物的活动，促进化肥利用率的提高。必须坚持多种形式的有机肥料投入，才能够培肥地力，实现农业可持续发展。

2. 氮、磷、钾配合 氮、磷、钾配合是配方施肥的重要内容，随着产量的不断提高，在土壤高强度利用下，必须强调氮、磷、钾肥的相互配合并补充必要的微量元素，才能获得高产稳产。据山西省肥料试验，氮、磷、钾配施要比单施氮肥或单施磷肥的利用率提高10%～30%，比氮、磷配合利用率提高5%～15%。

3. 用地与养地相结合 投入与产出相平衡要使作物—土壤—肥料形成物质和能量的良性循环，必须坚持用养结合，投入产出相平衡。破坏或消耗了土壤肥力意味着降低了农业再生产的能力。配方施肥必须遵循养分归还学说原理，不断补充和提高土壤肥力，才能达到稳产高产，实现农业可持续发展。

（二）配方施肥应抓好以下6个环节

1. 划定分区，收集资料 按照自然条件相同，土壤肥力差异不大，生产内容基本相同的区域划成一个配方施肥区，然后收集有关这个配方区内的土壤普查资料、过去的试验结果、农民生产技术水平、肥料施用现状、作物产量、有无自然障碍因素等资料。

2. 选定方法，制订方案 根据当地实际情况，选择简单适合的配方施肥方法，按照方法的要求，制订配方施肥实施方案。

3. 取土测试，田间试验 根据配方施肥实施方案的内容，布置相应的田间试验，以获得有关的配方施肥参数（部分参数可以根据情况参照其他地区或有关资料）。根据要求采取土壤样品进行分析测试，取得足够的数据资料。

4. 科学配方，施肥推荐 根据获得的配方施肥参数，提供配方，以配方施肥建议卡（表4－2）或配方施肥建议表等形式发给农民，实施配方施肥。

表 4－2　配方施肥通知卡

土壤名称		质地		田间位置		前茬作物	
目标产量		插栽规格					
施肥次数、名称	施肥时间	施用肥料品种及数量					使用技术及说明
		有机肥	氮肥	磷肥	钾肥	微肥	

配方人：　　　　实施人：　　　　　　制定日期：　　年　　月　　日

5. **技物结合，全程服务**　在发卡推荐施肥的基础上，逐步向技术与物资结合、实施全程服务的方向发展建议配方施肥配肥站，依照配方生产专用肥，直接供给农民使用实现测土、配方、生产、供肥、施肥指导一条龙服务。

6. **施肥指导，信息反馈**　对农民进行科学施肥方法的指导，并对配方施肥的效果等进行信息调查和反馈。

第五章 地膜覆盖栽培技术

第一节 概 述

一、地膜覆盖栽培的基本概念

塑料薄膜地面覆盖栽培技术（简称地膜覆盖栽培）是指用厚度极薄的聚乙烯地膜覆盖地面，达到增温保水，促进种子提早萌发、出土，加快根系生长和地上部植株的生长发育，获得早熟、高产、优质的效果，是传统农业技术和现代化农业技术相结合的一项增产增收效果显著的技术。这项技术对克服中国低温干旱、无霜期短，南方雨涝高湿等限制农业发展的不利因素有很强的针一对性和适应性。大面积推广实践证明，地膜覆盖栽培增产幅度大，经济效益高，适应范围广，适用作物多，是中国农业生产上少有的一项增产措施。

二、地膜覆盖的作用

（一）增温效应

地膜覆盖后，白天阳光透过薄膜使地温升高，再通过土粒的传导作用，逐渐使耕层土温增高。也把热量储存在土壤内，还有一部分转化为热能，用于土壤水分的蒸发。同时，地膜的阻隔作用减少了膜内外热量交换，覆膜后水汽只能在膜下与地表的缝隙间循环，不能向膜外蒸发扩散水分，相应地提高了土壤热容量，使膜内土壤温度在较长时期保持稳定。地膜覆盖能使土壤温度提高 2 ~4℃。冬小麦地膜覆盖整个生育增加积温 300℃左右，玉米地膜覆盖栽培增加积温 200 ~300℃。

（二）保墒效应

覆膜后切断了土壤水分与大气直接交换，从而抑制土壤水分向地表大量蒸发。由于膜下温度较高，使土壤热梯度差异加大，导致深层不分向土壤表层聚集，使耕层土壤含水量提高。因此，地膜覆盖有良好的保商、提墒以及稳定土壤水分的效果。各地研究，地膜覆盖后耕层 0 ~ 20 厘米土壤水分含量比露地高，2% ~5%。

（三）土壤效应

地膜覆盖使土壤表层避免或减缓了雨水和灌溉水的淋洗或冲刷，以及因中耕、除草等田间作业数减少，避免了人、畜的碾压和践踏，从而使土壤结构保持播前良好的松软状态。同时，由于膜下地温的变化，膜内水汽不断发生胀缩运动，使土粒间空隙变大，土壤疏松透气，物理性状得到改善。

（四）养分效应

地膜覆盖改善了土壤物理性状，促进微生物活动，加速了有机物质的分解，从而增加了土壤可给态养分。同时，地膜覆盖还减少了雨水冲刷土壤，避免养分流失。

（五）抑盐效应

在盐碱地区，露地土壤蒸发量大，土壤水分通过毛细管作用上升到地表，盐随水而上，在地表水分散失，盐分积聚在土壤表层，影响到作物生长，特别是出苗。地膜覆盖后，阻止了土壤水分的垂直蒸发，使土壤表层水分增大，抑制了盐分上升。在膜下形成一个低盐耕作层。有利于种子萌发、幼苗生长，保苗效果十分显著。

三、地膜覆盖的效果

农作物地膜覆盖栽培，具有显著的早熟、优质、高产效果和显著的经济，可使农作物提早成熟 5 ~ 20 天，增产 30% ~50%，高的达 1 倍以上，增加产值 40% ~50%。

（一）经济作物

棉花采用地膜覆盖栽培能增加伏前桃和霜前花，纤维长、衣分高、品质好；花生地膜覆盖栽培能使花生果荚大，子粒饱满，出仁率高；西瓜、甜瓜覆盖后瓜大、早熟、高产；能使多种水果提高着色率，增加糖分和维生素含量；甘蔗上地膜覆盖可提高宿根蔗的发枝力，有效地解决因缺水、低温发枝难的困难，增产 0.5～1 吨；甜菜覆盖增产 30%～80%，并提前榨糖，延长榨期。

（二）粮食作物

玉米地膜覆盖栽培每亩能增产 150 千克左右，增产 30%～50%，高的达 200 千克以上，在贫困地区作为“温饱工程”组织大力推广；在小麦上地膜覆盖增产 100 千克左右，增产 30% 以下，节水抗旱；水稻上地膜育秧投资少，成秧率高，秧苗壮；水稻地膜覆盖栽培省水 30%～70%，增产 100 千克以上；地膜谷子、地膜马铃薯、地膜高粱等增产效果都在 30% 左右。

四、地膜覆盖适用作物和地区

地膜覆盖的作用决定了其具有广泛的适应性，多年的实践也证明，地膜覆盖栽培技术在多种农作物上都可以推广，适应地区也极为广泛。

（一）适用作物种类多

地膜覆盖在国外主要用于蔬菜、瓜类、草莓、菠萝等高产值的园艺作物，而中国既应用于蔬菜、棉花、花生、瓜类、烟草、甘蔗、甜菜、麻类、果树、药材、油菜、向日葵等经济作物，也应用于水稻、玉米、小麦、甘薯、马铃薯、谷子、高粱等粮食作物，适用作物多达 40 多种。

（二）适用地区广泛

地膜覆盖栽培技术在不同的地区可以发挥其不同的作用，在干旱、半干旱地区，以保水为主，是抑制蒸发、蓄水保墒的有效抗旱措施；在低温地区，以提高地温，增加地积温为主，延长生长期，减轻低温冷害影响，是一项高产稳产措施，在低洼盐碱地以抑盐保苗为主；在高温多雨地区，则发挥护根、保水、透气、防止养分流失的作用。目前，这项技术在全国各地都推广应用。

第二节　小麦地膜覆盖栽培技术

一、概　　述

小麦全生育期地膜覆盖栽培技术(以下简称地膜小麦)是指在小麦的整个生长发育过程中都用地膜覆盖地面的小麦种植新技术,是小麦生产上的一项突破性技术措施,具有显著增产增收和抗旱节水等优点,一般每亩增产 70～100 千克,增收 100 元左右,在水浇地每公顷节水 70～100 米^3。这项技术在春小麦、晚播冬小麦和旱地小麦上有 1 亿亩以上的发展潜力,如能大面积推广应用,对中国小麦生产上新台阶,促进旱作农业发展和耕作制度改革必将起到积极推动作用。

小麦地膜覆盖栽培技术从 20 世纪 80 年代初就开始在北方试验,由于技术、机械等不配套,一直没有大面积推广,直到 20 世纪 90 年代初才相继配套,进入大面积示范推广。1995 年全国地膜小麦(指当年收获面积)仅 4. 95 万亩,1996 年发展到 60 万亩,1997 年达到了 300 万亩,1998 年突破 799. 5 万亩;种植范围也由西北几省发展到北方各省,1997 年秋播南方的江苏、安徽、湖北和四川也安排了多点试验。

目前,地膜小麦有覆膜穴播栽培、旱地周年覆盖和垄盖膜际精播技术 3 种类型。

二、小麦覆膜穴播栽培技术

(一)适宜范围

适宜在有一定的水浇条件或年降水量 400 毫米以上的春麦区、晚播冬麦区和旱地小麦区推广种植。年降水量在 400 毫米以下的地区必须能补充灌溉。

（二）选地整地

1. 选地 在适宜区内选择地势平坦、耕层深度大于20厘米耕性良好、墒情好，肥力中上等的地块。

2. 整地 前茬作物收获后及时灭茬、深耕、耙磨，墒情差的地块及时人工造墒。精细整地，做到深、透、细、平，利于铺膜播种。

3. 施肥 一般亩施农家肥3～4米^3，纯氮12～15千克（折合尿素22～33千克），五氧化磷8～10千克（折合过磷酸钙65～80千克），适当增施钾肥，具体施肥量各地可根据实际情况进行调节。地膜小麦施肥不便，旱地种植可把有机肥、化肥全部底施；有水浇条件的，可把氮肥的2/3作底肥，1/3留作返青至拔节期间追肥。最好使用长效肥，如长效碳铵或涂层尿素。

（三）选膜铺膜

1. 选膜 各地可根据地块、种植规格选用不同宽度、厚度为0.005～0.008毫米抗拉性强的地膜。机引最好选用1.4米宽的地膜，每公顷用量37.5～52.5千克。

2. 铺膜时间 铺膜时间视播种时间和土壤墒情而定，墒情好的地块，可及时铺膜播种；底墒足表墒差的地块，结合整地施肥提前7～10天铺膜，以利保墒；墒情差的地块，等雨抢墒随时铺膜播种；土壤湿度过大，则晾晒后再铺膜播种。铺膜一般不起垄，采用平铺法。铺膜可采取人工铺膜或机械铺膜两种方法，保证膜面平展，前后左右拉紧，使地膜紧贴地面，膜边用土压实。

（四）播种

1. 品种选择 根据当地品种资源，选择矮秆、抗病、大穗大粒、增产潜力大的品种。

2. 种子处理 播前精选种子，纯度达98%以上，发芽率95%以上，净度达98%以上。为防治地下害虫和鼠害须进行药剂拌种，有条件的可以推广种子包衣技术。

3. 播期 冬小麦播前应比当地露地小麦的最佳播期推迟7～10天。播种过早，春麦会因生长过快而受冬害；春小麦应比当地露地小麦的最佳播期提前5～7天，这样通过延长春小麦的生育期来增加灌浆时间，同时，又能避开后期麦收时的雨季。

4. **播量**　在适宜期播种的单作麦田，一般每亩保证3.2万~3.5万穴，每穴8~12粒种子，每亩35万~40万粒种子。不同播期和条件的地块，可酌情增减。每亩用种最按下列公式计算：

$$亩用种量(千克)=\frac{计划每亩穴数\times穴粒数\times千粒重}{1\,000\times1\,000\times种子发芽率\times田间出苗率}$$

播深以3~4厘米为宜。如果墒情较差，播深应在5厘米。

5. **播种方法**　山旱地和不宜拖拉机运行的小地块用人力手推式单行或双行播种机；面积较大的川、塬、平地用拖拉机牵引穴播机。不论是人力或机引，起步时要慢而平稳，四轮牵引应挂在一挡，匀速前进。覆膜后，每隔2~3米在膜上打一土带，保持膜面紧贴地面，减少孔穴错位，提高播种质量。

6. **播种规格**　单作小麦，如采用70厘米宽地膜，铺膜后膜面保持在60厘米种5行小麦；采用140厘米宽地膜，铺膜后膜面保持120厘米，种8行小麦；膜间距保持在20厘米以内。间套其他作物，报据具体情况调节膜间距。

（五）田间管理

1. **护膜**　地膜小麦在铺膜播种后要随时检查地膜覆盖情况，遇破口要及时压严，防风揭膜。冬小麦要注意越冬期间的护膜，严禁牲畜践踏。

2. **掏苗放苗**　如果覆膜播种机机械质量不过关或土地整得不平播种质量不过关，会出现孔穴错位或有孔无子现象，出苗后在3叶期时要及时对错位较重的地块进行掏苗放苗，对空穴较多的要及时浸种（用同一品种）催芽补苗。

3. **浇水施肥**　全生育期浇水2~3次，可比常种植少浇1~2次水。冬小麦除浇好防并水外，可在返青至拔节初结合浇水追施尿素20千克或50千克碳铵，在开花后再浇水促穗大粒多。春小麦可在4叶心至5叶心时适当浇水补肥。无水浇条件的旱地小麦可喷施磷酸二氢钾或尿素水溶液，间隔10天，连喷2~3次。

4. **化控防倒**　地膜小麦一般要比露地小麦植株增高10厘米左

右,应注意防止倒伏。可在拔节初期以15%多效唑粉剂组40~60克对水10~15千克喷洒防倒。

5. **病虫草害防治** 由于地膜覆盖后,膜下温、湿度提高,为杂草生长和病虫害的发生提供了有利场所。因此,应在播前结合整地用5%甲拌磷颗粒每亩1.5~2千克拌土300千克施入土壤,防治地下害虫;用40%的燕麦畏乳剂150~200千克,加水30千克施入土壤,防治野燕麦草;播后膜下杂草发生严重的,可用土压防除,发现病虫害及时防治。同时,应注意冬小麦的灭鼠工作。

(六)间套种植

根据当地的种植模式和种植习惯,利用膜间距套种玉米(玉米制种)或马铃薯等,小麦收获后,在膜面上套种黄瓜、白菜、萝卜或移栽其他蔬菜,提高土地利用率,增加复种指数,实行一膜多用,增加经济效益。

三、旱地周年覆盖栽培技术

(一)适宜范围

主要适用于华北年降水量600~900毫米的"冬小麦—经济作物两熟制"旱作地区。也可在年降水量400~500毫米的"一麦制"、"一秋制"和"两年三熟制"地区,因地制宜地采用。

(二)秋种覆盖

1. **早深耕,深施肥** 汛期结束、前茬收后,趁墒及早隔年深耕地,逐年加深土层,筑高堰埂,减少水土流失,增加蓄水容量。坡地,要沿等高线修筑梯田,达到土层深厚、地面平整、沟堰配套。尽量做到"一亩地接住一亩天"。结合整地,一次深施施足整个种植周期所需全部有机肥和化肥。

2. **起高垄,覆好膜** 整好地后,立即按垄距90厘米、垄高10~15米、垄顶呈弧形的规格起垄。垄顶耙细拉平后喷除草剂(防止喷到沟内,影响小麦出苗),加盖90厘米宽、0.006毫米厚的地膜的标准地膜(也可以直接加盖除草剂地膜)。要提高覆膜质量,做到实、严、紧。

实,是将地膜两边垂直埋入垄两边地中并压实;严,是使地膜紧贴地面,不留空隙;紧,是地膜纵向横向适度拉紧,以保护地膜,提高保墒增温和除草效果。覆膜后,在垄上每隔 0.5 ~1 米,横压一长条状土带,以防风揭膜,并为翌年春套种作物备足盖穴用土。春小麦和“一秋制”地区,秋覆膜后沟内要加盖秸秆或 15 厘米厚的麦糠。起垄覆膜后,垄、沟宽度要分别达到 60 厘米和 30 厘米左右。

3. **沟播小麦,提高质量**　选用早熟、矮秆、大穗的中熟小麦品种。每沟播种 2 行,行距 15 厘米,播量与平种相仿,播深 3 ~4 厘米。种子播前要精选,用抗旱剂、种衣剂拌种,以提高出苗率,防治病虫害。

(三)春套作物

翌春,小麦拔节后在适期播种的下限前, 选择适当时机,趁墒在秋覆膜的垄上,打孔套种(移栽)春作物(2 行花生、1 行棉花、1 行烟草或 1 行甘薯)。春麦一熟区,要抓紧顶凌播种。“一秋制”地区,要趁墒在沟内或垄上破膜播种春作物。密度与平种相仿。要选用株形紧凑、结果(桃)集中、单株生产力高的中熟品种,并进行播前处理。播种深度适中,因覆膜垄顶 0 ~2 厘米地表土层失水快、变幅大易干燥,4 ~5 厘米土层水分稳定,所以播深以 4 厘米左右为宜。播种要从压膜土带上取土盖好播种穴。出苗后,要及时放苗、查苗补苗和防虫保苗。对沟内杂草要及时刈锄,垄上膜下出现的杂草及时取土压灭。要抓好小麦穗期病虫害的防治。

(四)夏收覆盖

小麦适时早收,以减轻对套种作物的影响。麦收时,要高留茬 20 厘米以上,麦收后要压倒麦茬盖沟保墒。

(五)秋收秋播

周年覆盖栽培的秋收作物成熟较早,要适时早收,早耕地,早保墒。下一轮秋种时,要实行沟垄换位轮作。地力好、底墒足的水浇地,9 月下旬沟内种小麦,10 月上旬可在覆盖大垄上密植播种越冬大蒜或洋葱,翌年 5 月蒜、葱收后,再种玉米。早春也可在覆膜大垄两边播种土豆,中间套种棉花、玉米等,实行轮作换茬,多种多收。

四、旱地小麦膜际条播技术

（一）适用范围

适用于黄淮平原年降水量400～600毫米、整个生育期大于0℃积温为2 000～2 200℃，冬前大于0℃积温为500～700℃的冬麦区。

（二）选地整地

选择地势平坦、保水保肥较强的川旱地或丘陵地区的坦地、水平梯田；土质为轻壤土或中壤土。前茬小麦收获后，及早浅耕灭茬、伏前深耕纳雨蓄墒。耕后遇雨浅耕耙耱。临播前结合浅耕施肥，重耙耱或用旋耕耙浅耕后镇压。旱年少犁多耙，达到无土块、无根茬、无杂草、上虚下实、田面平整、墒情良好的标准。

（三）施肥

以每生产100千克小麦子粒，纯氮3千克，五氧化二磷1～1.5千克，氧化钾2～3千克作为需肥基本依据，参照土壤肥力基础、肥料种类及有效成分、当年利用率等，以确定具体地块的施肥量，一般每亩施优质农家肥3～4米^3，化肥折纯氮8～10千克、五氧化二磷4～6千克、氧化钾7～10千克。

（四）地膜覆盖

1. 覆膜垄带距 以55～60厘米为带，垄底宽25～30厘米，高10厘米，垄顶呈圆形。用35～40厘米幅宽、厚度0.005～0.007毫米地膜覆盖。垄间距30厘米，垄间膜侧种2行小麦，行距20厘米。

2. 覆盖方法 第一种是采取人工或机械在播种前15天左右，遇雨趁墒起垄盖地膜，到时每垄两侧各种一行小麦。盖膜时要将地膜拉直紧贴地面，膜两侧压土5～10厘米，膜上每隔2～3米打一“土腰带”，防风鼓膜；第二种是覆膜播种一次完成，在面积较大、墒情较好的情况下，可在播种时采用播种复式作业机械一次完成化肥深施、起垄、盖膜、播种、镇压等工序。

（五）适期播种

1. 种子处理 采用包衣种子播种。不具备条件的要进行精选，晒种和药剂拌种：当地下害虫达到防治指标时（蛴螬 2 头/米^2、蝼蛄 0.5 头/米^2、金针虫 4 头/米^2），可用 200 克 60% 的 3911 加 5 千克清水稀释后，喷洒在 50 千克麦种上，搅拌堆闷 12 小时后播种，可兼治麦蚜、红蜘蛛和预防黄矮、丝矮病发生。在小麦全蚀病、小麦黑穗病、白粉病、锈病发生区可用 25% 可湿性粉锈宁按种子的 0.1% 拌种。对小麦散黑穗、腥黑穗发病区也可用 40% 拌种双或 40% 多菌灵可湿必粉剂按种子量的 0.3% 拌种。

2. **适宜播期**　比当地常规栽培适宜播期推迟 5 ~ 7 天。

3. **适宜播量**　采用当地同类型露地栽培 60% ~ 70% 的播种量。

4. **严格掌握播种质量**　先覆膜后播种的，要注意在播种时防止人畜踩踏地膜。采用起垄播种复式作业机械播种时，行走速度要均匀，起步时，要将膜头压紧压实。下种均匀，深浅一致。一般播种深度 3 ~ 4 厘米。可人工起垄铺膜，在沟内膜侧种 2 行小麦，也可用机械起垄铺膜。播种一次完成，一次播种 4 行或 6 行小麦。

（六）田间管理

1. **越冬前管理**　①查苗补苗。出苗后及时检查，发现缺苗断垄 15 ~ 20 厘米的行段，要采用相同小麦品种浸种补种，墒情差的地块要点水补种。②间匀丛撮苗。有丛撮苗麦田，在麦田进入 4 叶期时，及时进行疏苗。③中耕破板。遇雨出现板结地块，要及时中拼破除板结疏松土壤，防止出现夹苗现象。④护膜护苗。发现有风鼓膜或压土不严的地方，要及时管护，压实盖土，严防家禽牲畜踩踏地膜，啃吃麦苗，确保地膜完好，麦苗齐全。

2. **越冬后管理**　①顶凌中耕。趁早春土壤解冻，及时进行顶凌锄划保墒，镇压或顺垄踩压。②追肥。对墒情好、肥力不足地块可在垄间麦行中于拔节至孕穗期开沟追施氮素化折纯氮 3 ~ 5 千克，追后覆土，若此时麦苗群体偏小或长势偏弱，追肥数数量可适当增加。③喷施生长调节剂。冬后麦苗群体偏大或长势偏旺，可在起身至拔节初期叶面喷洒 15% 多效唑粉剂，每亩用药 40 ~ 50 克，对水 20 ~ 30 千克。或喷洒 20% 壮丰安乳剂，每亩用药 20 ~ 30 毫升，对水 20 ~ 23.8 千克，控旺肥促壮。④除治麦田杂草和病虫害。

第三节　玉米地膜覆盖栽培技术

一、概　　述

地膜引进中国首先是在蔬菜等经济效益高的作物上开始试验示范。20 世纪 80 年代初，各地利用地膜在无霜期短、积温不足、干旱少雨的旱地粮食作物上也开始进行试验示范，取得比较好的效果。尤其是玉米地膜覆盖栽培，增产效果显著、操作简便，技术比较配套，一直处于快速发展过程。

玉米地膜覆盖栽培技术（简称地膜玉米）是指利用地膜覆盖地面种植玉米的一项技术。中国地膜玉米的发展大致经历了试验示范和大面积示范推广两个阶段。1986 年以前为试验示范阶段，各地积极进行玉米地膜覆盖栽培的试验研究，对地膜玉米的增产效果、增产原理、有关配套技术等进行研究，边试验研究，边示范。从 1987 年开始，中国地膜玉米进入有计划的大面积示范推广阶段。1988 年年底，国家决定把地膜玉米作为科技扶贫的重大措施，在贫困地区实施以推广地膜玉米为主的“温饱工程”，使地膜玉米的推广工作一直处于有组织的开展。1990 年全国地膜玉米面积达到 1 300 万亩，1995 年达到 2 000 万亩。

地膜玉米的推广，把中国玉米的种植区域向高海拔、高寒、干旱半干旱区推进，使中国武陵、秦巴、大别山、长白山等山区，云贵高原、西北黄土高原、陇南、陇东南部地区以及辽宁、吉林、黑龙江、内蒙古等一些春迟秋早，无霜期短，不能种玉米或只能种早熟玉米的边缘地域，玉米面积和产量成倍增长，突破了许多栽培禁区。由于地膜玉米具有操作简便、适应范围广、增产增收显著等特点，深受各地群众欢迎，推广速度很快。

地膜玉米增产效果十分显著，一般亩增产 50 千克左右，高的达 200 千克以上，已成为大幅度提高玉米产量和解决贫困地区温饱问题的一项重要措施。

二、玉米地膜覆盖栽培技术

各地生产实践表明，玉米地膜覆盖栽培在不同的种植区域增产幅度表现出明显差异。在积温不足的高寒山区和干旱少雨地区地膜玉米增产效果比较显著。就积温而言，玉米生长期间 >10℃ 积温在 1 800 ~ 2 400℃，地膜覆盖增产效果比较显著；在积温 >2 800℃ 以上的地区，由于热量能满足玉米生长需要，地膜覆盖没有多大意义。因此，要充分发挥地膜覆盖的增产作用，必须选择适宜的种植区域。

（一）选地整地

在地膜玉米适宜发展区域内，应注意选择地势较平坦、上层较厚、墒情较好或排灌方便的地块，避免陡坡地、石砾地、低洼地、渍水地、瘦薄地和重盐碱地种植地膜玉米。选定地块后，根据当地实际情况，适时整地。地膜玉米要注意施肥，一般每亩施有机肥 2 000 ~ 3 000 千克，速效肥施用根据每生产 100 千克玉米需纯氮 2.5 ~ 3.0 千克，五氧化二磷 0.8 ~ 1.2 千克，氧化钾 1 ~ 2 千克，结合土壤肥力和品种而定，磷、钾肥全部底施，氮肥的 60% ~ 70% 应作为底施，缺锌田应每亩施 1 ~ 2 千克硫酸锌，与底肥一起施。

（二）品种的选用

由于地膜覆盖可增加积温 200 ~ 300℃，因此，应选用生育期稍长的品种，充分发挥地膜覆盖的增产作用。可选用比当地露地栽培生育期长 7 ~ 15 天的玉米品种。另外，地膜覆盖后，玉米的生长环境有了很大改善，密度可适当增加，因此，最好选用紧凑型玉米品种。

（三）播种覆膜

1. **种植规格**　目前，中国地膜玉米大都采取宽窄行种植。宽窄行种植的优点是覆盖窄行，覆盖率低，可大大降低地膜用量。同时，宽行通风透光性增强。在种植规格上，一般窄行在 33 ~ 42 厘米，宽行变幅较大，66 ~ 118.8 厘米，清种偏小，间套种偏大。

2. **适时早播**　各地实践表明，地膜玉米一般在表土层温稳定在

8～9℃,土壤水分达到田间持水量的60%,即可播种,可比露地玉米提早7～15天播种。地膜玉米查苗补苗比较费工,为保证一次全苗,应选用子粒饱满、发芽率在90%以上的种子,播前对玉米种子进行精选或包衣。

3. 播种方法 根据盖膜和播种的先后顺序把地膜玉米可分为先盖膜后播种和先播种后盖膜两种方法。

(1)先盖膜后播种 指播种以前,在土壤墒情好或造墒情况下,整地施肥后,先将地膜盖上,待气温适宜时及时打孔播种。这种方法的优点:一是能提早增温、保墒、提墒;二是不用放苗,尤其在发展新区,农民对放苗掌握不好,可以避免因放苗不及时或方法不当造成烧苗,对保证全苗有明显作用;三是整地、施肥、盖膜和播种分开作业,缓和了劳力紧张的矛盾,在水浇地也缓和了用水矛盾。缺点是:播种后,膜面用土压膜孔,减少了采光面,早期对增温效果有一定的影响;插后遇雨土壤容易结壳影响出苗。盖膜的早迟,应掌握"盖早不盖晚,盖湿不盖干"的原则。

(2)先播种后盖膜 在春雨早的地区,播种时墒情好或能造墒的地区,多采用先播种后盖膜,引苗出膜的办法。这种方法从盖膜到出苗期间,膜面采光好,也不存在膜面遇雨结壳,影响出苗等问题。同时,整地、施肥、播种、盖膜连续作业,一次完成,适宜机械化作业。主要问题是:一是用工比较集中,二是对放苗要求比较高。

以上两种方法各有所长、各地可因地制宜。

4. 播种注意事项

(1)足墒播种 在底墒不足的情况下,播种时开好播种沟或打好播种坑,每穴坐水后待水下渗,播种盖土覆膜,效果很好。

(2)种肥错开 地膜玉米一般是在窄行开沟施肥,应将化肥和有机肥混合深施,种子与肥料应相距6～10厘米。

(3)垄面细平 垄面平整与否关系着盖膜质量,垄面应做到土细、平整,略成瓦背形,无大坷垃,无作物残茬,以免影响盖膜质量。

5. 选膜和盖膜 应选用厚度为0.005～0.008毫米抗拉性强的地膜,地膜宽根据种植规格而定。覆盖地膜在南方一般为人工覆盖,在北方有人工覆膜，也有机械覆膜。地膜的宽度、强度应与覆膜方法配套。人工覆盖，地膜可偏窄，机械覆盖地膜需偏宽。一般机械覆盖地膜宽度应70～80厘米。机械覆膜有许多优点：一是铺膜质量高；二是作业效率高；三是降低成本，一般比手工每亩节省地膜0.5千克左右。

盖是地膜覆盖栽培中比较关键的环节，盖膜质量的好坏直接关系到地膜的增产效果。盖地膜时要做到地膜紧贴地面，膜上加压土带，膜两边再压实，在保证压紧地膜的前提下，尽可能扩大采光面。

（四）田间管理

1. **破膜放苗**　采取先播种后覆盖地膜的，待出苗5%左右时，开始分批破膜放苗。放苗应坚持"阴天突击放，晴天避中午，大风不放苗"的原则。一般在播种后7～10天经常到田间检查，发现幼苗接触地膜，就应破膜放苗，最好在无风的晴天，上午10点前或下午4点后进行，切勿在晴天高温或大风降温时放苗。因为地膜内温、湿条件比较好，幼苗生长娇嫩，若高温放苗，膜内的高温水汽将集中到膜的破孔处向外散失，容易造成幼苗萎蔫枯死，而在大风降温天气放苗，幼苗易遭受冻害。放苗时，用小刀或竹片等将苗上的地膜划破一小孔引苗出膜。放苗孔要小，孔长1～2厘米，注意不要伤苗，随后用细湿土沿幼苗茎基部封住破孔，切勿压住幼苗叶片。先盖膜后播种，幼苗和插种孔错位的，也要及时扶苗出膜，然后盖严膜口。出苗前下雨，出现膜孔土壤板结，应松土放苗。先将土敲碎，再行放苗，切勿将土块揭掉，以免拔出幼苗。

2. **补苗定苗**　地膜玉米播后8～9天，发现缺苗断垄现象，应及时用同一品种催芽补种。补种后3～5天，要检查补种出苗情况，出苗后及时追施适量的水粪，促进生长。在苗2～3叶期发现缺苗或死苗，应结合间苗进行移苗补栽。地膜玉米一般在3～4叶期间苗，4～5叶期定苗。地下害虫严重或风口地块，可适当晚定苗。地膜玉米常从茎基部长出1～3个蘖，这些分蘖消耗养分多，又不能成穗，应及早除蘖。

3. **杂草防除**　地膜覆盖后杂草发生早而且多，影响玉米生长。

地膜玉米防除杂草，主要采取综合措施进行防治。一是提高整地质量，使膜能紧贴地面，利用阳光高温灼死萌发的杂草幼苗；二是进行化学除草，在播种后盖膜前垄面喷药，一边喷药一边盖膜；三是结合追施穗肥进行中耕除草，有的采取揭除地膜，进行追肥、除草、培土，既防除杂草，又可防倒伏。地膜玉米所用除草剂主要有拉索、阿特拉津、敌草隆、除草醚、扑草净等，可根据当地杂草种类进行选用。

4. 追肥 追肥应在玉米生长到大喇叭口期，叶龄指数为60%左右时进行。此时正是玉米生长旺盛阶段，需水需肥多，追施穗肥增产效果十分显著。一般亩追碳酸氢铵30～40千克或尿素10～15千克。追肥方法是采取打孔施肥，用一木棍将下端削尖，在每4株中间打孔，施入肥料后用细土封口。

5. 防治病虫害 地膜玉米同样需要加强病虫害的防治。地下害虫主要是地老虎，可在盖膜前，撒施毒饵；后期注意防治玉米螟等害虫。

三、地膜育苗移栽技术

玉米地膜育苗移栽是提高玉米产量的有效技术措施，可提前播种，保证密度、增产增收效果十分显著，一般可比露地玉米每公顷增产1 050～1 500千克。同时，投入增加少，经济效益十分显著。

（一）整地作床

苗床应选便于育苗、便于管理、移栽时能减少搬运苗的地方。一般每亩大田需要10～20米^{2}的苗床。苗床宽1.0～1.5米，长度根据育苗数而定。

（二）配制营养土

应配制养分齐全、黏度适中的营养土。营养土一般是由肥土、有机肥、磷肥、锌肥等组成，各地配比一般是60%～70%的肥沃土，30%～40%的腐熟有机肥，配施1%磷肥，有的掺入尿素，缺锌地区施锌肥。混拌均匀，加适量粪水，达到手捏成团，落地能散的标准。

（三）制作营养块

目前生产上制作营养块的方法很多，主要有以下几种类型。

1. **营养块育苗**　先在床底铺一层隔离物（废纸、薄膜、细沙等均可），然后将配好的营养土加足水分后，铺在苗床地上，厚度 5 ~ 6 厘米，刮平压实，用 5 厘米宽的木板和刀，划成 5 厘米^2 的营养块，在块的中心戳 1.5 ~ 2 厘米的小孔，以待播种。

2. **营养肥团育苗**　将含水量适宜的营养土用手捏成团，大小如鹅蛋，在一端用手指戳一个一手指节深（2 厘米左右）的小洞，晒干后备用。也可直接边做球、边播种、边摆入苗床。

3. **营养钵育苗**　是将含水适宜的营养土用制钵机制成整齐一致的营养钵。

4. **塑料盘育苗**　玉米塑料软盘营养土育苗是近年试验研究出来的一项新的育苗技术，是工厂按一定规格生产出带有若干个钵孔（一般每张 100 孔）的塑料软盘，将配制好的营养土铺入孔内，播种覆膜的育苗方法。它除了具有一般肥团育苗的优点外，还具有利用软盘保温，盖膜增温，可有效防止早春低温冷害，适当提早播种。软盘营养土育苗，养分、水分、温度适宜，幼苗生长环境好，受外界影响小，比一般肥团育苗出苗率高；苗壮，移栽时根系损伤少，栽后无缓青，生长发育快，有利增产；移栽时搬运方便，省工省种，节约成本。软盘育本田玉米苗（铺盘铺土下种），仅需工时 2 ~ 3 小时，较肥团育苗每亩节约 1 小时。塑料软盘育 1 亩本田玉米（4 000 株）需软盘 20 个，投资 35 ~ 38 元，可连续使用 3 ~ 4 年，每年分摊投资 9 ~ 13 元，与省工费用相当。与大田直播相比，每亩还省种 1.5 ~ 2.0 千克，节约 10 ~ 15 元。塑料软盘除用作育玉米苗外，还可培育瓜菜苗、烟叶苗，一盘多用，成本更低。

玉米塑料软盘营养土育苗的操作方法是：先将育苗盘置放于事先整好的苗床内（地下或半地下式苗床），再将配制好的营养土装入苗盘孔内，先装满盘孔 3/4 营养土。然后播种，每孔内精选并经浸种催芽的饱满种子 2 粒，播种后再用营养土盖种（填满盘孔），播种后，再将育苗盘四周和育苗盘之间空隙用细土堆充。但育苗盘底部锥行孔之间的空隙让其保持，不可用细土掩埋，否则将导致取苗困难。播种覆土后，在苗床上用竹条架拱覆盖地膜。

（四）适时播种

育苗移栽的品种应选用生育期比当地露地直播主栽品种成熟期长7～15天或多1～2片叶的紧凑型玉米品种。由于育苗移栽每个营养块一般只播1粒种子，对种子质量要求较高，选用子粒饱满、发芽率在95%以上。育苗移栽的播种期一般可比露地直播提早7～15天。然而，播种时间还要看移栽时间，休闲地，一般在气温稳定通过6～7℃就可以播种。前茬作物收获后复种的，最好能控制苗龄在25天以内，由移栽期确定播种期。播种时每个营养块播1粒种子，播深1.5～2厘米，种子上面盖1～1.5厘米细土。

（五）架拱盖膜

播种后要立即盖膜，在苗床上每隔50～70厘米架一小竹条（或柳条、树枝）呈拱形，拱顶离床面高40～50厘米覆盖地膜。

（六）苗床管理

主要是温度管理和水分管理。温度管理总的原则是前期以保温为主，促早出苗，应以保温度不要超过35℃；出苗至移栽前，以防徒长、防霜冻为主，通过控制膜内温度，培育矮健壮苗，膜内温度应控制在20℃左右，一般在晴天上午9点后将膜两头揭开，下午4点前又将膜两头压严。早期温度低可在膜上加盖草帘。为增强苗移栽到大田后的适应能力，移栽前应炼苗2～3天。炼苗可在移栽前1周开始，逐渐进行延长通风时间，到移栽前，2～3天可将膜全部揭开，晚上也不盖膜，增强幼苗的抗逆性。但是，如遇到寒潮低温，仍要将膜盖好，防止冷害伤苗。水分管理上，一般播种时把水浇透，以后基本不再浇水，使床面积保持湿润状态。如果膜内湿度大，可通过通风换气降低膜内湿度。如果床土干白也应及时补浇水。移栽前1周断水炼苗，移栽前1天下午浇透水或浇清粪水，使幼苗吸足水分，便于起苗。对于干旱不能移栽或苗龄长的，可用药剂控苗，在幼苗3～4叶时用多效唑液喷雾叶面。

（七）适龄移栽

玉米移栽一般以 3 叶 1 心至 4 叶 1 心为宜，但也有 2 叶 1 心和 5 叶 1 心移栽的。过早移栽苗小，发根弱，抗逆性差，加之气温低，影响成活率；过晚移栽，起苗伤根严重，延长缓苗时间。移栽密度，一般比露地直播玉米密度增加 20% ~30%。净种的平展型玉米每公顷植 5.25 万株左右，紧凑型 6.75 万株左右。间套种的每公顷移栽 4.5 万 ~5.25 万株为宜。以宽窄行和宽行窄株方式为主。在起苗前 1 天浇透水，使幼苗吸足水分。同时，要淘汰小苗和病苗，做到随起随栽。移栽时先在施肥沟上按窄行距 30 ~40 厘米开 2 条平行沟，按大小苗分级，将苗带上按一定株距，2 行错株摆在沟中，用细上压紧浇水，最好以清粪水作定根水。栽培时，最好采取定向移栽，定向的方法是将叶片摆成与行向垂直的方向。

（八）大田管理

玉米移栽有一个缓苗的过程，因此要早追肥，早松土，促苗早发快长，在移栽后 5 ~7 天，根据天气、苗情、墒情追施提苗肥，每亩用清粪水 1 000 千克加 3 ~5 千克尿素进行追施。追施穗肥，在大喇叭口期进行，高产田每亩施尿素 10 ~15 千克或清粪水 1 000 ~1 500 千克加尿素 5 ~8 千克，并注意防治病虫草害。

第四节　花生地膜覆盖栽培技术

一、概　　述

（一）概念

花生地膜覆盖栽培是指用地膜覆盖地面种植花生的一项技术，在花生播种前用地膜覆盖地面，然后再打孔播种，或者播种后用地膜覆盖，待出苗后破膜放苗。利用地膜增温保墒、保水保肥、改善土壤理化性质等作用，达到促进种子早萌发出土、加快根系发育和营养生殖生长的目的,从而获得早熟、优质和高产的效果。这项技术自1979年在辽宁试验成功后,由于增产效果明显,适应范围较广,迅速在全国大部分地区得到了推广,到1990年全国推广面积达到523.5万亩,1996年推广到934万亩,占全国花生总播种面积的17%。地膜花生的应用范围也逐渐增多,除应用于春花生外,各地在麦田套种花生和夏花生上也积极示范推广这项技术,同样取得显著的增产效果。

地膜花生增产效果十分显著,一般比露地花生每亩增产60～100千克,增幅30%～50%。利用地膜覆盖在某些地区甚至达到每亩700千克以上的超高产典型。

（二）作用

地膜覆盖具有增温、保墒、改良土壤和促进养分分解等作用。覆膜栽培可使0～25厘米耕作层地温和整个生育期积温显著提高。据试验观测,5厘米地温覆膜比露地高出2～5℃,对促进花生早播种、早出苗、根系生长发育、提高荚果成熟度等都具有很好的效果。地膜覆盖后还能减少土壤水分蒸发,使地下深层水分通过毛细管作用提到耕作层,据研究测定,覆膜比露地耕作层的土壤含水量提高1%～4%,大大提高了花生的抗旱能力,有利于保苗、保花、增荚、壮粒。地膜覆盖栽培防止了雨水对土壤的直接冲刷,保持土壤疏松,防止板结,可使土壤总空隙度提高,容重下降,并加快有机肥的分解,对促进了花生出苗和根系发育,果针入土、果荚膨大都有利。

花生覆膜后,营养生长加快,叶面积不断增大,从而促进了同化物质的积累,提高了单株果数和果重,一般增产30%左右。同时,花生子仁中干物质的粗蛋白与粗脂肪以及氨基酸含量都比不覆膜有不同程度提高。

花生地膜覆盖栽培技术作为一种能显著提高产量、改善品质,投入产出比较高而且操作简单易行的新型技术,受到农民的普遍欢迎,具有广泛的推广前景。

二、花生地膜覆盖栽培技术

（一）适宜地区

地膜覆盖栽培在不同地区增产效果和经济效益是有差异的，主要是因为不同地区限制因素有所不同，如积温不足、干旱少雨和无霜期短等。根据各地自然环境、气候因素、耕作制度的差异及品种的不同，应把这项技术应用于最适宜的地区，充分发挥其增温保墒、增产增收的作用，获得最大的增产效果和经济效益。目前重点在积温不足、缺少灌溉条件或干旱少雨的地区推广应用。

（二）选地

花生根系发达，对土壤的肥水条件和通透性要求较高，地膜花生营养生长和生殖生长显著增强，对肥水的需求也就比露地花生更高。因此，应选择土层深厚，土壤肥沃，保水保肥及透气性好的地块。地膜花生怕涝，应考虑到有良好的排水条件，尤其在南方多雨地区。一般应尽量选择平地和沙壤土，而不用坡地和黏土或沙土，避免因土壤肥力先天不足造成苗弱，进而影响开花和结荚；也可避免因黏土空气含量太低，对根系生育产生抑制作用，造成腐根、断根现象发生。花生耐盐、耐碱性不强，pH 值为 8 时就不能发芽，一般适宜的土壤 pH 值为 7 左右。

（三）深耕整地

地膜花生应注意深耕，以加深耕作层。可在头年秋季作物收获后，冬季积雪前进行深耕，耕深一般在 20 厘米左右，到翌年春季土层解冻后起垄做畦。整地要做到土壤细碎无石块，无坷垃，无前茬作物根茎，达到上松下实，使地膜能紧贴地面，不被划破，以保证覆膜质量。在风多雨少、底墒不足的北方干旱地区，整地主要围绕蓄水保墒进行，秋季耕地后及时耙地保墒，春季土壤化冻时及时耙压土地，整地作畦，起到保墒防旱作用。

花生覆膜后茎叶茂盛，生长发育大大增强，需要更多的养分，加之地膜覆盖后施肥不便，更注意施足底肥。对花生生长发育起显著作用的是氮、磷、钾、钙四大元素，以每亩产 300～400 千克为例，每亩应施腐熟粪肥 3 000～4 000 千克硫酸铵 25～30 千克，过磷酸钙 30～40 千克，硫酸钾 10 千克，在整地起垄时包施垄内作基肥。

整地后要做好畦。畦的方向以南北向为好，光照充分。地膜花生一般用 90 厘米左右宽地膜覆盖，畦上种 2 行花生，以 90 厘米为一带，畦面宽 60 厘米左右，畦沟宽 30 厘米左右，畦高 10 厘米；麦套花生畦沟内要种 2 行小麦，畦面种 2 行花生，因此花生大行距 55 厘米，小行距 40 厘米，小麦大行距 78 厘米，小行距 15 厘米；北方中等以上地力、中熟大粒品种，畦距要宽；中等以下地力，早熟中粒品种，畦距要窄；南方地区畦沟要宽。

（四）品种选用与种子处理

地膜花生的品种选用，在北方肥沃的平原地区，由于光照时间长，可选用生育期较长的中熟在粒形品种，这类品种在光照和肥力充足的条件下，干物质积累速度快而多，结果多而饱满，单株生产力高，易获得高产，如徐州 68－4、海花 1 号、锦交 4 号、郑州 7432、鄂花 3 号、冀油 2 号等。在南方丘陵地区以选用早熟中粒型品种为宜，如白沙 1016、锦系 1 号、花 28 等，这些品种荚果整齐，抗逆性强，产量稳定，品质较好。无论选用什么品种，都充分发挥地膜覆盖的增产作用。

播种前应进行种子处理。首先要带壳晒果，一般为 2～3 天，晒果后种子发芽能力提高，出苗期能提早 1～5 天。其次是进行分级粒选，把病虫、破伤果仁和秕仁拣出，把大、中粒种子分开为一、二级种子，分开播种，防止不同大小种子混播，出现大苗压小苗。另外，催芽能选出发芽的种子，保证播上好种，使出苗整齐。目前催芽方法主要有土炕催芽、沙床催芽、室内催芽 3 种。地炕催芽是先将种子精选后在 30～40℃温水中浸种 3～4 小时，再装入筐中，置于土炕上，筐上盖以草毡后再覆土 6.6～9.9 厘米，经一昼夜后即可拣芽播种。沙床催芽是将精选种子和 30～40℃的湿沙搅拌，沙堆盖以草毡后保温 25～30℃，待种子多数萌芽后即可拣芽播种。室内催芽是浸种后将种子放在筐中置于 20～30℃的室内保温。

（五）覆膜

地膜花生以选用宽 90 厘米，厚度 0.005～0.008 毫米的地膜为宜，每亩用量 4 千克左右。覆膜可采用机械覆膜和人工覆膜两种方法。人工覆膜一般每组 4 人，在畦的一头挖沟，将地膜的一端放入沟内，压紧，然后沿畦方向边走边膜，两人在沟两侧把膜放进沟内，膜边用土压紧，要注意覆膜质量，要摆平、伸直、拉紧、膜内无空隙、平展，紧贴畦面，每隔 3～4 米压一"土腰带"，防止风刮起薄膜。机械覆膜速度快，质量好，而且拉得紧，地膜受力均匀，近年来发展很快。一般一机一人可覆膜 30 亩左右，每亩可比人工覆膜节省地膜 0.5 千克左右。

对不含除草剂的地膜，为防滋生杂草，覆膜前应喷施除草剂，如拉索、杜尔、除草醚等。48% 拉索每亩用量 150～200 毫升，对水 50 千克，喷洒畦面；除草醚每亩 400～1 000 克，对水 50～75 千克，喷洒畦面均可收到良好效果。

（六）播种

1. **播种期**　由于覆膜的增温保温作用，播种期可比露地花生提早 7 天左右，春花生当 5 厘米地温稳定在 12℃以上即可播种，这样苗期显著延长，侧枝多，根系发达，花芽分化多，有利于夺取高产。一般南方在 3 月中旬左右，华北地区在 4 月中旬左右；麦套花生 5 厘米地温稳定通过 12℃即可播种；夏花生应在麦收后抓紧播种。

2. **播种方法**　有先覆膜后播种和先播种后覆膜两种方法。先覆膜后播种的是在早春土壤墒情好的先起垄做畦，喷施除草剂后覆盖地膜保墒，待适宜播期后再打孔播种盖土，如墒情不足，打孔后浇水补墒再播种盖土。先播后覆膜是对土壤墒情较差的，播种前起垄做畦，在畦面距垄边 10 厘米开播种沟或打穴，补浇水后播种盖土，喷施除草剂，覆盖地膜。

3. **播种深度**　花生深播时出苗慢，苗弱，对花芽分化不利。在黏土或多雨地区，深播由于缺氧造成烂种缺苗。因此，南方多雨地区应浅播，覆土约 3 厘米。北方春季干旱，浅播易造成种子落干，覆土以 4～5厘米为宜，一般每穴播 2 粒种子。

4. **种植密度** 种植密度依地力和品种而异。春花生中熟大粒型品种在肥地种植应以保证单株发育为主提高果重和结果率，因此种植密度以保证单株发育为主，提高果重和结果率，故种植密度应稍稀，如海花1号，每亩0.9万~1万穴，1.8万~2万株，株距15~17厘米；中等地块早熟中粒型品种应以群体发育为主，保证合理的群体分布和足够的株数，达到以多保产，故种植密度稍密，如白沙1016，每亩1万~1.1万穴，2万~2.2万株，株距15厘米左右。而夏花生生育期短，个体发育差，应以多保产，每亩1万~1.1万穴，2万~2.2万株，株距15~16厘米。

（七）田间管理

1. **护膜与放苗** 北方春季风大，覆膜封闭不严，薄膜受损会使薄膜刮起造成种子缺墒落干，从而影响全苗、齐苗。因此，在出苗前应检查覆膜质量，对破损薄膜及时用土压住，对浅播种子加盖湿土。采用先播种后盖膜的，在花生出苗后及时破膜把幼苗引出膜外，注意防止引苗过晚造成灼伤幼苗（开花前发现地膜下有侧枝的也应及时引出膜外）。对烂种缺苗的要及时补种或移栽，保证出全苗、出齐苗。

2. **灌水与防涝** 花针期和结荚期需水较多，如遇长期干旱，应及时浇水，增加底墒，保证生殖生长和最终产量。顺畦沟缓慢以水浸透，但不能漫灌。花生是怕涝作物，除了播种前要开好排水沟外，多雨季节应注意及时排水防涝，在结荚期后还应排除耕作层的潜水以防烂果。

3. **追肥与化控** 为防止后期早衰，可进行叶面喷肥。以0.1%~0.3%的磷酸二氢钾液或2%的过磷酸钙溶液进行叶面喷施，同时喷以适量的硼砂，长势弱的加入1%的尿素，可以增强长势。

在盛花末期和鼓粒期有徒长现象时，可喷洒植物生长调节剂B_9，抑制营养生长，促进生殖生长。喷洒浓度以1 000~1 500毫克/升；或在初花期至盛花期，喷施250~500毫克/升的助壮素，能加快花生的生长发育，提高结荚率；或用50~100毫克/升多效唑进行化控。

4. **防病虫草害** 危害花生的地下害虫主要有金针虫、金龟子等，地上害虫主要是蚜虫、棉铃虫等，病害主要是叶斑病，应根据不同情况加以防治。

此外，荚果成熟时，如遇秋雨，土壤含水量过高，应及时破膜散墒，防止烂果。花生成熟后应及时收获，否则也易造成烂果。收获后应随时回收废膜，以净化田地。

第六章 大棚温室蔬菜栽培技术

第一节 大棚温室的建造要点

一、大棚的建造要点

大棚是一种大型的保护设施，一次性投资比较大，一次建造多年使用。因此，要求全面规划，合理布局。在大棚的规划布局上，除了要靠近交通要道和村落外，在北方还应与育苗温室配套建设。

（一）大棚的选址与布局

大棚一旦建成，使用年限少 3 年，多则十多年，其间不便移动改建。所以，在场地选择和规划布局上，要力求周密细致，以免造成损失。

1. **选址** 在地形的环境和选择上，要考虑地势开阔，地势平坦，靠近水源，排灌方便，交通便利，东、南、西三面不能有高大建筑物和树木遮阳，大棚区无污水、有毒气体及烟尘污染。在冬季风强烈的地区，宜选择迎风面有天然或人工挡风屏障的地段建造大棚；在山区，要注意避开山谷风口，利用向阳缓坡地块建造大棚。据观测，地势向南倾斜 1°的阳坡，相当于地理位置南移 110 千米左右，地温高，早春回暖快。若能利用 5°～10°的阳坡地建造大棚，那将对大棚超时令蔬菜生产十分有利。但是坡度不宜超过 10°，不然对耕作和灌溉不利。同时，利用阳坡地进行大棚蔬菜生产应采取等高线种植，以利于均匀灌溉。在土壤条件的选择上，应选地下水位低，不易遭涝害；土层深厚，富含有机质的沙性壤土。地下水位高的地区，或水稻田发展大棚蔬菜生产，必须在大棚四周开深沟排渍涝。

2. **材料准备** 大棚的结构类型较多，这里仅选择 3 种代表构型的材料要求供参考(表6-1、表6-2、表6-3)。

表6-1　焊接式钢筋结构塑料大棚用料表(棚面积:1亩)

材料名称	规格	单位	数量	用途
钢筋	ϕ16	千克	500.0	拱干上弦材料
钢筋	ϕ14	千克	1 000.0	拱干上弦材料及拉梁
钢筋	ϕ12	千克	400.0	拉花材料
钢筋	ϕ8~12	千克	300.0	拉花材料
角钢	50毫米×50毫米×5毫米	千克	800.0	两边底角拉梁材料
铁丝	8号	千克	56.0	压膜线及地锚材料
铁丝	12~14号	千克	2.6	拴地锚材料
焊条	ϕ3.2~4.0	千克	100.0	焊接材料
水泥	325号	千克	400.0	水泥预制件材料
沙		千克	800.0	水泥预制件材料
碎石		千克	1 330.0	水泥预制件材料
聚乙烯薄膜	厚度0.1毫米	千克	100.0	透明覆盖材料
防锈漆		千克	40.0	骨架防锈涂料

表6-2　竹木水泥柱混合结构悬梁吊柱式塑料大棚用料表(棚面积:1 000 $米^2$)

材料名称	规格	单位	数量	用途
水泥	325号	吨	1.65	支柱预制件用料
沙		吨	3.30	支柱预制件用料
碎石	0.5~2.5厘米	吨	5.00	支柱预制件用料
钢筋	ϕ6~8,ϕ14	千克	900.00	支柱加强筋及拉筋
铁丝	8号	千克	30.00	绑扎材料
铁丝	14号	千克	45.00	绑扎材料
螺母、螺钉、垫圈	14号	套	198.00	紧固件
垫板	5厘米×10厘米×15厘米	块	18.00	

续表

材料名称	规格	单位	数量	用途
小铁销	ϕ5	千克	3.00	
聚乙烯薄膜	厚度0.1毫米	千克	160.00	透明覆盖材料
竹竿	大头ϕ5~6厘米	根	480.00	拱杆材料
木材	松木	米^3	0.20	水泥柱模型板柱门窗料
紧线机	国产	台	1.00	紧线

表6-3　多柱式竹木结构塑料大棚用料表(棚面积:1亩)

材料名称	规　格	单位	数量	用途
杂木杆	长2.4米,小头ϕ6厘米	根	50~60	中柱
杂木杆	长2.0米,小头ϕ4厘米	根	100~120	腰柱
杂木杆	长1.3米,小头ϕ4厘米	根	100~120	边柱
竹竿	长6~7米,小头ϕ4厘米	根	220	拱干及棚头杆
毛竹	长4~5米,大头ϕ5~6厘米	根	50	拉梁
铁丝	16~18号	千克	3.00	固定骨架
铁丝	12~14号	千克	3.00	固定骨架
铅丝	8号	千克	52.50	公作地锚及压膜线
木材	5厘米厚的松木板材	米^3	0.15	门窗材料
薄膜	0.1毫米聚乙烯膜	千克	100.00	透明覆盖材料
沥青	建筑用	千克	15.00	支柱埋土部分防腐
合页		个	4	连接门框和门扇
门鼻		个	2	
锁		把	2	
短木棒		根	150	小吊柱和柱脚横木

3. **规划布局**　在大棚的规划布局中,首先要考虑统一规划建设大棚群。许多地方的经验表明,在目前菜农自我服务组织不健全,超

时令蔬菜的运销主要考虑销区的情况下，大棚超时令蔬菜生产的规模越大，批量商品的竞争优势越强，外来的客商越多，超时令蔬菜的销路越好，菜价越高。所以，一个大棚群的规模一般应在500亩以上，以形成一定规模的产地市场，并使水、电、道路的规划建设更经济。其次要注意大棚群内部的合理规划布局。棚群内部每栋大棚都采取南北延长、东西平行排列，并按每4个棚为一组的方式进行编排规划，组内的棚间距不得小于1米，最好在2~3米，以免遇到大雪时由于棚间距偏小，大棚被棚上滑落下来的大量积雪挤垮；棚群内组间和前后排间都要留出4~5米的道路；每排大棚的北面最好架设一道风障，以减缓风速，改善棚群内的小气候条件；第三要配套规划建设排灌工程设施，包括渠（管）道、井、泵等，电力供给系统。

（二）大棚的抗灾设计

常见的大棚自然灾害主要有3种情况：第一是大棚被积雪压垮或变形，第二是被大风刮坏，第三是被棚间的大量积雪挤压变形或挤垮。前两种受害的原因主要是棚型设计不合理，承受不了雪压、风荷；第三种受害的原因则是由于棚间距太小所致。要提高大棚的抗灾能力，一是科学设计棚型，二是规划布局时确定适宜的棚间距，加强保护措施。

大棚的抗灾设计主要应着眼于确定合理的棚型，包括合理的矢跨比、棚面形状和棚体长度，以提高骨架的抗压强度，抗御雪灾；减小风天棚内外的气压差以及由气压差形成的上举力，防止风害。适当缩小跨度、增加长度，使大棚的周边长度相应增加，也能提高大棚的稳固性和抗风能力。根据流体力学原理，当风速为零时，大棚内外的压强相等，都等于大气的压强，这时棚膜在大棚的骨架上稳定不动；当风速由零变大时，棚外因空气流动压强变小，棚内外形成气压差，这时棚膜由于空气压强外小里大而产生向上的举力，风速越大，这种举力越大，随着风速时强时弱，棚膜在动力和压膜线的迫使下，上下摔打容易破损，致使大棚在大风天气被刮上天。当风速一定时，棚内外的气压差大小，即棚内向上的举力大小，与大棚的构型密切相关。棚面弧度大可以减缓风速，棚内外的气压差就小，棚内向上的举力也小,大棚的抗风能力就强;相反,若棚面的弧度小,棚顶平,空气流动时受到的阻力小,流速大,棚内外的气压差就大,棚内的上举力也大,棚膜上下摔打严重,很容易破损,因而大棚的抗风能力就弱。不仅如此,遇到雪天棚顶易积雪,抗雪灾的能力也弱。

大棚棚面弧度的大小,取决于大棚的矢跨比。大量的生产实践证明,合理棚型的矢跨比应当大于1:4,通常为1:4 至3:10。就是说矢高为2.53 米的大棚,跨度以10 米为宜。带肩大棚矢跨比的计算方法应为:(矢高 - 肩高)/跨度。当肩高为1.0 米,矢高为2.5 米,跨度仍为10.0 米时,矢跨比则由无肩大棚的1:4 减小到3:20。显然,带肩大棚的棚面弧度小,抗风、雪压能力下降。当然,棚面的弧度也不是越大越好,因为在高度一定的条件下,弧度加大,跨度就要相应缩小,周围的低度带影响大,温室效应下降,对生产不利。力学研究表明,当棚面弧度符合合理轴线方程时,抗风、雪压能力最强。合理轴线方程为:

$$Y=\frac{4fx}{L2}(L-x)$$

上式中的 Y 为棚面弧线上任间点的高度,f 为大棚的矢高,L 为大棚的跨度,x 为棚面弧度上任意点到大棚底脚的水平间距。

例:大棚的跨度为10 米,矢高为2.5 米,每间隔1.0 米点位上的高度。

解:将大棚的高度、跨度及合理轴线上各位点棚底脚的水平距离代入合理轴线方程,即可求出合理轴线上各位点的高度。譬如合理轴线上到绷底脚水平距离为1.0 米位点高度计算方法如下:

$$Y=\frac{4\times2.5\times1}{102}\times(10-1)$$

同理可计算出合理轴线上各位点的高度。

但是,完全按照合理轴线建成的大棚,近底脚处比较低矮,不便于农事作业,应进行适当调整。调整的方法是:取合理轴线上到棚底脚水平距离为1.0 米和2.0 米点位高度的平均值,作为1.0 米处大棚圆弧的高度;取合理轴线上到棚底脚水平距离为8.0 米和9.0 米两位点高的平均值,作为9.0 米处大棚圆弧的高度;再将2.0 米和8.

0 米处合理轴线位点上的高度适当上调。调整后，1.0 米和 9.0 米处，大棚的圆弧高度为 1.75 米。按照调整后的圆弧建造的大棚，既具有较强的合理性，又具有良好的实性。各地就地取材、因陋就简建造的大棚，都可以按照上述方法进行抗灾设计和建造。对于那些已经定型进行商品化生产的大棚骨架；则都已经过更精确的抗灾设计计算，只要按照要求进行安装就可以了。

二、日光温室的设计建造参数

目前，中国的温室主要是日光温室，包括普通日光温室和节能日光温室。在寒冷季节，主要靠大量获取和保存太阳能维持正常生产的温室统称日光温室。能够在冬季进行喜温蔬菜生产的日光温室称为节能日光温室。节能日光温室的适宜地区为：北纬 33°以北或冬春季节日照在北纬 33°～43°地区，正常年份不用加温即可进行喜温蔬菜反季节生产，冷冬年和异常严寒的天气，可通过临时加温或补温即可度过；在北纬 43°以北和青藏高原、黄土高原地区，严冬季节进行短期加温即可。

现有的节能日光温室大致可分为两代。第一代节能日光温室，是在总结完善生产实践的基础上形成的。第一代节能日光温室的设计建造符合合理采光原理，即正南正北方位的节能日光温室，当地时间冬至上午 12 点，太阳对温室采光屋面的投射角达到 50°。当前大面积生产上的节能日光温室大都属于此类。第二代节能日光温室，是按照新提出的合理采光时段原理及复合多功能墙体结构原理设计建造的。合理采光时段原理：正南正北的节能日光温室，当地时冬至上午 10 点至下午 2 点，太阳对温室采光屋面的投射角均大于等于 50°，从而使节能日光温室的合理采光时间，由第一代节能日光温室的上午 12 点整延长到 4 小时。多功能复合墙体结构原理，采用不同热工性能材料的构筑异质复合型温室墙体，使节能日光温室的墙体同时具有载热（内壁白天吸热，夜晚放热）、隔热（中外墙）和承重功能。第二代节能日光温室是今后要大力开发推广的新构型。

（一）新一代节能日光温室的设计建造参数

1. 高度 温室的脊高为2.7～3.1米，后墙的高度为1.8～2.2米。

2. 跨度 温室的跨度为6～7米，纬度低的地区跨度取上限，纬度高的地区跨度取下限。

3. 角度 温室的前屋面采光角度：拱圆式节能日光温室的前底角60°左右、下段40°～30°、中段30°～20°、上段20°～10°，一坡一立式节能日光温室的地窗与地面呈70°～80°夹角、天窗下段21.5°～23.5°、天窗上段15°左右；温室后屋面仰角应大于当地冬至的太阳高度角10°～15°；温室的方位角选择范围是南偏东至南偏西10°，并注意温室的走向不与当地冬季盛行风向垂直。

4. 厚度 温室的墙体厚度：东北平原、青藏高原等地为1.2～1.5米（包括培土防寒部分，下同），黄淮海平原和黄土高原气候区为温室0.8～1.2米；温室的后屋面应为多层复合保温结构，总厚度相当于土墙体厚度的1/2～2/3；温室的前屋面覆盖物厚度；薄膜要求用0.1～0.12毫米厚的高效能无滴保温防老化膜，夜间用双层厚度为4～5厘米的草苫覆盖，亦或一层纸被加一层草苫覆盖，亦或用一层棉被覆盖，多阴雨的地区则用一层草苫加一层防雨膜覆盖保温。

5. 长度 温室的后屋面水平投影长度为1.0～1.5米，温室长度为50～60米。

在北纬33°～43°地区，按照上述结构参数设计建造的节能日光温室，采光保温性能优良、严冬季节，日出前室内外最低温差通常可达25℃以上，即在－20℃的气候条件下，室内可保持5℃以上的气温。这样，冬季室内最低气温，一般可维持在10℃以上，个别天气会降至3～5℃；10厘米地温可稳定在11℃以上，基本可以满足果菜类生长发育的温度条件。

（二）第二代节能日光温室的设计建筑参数

1. 断面参数 按照合理采光时段原理，不同纬度第二代节能日光温室的高度、跨度和后屋面投影长度的设计建造参数见表6－4。

表6-4　第二代节能日光温室横断面尺寸表（单位:米）

北纬	33°	34°	35°	36°	37°	38°	39°	40°	41°	42°	43°	44°	45°
脊高	3.00	3.00	3.10	3.10	3.00	3.10	3.10	3.10	3.10	3.10	3.10	3.22	3.35
跨度	7.0	7.0	7.0	6.6	6.5	6.4	6.0	6.0	6.0	5.7	5.5	5.5	5.5
后屋面水平投影	1.0	1.2	1.2	1.2	1.2	1.3	1.3	1.4	1.5	1.5	1.5	1.5	1.5

2. **墙体参数**　按照异质复合多功能墙体结构原理,第二代节能日光温室的墙体设计建造参数是:

(1)砖砌空心墙体　内墙为24砖砌墙(如为石头砌墙更好),外墙为12~24砖或空心砖砌墙,中间为10~50厘米珍珠岩或5~15厘米苯板作隔热层,构成50~100厘米厚的异质复合多功能墙体。

(2)石、土(草)复合墙体　构筑50厘米厚的毛石砌墙,墙外培土防寒,使墙体的复合厚度比当地冻土层厚30~50厘米,或在墙外垛草,构成石、土(草)异质复合多功能墙体。

(3)土、土(草)复合墙体　构筑50~60厘米厚的土墙,墙外培土防寒,使墙体的复合厚度比当地冻土层厚30~50厘米,或在墙外垛草,构成土、土(草)异质复合多功能墙体。

第二代节能日光温室的其他设计建造参数与第一代节能日光温室基本相同,此处不再赘述。

按上述设计建造的第二代节能日光温室,采光和蓄热保温性能显著高于第一代,严冬季节室内外最低温差可达30℃以上,从而使日光温室的喜温果菜类反季节生产更加安全可靠。

第二节　棚室蔬菜栽培技术要点

一、及时修建标准化棚室

按照大棚和节能日光温室优型结构参数设计,大棚春、秋两季均可施工；节能日光温室应在雨季过后尽早施工。为了确保冬前蓄热，东北平原、青藏高原等地，9 月下旬扣膜；黄淮海平原、黄土高原气候区，10 月上旬扣膜，以防止土壤中的热量随着秋冬季降雨而大量散失。日光温室应加强外保温覆盖，冬季和早春阴雨少、日照百分率高的地区，可采取纸被加草苫覆盖保温；冬季和早春阴雨多温、日照百分率较低的地区，应采取草苫加防雨膜覆盖；冬季和早春阴雨多湿、日照百分率较低的地区，应采取草苫加防雨膜覆盖保温；冬季和早春阴雨多湿、日照百分率低于 40% 的地区，不宜发展节能日光温室。大棚内保湿覆盖为主，主要是采取棚内多层覆盖措施提高大棚的保温性能。

二、根据棚室性能和技术水平确定栽培作物、茬口

目前，中国北方大棚主要用于春提早和秋延晚栽培。南方大棚也可用于冬春茬果菜生产。节能型日光温室果菜类栽培主要有 3 种茬口类型：一是冬春茬，秋季播种育苗，初冬定植，严冬开始上市，一直采收到春末夏初；二是早春茬，冬季播种育苗，早春定植，春末开始上市，盛夏拔秧；三是秋冬茬，盛夏播种，初秋定植，晚秋开始上市，严冬拔秧。在节能日光温室的 3 种茬口中，以冬春茬科技含量高，难度大，对日光温室的结构性能和生产者的技能要求高。因此，生产者必须根据自己的棚室性能好坏和技能高低，选择适宜的栽培作物品种和季节茬口。

三、选择适宜的品种和播期

中国目前尚无理想的棚室果菜生产专用品种，只能从现有的品种中选择对低温弱光条件忍耐性强，株型紧凑，优质、高产、抗病，且对高温也有一定适应性的品种。同时，要按照所选定品种的生育特性，确定适宜的播种期。根据我国北方广大地区的气候特点和现有

技术经验，日光温室冬春茬黄瓜生产。宜选用山东密刺、新泰密刺、长春密刺、冬棚密刺和津春3号等密刺型品种；日光温室冬春在西葫芦生产，宜选用早青一代、灰采泥等品种，适宜的播种期为10月上中旬。播种过早，株龄偏大，抗寒力下降，不利于安全越冬生产；播种过晚，株龄偏小，春节前后形不成批量商品，产量高峰期后移，持续时间缩短，影响产量效益。为了提高黄瓜的抗寒性、丰产和抗病性，最好选用根系发达、抗寒性较强、丰产性好、对枯萎病免疫、嫁接和共生亲和力强、对品质无不良影响的黑子南瓜作砧木，进行嫁接换根栽培。西葫芦也应采用黑子南瓜作钻木进行嫁接栽培。日光温室冬春茬番茄生产，宜选用利生7号、L402、沈粉1号、利生1号、毛粉802等品种，适宜的播种期为9月初到10月上中旬。日光温室冬春茬相同。日光温室冬春茬辣椒生产，宜选用湘研1号、湘研3号、苏椒5号、洛椒4号等品种，适宜的播期与番茄和茄子相同或再提早10～15天。

大棚春提早栽培应采取大苗移栽，播种育苗期与节能日光温室的早春茬相同，宜在10～11月进行；秋延晚栽培宜在7～8月进行。

四、大量增施优质有机肥

大量增施优质有机肥，结合深翻改土，不仅可以熟化土壤，增强地力，而且可以增强土壤的缓冲性能和透气性，改良土壤生态系，增加室内的二氧化碳浓度，促进作物根系生长和光合作用。一般每亩温施基肥施入充分腐熟的畜禽类和人粪尿5～10吨，配合施用磷酸二铵和尿素40～50千克，结合施肥深翻40～50厘米。

五、前期膜下暗灌，促根控秧

适期播种的冬春茬果菜，生育前期正值严冬时节，为促进根系生长，协调营养生长与生殖生长的矛盾，培育稳健丰产株型，必须起高垄（10～15厘米高），覆盖地膜，足墒定植，浇好定植水后至初花期，实行停水促根控秧，待栽培作物进入结果期以后再由垄间地膜下灌水追肥，促进开花结果。到了春天回暖后，加大浇水量，垄间和步道（操作沟）都要灌水。近年来，软管滴灌开始应用于日光温室高效节能蔬菜栽培，比垄间地膜下暗灌更优越，对促根控秧和降低室内空气温度更为有利。

六、采取适宜大温差变温管理

日光温室高效节能栽培通常没有人工热源，主要靠白天蓄积太阳辐射能来维持适宜的夜间温度。这就要求冬季白天要尽可能把室温控制在栽培作物光合作用最适宜的温度段，以蓄积更多的太阳辐射能；夜间又要按照有利于栽培作物光合产物运转和减少呼吸消耗的原则，逐步降低室温。因此，必须采取适宜大温差变温管理。例如黄瓜，可采取四段变温管理，即：揭苫后至下午 2 点，28℃ ±2℃，下午 2 点至闭风 22℃ ±2℃，盖苫至午夜 17℃ ±2℃，午夜至揭苫 13℃ ±2℃。再如番茄，可采取三段变温管理，即：揭苫至盖苫 24℃ ±2℃，盖苫至午夜 14℃ ±1℃，午夜至揭苫 10℃ ±3℃。这样的变温管理，既有利于促进光合作用，抑制呼吸消耗，又能防止作物早衰，从而实现优质高产高效益。

七、增施二氧化碳气肥

以塑料薄膜为透明覆盖材料的节能日光温室，气密性强，严寒季节为了保温蓄热，通风量小，通风时间短，有时甚至需要完全封闭，室内二氧化碳容易匮乏，尤其是那些有机肥施用量不足的棚室。据辽宁省鞍山市观测，晴天揭苫后 50 分，温室内二氧化碳浓度即可由揭苫前的 1 000 毫升/米^3 左右，下降到 330 毫升/米^3 以下，低于大气中的二氧化碳含量，揭苫后 1.5 小时，室内的二氧化碳浓度可降至 70 毫升/米^3 左右，放风后 2 小时才能回升到 200 毫升/米^3。采取人工增施二氧化碳气肥，使浓度达到 1 200～1 500 毫升/米^3，可增产 27.6%～31.7%。但是，按要求大量增施优质有机肥的温室，增施二氧化碳气肥的增产效果不显著。另外，低温寡照天气不宜施用二氧化碳气肥，不然会致使功能叶老化。

八、病虫害生态综合防治

首先要注重采用抗（耐）病虫品种，合理轮作倒茬，深翻改土，培育无病虫壮苗等农业防治措施；其次是加强温、湿度调控，最大限度地降低室内空气湿度和缩短作物茎叶表面结露时间，不给或少给病原生物侵入和病害蔓延提供适宜的湿度；第三是加强水肥管理，促进栽培作物健壮成长，提高其抗（耐）病能力；第四是改进化学防治技术，包括选用高效低毒农药和雾化度高的药械，少用水剂，多用粉尘剂和烟剂，克服施药频率过高和大量使用同类复配农药的倾向。

第三节　持续阴雨（雪、雾）、低温、寡照气候障碍对策研究

黄淮地区，是冬春季节持续阴雨（雪、雾）、低温、寡照气候障碍（或称灾害性天气）多发区，严重影响日光温室高效节能蔬菜栽培技术的开发推广。经过大量调查研究、试验示范和总结交流的基础上，为这一地区抗御持续阴雨（雪、雾）低温寡照气候障碍，研究制定了行之有效的配套技术措施。

一、提早扣膜冬前蓄热

黄淮地区广大农民的蓄热保温意识差，节能日光温室的施工期偏晚，扣膜往往要推迟到 11 月上中旬，土壤热量已大量散失，扣膜后

地温回升慢。而这一时期黄淮地区又受强冷空气侵袭，且往往伴着持续阴雨（雪、雾）低温寡照天气，致使节能日光温室的喜温蔬菜很难安全度过。为此，我们制定了提前到10月初扣膜的冬前蓄热技术措施，有效地防止了土壤热量的散失。

二、加盖防雨膜防湿保温

为防止草苫被雨（雪）打湿降低保温效果，在黄淮地区推行防雨膜覆盖防湿保温技术措施。据1994年11月在河南安阳县持续阴雨天观测，在草苫上覆盖0.1毫米，膜上下温差达4℃，即膜上为0℃时，膜下为4℃，防湿保温效果显著。

三、张挂镀铝镜面反光膜

在栽培畦北侧张挂2米高镀铝镜面反光膜，可使距反光膜0～3米内的光照度增加9%～40%，气温增加1～3℃，10厘米地温提高0.7～1.9℃，能大大改善栽培畦中北部作物的光、温条件，有利于抗御低温寡照灾害。

四、适当早播冬春茬果菜

11月中旬至12月上旬强冷空气南下影响黄淮地区，往往带来持续阴雨（雪、雾）低温寡照气候障碍。冬春茬黄瓜若在10月下旬至11月上旬播种，嫁接苗将难以正常愈合成活。为此，这一地区节能日光温室冬春茬果菜宜适当早播，即黄瓜10月上旬播种，茄子、辣椒、番茄8月下旬至9月初播种。

此外，根据实际情况，还可采用临时补温，人工疏除花、果以及喷施1%的葡萄糖等措施。

第四节　常见蔬菜的温棚栽培技术

一、黄瓜温棚栽培

（一）日光温室黄瓜栽培

1. 日光温室越冬茬黄瓜栽培　越冬茬黄瓜在河南省10月上中旬播种，1月始收，3～4月为盛果期，5～6月拉秧。全生长期8～9个月，收获期可达半年。初花期、初果期处于一年中温度最低，光照最弱的季节，技术难度较大，对温室结构和保温要求严格。栽培技术核心是选择适宜品种、嫁接、多施有机肥、膜下暗灌等。

（1）品种选择　越冬茬黄瓜要求选用耐寒性强、早熟耐弱光、雌花节位低的品种。

（2）育苗　越冬茬黄瓜必须采取嫁接技术。利用黑子南瓜为砧木嫁接，可有效地提高抗寒性、抗病性，且根系入土深，生长强壮，生育期延长。

1）砧木种子选择　作砧木用的南瓜必须与黄瓜有强的亲和力。其根系能够很好地接受黄瓜叶片提供的养分并利用共生长。目前温室、大棚所用的密刺类黄瓜与云南黑子南瓜具有很高的亲和力。嫁接后可以很快愈合，且可以用南瓜根系所具有特点弥补黄瓜的不足。

黑子南瓜种子应饱满、有光泽。新采收的种子发芽率很低，约需10个月后熟方可使用。经过后熟的种子一般发芽95%左右。

2）培育砧木、接穗苗南瓜、黄瓜种子先晾晒1天，可提高发芽率。用55℃热水浸种，15～20分后逐步冷却至室温，黄瓜继续浸种4～6小时，南瓜8小时，反复用清水淘洗干净，用湿布包住于25～30℃温度下催芽。包不能过大，以利通气。黄瓜16～24小时即可出齐，南瓜两天后开始出芽。出芽后南瓜按2～2.5厘米、黄瓜1.5～2厘米距离播于湿润沙床（或掺入适量肥土）内。出苗前温度保持25～30℃，3天即可出苗。苗齐后白天22～25℃，夜间15～18℃。为便于嫁接和避免接口过低，要求南瓜胚轴达到 6 ~7 厘米，黄瓜胚轴 7 ~8 厘米。嫁接前若达不到高度，可提前 1 ~2 天稍加遮光并增温增湿，达到“拔高”目的。为使嫁接时两种苗茎粗度适宜，要注意调节播期。靠接时先播黄瓜，5 ~7 天后播南瓜；插接时两者可同时播种。

3）嫁接方法　嫁接方法主要有靠接和插接两种。①靠接法。把黄瓜和南瓜苗由沙床中取出，挖掉南瓜真叶，用刀片在子叶下 0.5 ~1 厘米处按 35°~40°角向下斜切，深达茎粗的 1/2，切面长 0.5 ~0.7 厘米，然后在黄瓜苗子叶下 1.2 ~1.5 厘米处按 30°向上斜切，深达茎粗的 3/5，切面长 0.5 ~0.7 厘米。将黄瓜南瓜切口相互嵌入，使黄瓜子叶压在南瓜子叶上面，四片子叶呈“十”字形，用嫁接夹固定。②插接法。插接法操作简便，成活率也较高，但嫁接后对温、湿度要求严格。嫁接时将砧木的真叶挖掉，用与黄瓜胚轴粗度相当的竹签从右侧子叶的主脉向另一侧子叶方向朝下斜插 5 ~7 毫米；拿起接穗在子叶下 0.8 ~1 厘米处斜切 2/3，切口长 0.5 厘米；再从另一面下刀，把下胚轴切成楔形，然后拔出竹签插入接穗。

4）嫁接苗的栽植与管理　嫁接后立即栽到育苗容器中或苗床内。育苗容器为常用塑料钵或利用废旧薄膜做成的筒，直径 8 ~10 厘米，高 10 厘米。营养土由 50% ~60% 的优质有机肥和 40% ~50% 的疏松田土过筛后掺匀，把嫁接苗栽入容器，浇足水后摆入苗床。或将温室内做成 1 米宽的畦，深 20 厘米，填入营养土 10 厘米厚，耙平地面，按 10 厘米行开沟，沟内浇水，按 10 厘米株距栽苗，水渗下封土。

5）栽苗后立即扣上小拱棚，以提高温度，保持较高温度。前 3 天，白天保持 25 ~30℃，夜间 17 ~20℃，空气相对湿度在 95% 以上。上午 10 点以后下午 4 点以前用纸被、床单、无纺布等遮阳；3 天后降低湿度，白天 22 ~25℃，夜间 14 ~17℃，相对湿度 70% ~80%，逐渐缩短遮阳时间，6 ~8 天撤掉小拱棚，转入正常管理。嫁接后 10 ~12 天断掉黄瓜根，断根前 1 天用手指将黄瓜下胚轴接口下捏伤，破坏部分维管束，减少水分输导，以便断根后生长不受影响。

6）大温差培育适龄壮苗　越冬茬黄瓜定植后将有一段低温弱

光，有时还会有灾害天气，而黄瓜幼苗期抗性较强，结果后适应能力较弱。必须培育出适应能力较强的适龄壮苗，才能适应严寒冬季的环境条件。

大温差管理是培育壮苗的关键。嫁接成活后，白天25～30℃，最高可达35℃，前半夜13～18℃，后半夜11～13℃，揭苫前10℃左右；地温保持在13℃以上。整个育苗期间，水分不宜过分控制，即“控温不控水”，以适宜的水分、充足的光照、较大的温差来防止幼苗徒长。

播种后35天，长到3叶1心，株高10～13厘米为适龄壮苗标准。若因天气情况或其他原因，不能及时定植，苗龄也不宜超过40天。

（3）定植

1）整地施基肥　越冬茬黄瓜生育期长，为获高产，必须有充足的有机肥，疏松的土壤，为植株不断提供矿质营养。因此，增施有机肥、深翻是关键措施。要求每亩施优质有机肥（牛粪、猪圈粪、鸡粪、大粪等充分腐熟、混合）1万千克，深翻40厘米，整平。

2）定植时期、方法、密度　一般于11月下旬到12月上旬定植。定植密度为平均行距65厘米（大行80厘米，小行50厘米）平均株距25厘米（南端20厘米，北端30厘米，中部25厘米），每亩3 500～3 700株。

定植前首先按大行80厘米、小行50厘米南北向划线，开出定植沟。选整齐一致的秧苗，按要求株距、南密北稀摆入定植沟内。容器育苗需脱去容器。育苗畦内提前1～2天浇透水，边割坨、边定植。在定植沟中要摆成一条线，高矮一致，株间点施磷酸二铵，每亩50千克。然后由行间取土，在定植沟两侧封成土埂，并把苗坨埋上一部分土，浇定植水。在底墒充足的情况下，每株浇1.5千克左右，水渗下后再由行间取土培垄，垄高10～30厘米为宜。

定植后在小行距的两垄上盖地膜。盖地膜后把垄背整细，用幅宽90～100厘米地膜盖上，秧苗处用刀或剪刀划开掏苗于膜外。

冬季大行一般不覆盖，在阴天多，湿度大时也可覆盖旧薄膜，不得覆盖稻壳或乱草，以免降低地温。

越冬茬黄瓜大小行栽培，冬季、早春膜下暗灌，既可有效防止空气湿度过大,又便于管理。但不能先盖膜后栽苗。因开定植穴时膜孔太大,无法控制水分蒸发,定植水也不易浇足。

(4)管理

1)缓苗期管理　定植后7~10天为缓苗期。高温高湿条件有利于缓苗。此期要紧闭通风口,尽量提高棚温,以气温影响地温。如果每天10厘米地温15℃以上的时间能超过6~7小时,20℃上达4~5小时,一般7天即可缓苗。在密闭升温的同时,还应中耕松土,增加透气性,利于提高地温。

2)初花期管理　3叶1心定植的黄瓜,缓苗后幼苗期尚未结束,5叶后茎蔓开始伸长,标志幼苗期已过,直到12~13叶,株高1米左右,第一条瓜坐住为初花期。初花期继续形成,花数不断增加,管理目标是建立一个强大的同化系统,既要使植株生长健壮,又要形成较多雌花,由于进入结果期分配到根系的有积养分越来越少,所以初花期必须以促根控秧为中心,方法就是加大昼夜温差,实行变温管理,严格控制水分。不发生干旱不浇水,使根系向深层发展。特别干旱时,也只能在小垄膜下浇水。白天超过30℃由顶部放风,20℃左右闭风,降至15℃左右覆盖草苫。覆盖后气温回升2~3℃,前半夜保持15℃以上,后半夜降到13~11℃,早晨揭苫前降到10℃,有时降到8℃。

3)支架或吊蔓　在植株不能直立生长前,就应及时设立支架,架式以塑料绳吊蔓为好。在每行黄瓜的上端南北拉一道铁丝,塑料绳上端绑在铁丝上,下端拴在植林胚轴上。随着植株生长,随时把黄瓜蔓绕在塑料绳上,并调节其高度,使龙头南低北高在一条斜线上。当龙头接屋面时,可随时落蔓。

4)结果期管理

a.肥水管理　越冬茬黄瓜的浇水追肥主要在结果期进行。水分管理大体可分为4个阶段。第一阶段是缓苗期为10天左右,底水浇足,土壤绝对含水量25%以上;第二阶段是初花期(40~50天),主要促根控秧,土壤绝对含水量20%以上,一般不浇水;第三阶段为采收初期到盛期(80天左右)含水量宜在23%以上,10~20天浇1次水;

第四阶段为结果中后期,放风量也大,水分蒸发也快,5～10 天浇 1 次水。

基肥充足的温室,一般 2 月上中旬开始追肥,以硝酸铵、磷酸二铵、销酸磷肥、尿素等交替使用。前期每次亩施 10～15 千克,结果期每次施 15～20 千克。前期肥料溶于水中,水不浇于小行垄沟内;结果期开始明沟追肥,先松土,然后灌水追肥,并与暗沟交替进行。追肥和灌水必须选晴天,灌水后加强放风。

盛瓜期还可进行叶面喷肥,采用 0.2% 磷酸二氢钾 +0.5% 尿素 +500 倍食醋混合喷洒。

b. 温度管理　结果期仍采用变温管理,由于日照时数增加,光照由弱转强,室温可适当提高,保持白天 25～30℃,前半夜 15～20℃,后半夜 13～15℃。

c. 植株调整　密刺类黄瓜一般侧枝较少,但在结果期肥水充足时也会发生侧枝,应及时摘除,以免影响光照。

越冬茬黄瓜生育期长,可形成 60～70 片叶。其中幼龄叶光合作用弱,呼吸旺盛,靠功能叶提供养分,直到自身成为功能叶后才开始向各部位输送养分;功能叶光合能力强,呼吸消耗少,光合产物向各个部位输送。因此,保持较多的功能叶,延长其寿命是取得高产的关键。功能叶变为老龄叶后,光合作用降低,制造的养分渐少,消耗增加,且易感染病害。所以,当下部叶片失去光泽,逐渐退绿时应及时打掉。当龙头接近屋面时要及时落蔓。落蔓前先打掉下部老叶,把拴在铁丝上用作吊蔓的塑料绳解开,使龙头下落至一定的高度重新拴住。也可把植株从塑料绳上解下,使下部秧蔓在地上缠绕重新缠在绳上。落蔓在整个生长期进行 2～3 次。为减少养分消耗,平衡生长与结果的关系,生育期内要经常摘雌花和卷须,雌花过多时也就疏掉一部分。

d. 增施二氧化碳　二氧化碳是光合作用的原料。空气中的二氧化碳浓度远远不能满足光合作用的需要,在有机肥量不足,密闭的温室内更为缺乏。人工补充二氧化碳可收到明显的增产效果。方法是利用浓硫酸和碳酸氢铵反应生成二氧化碳。用非金属容器,先装入相当于浓硫酸4倍的水，再把浓硫酸缓慢倒入水中，边倒边搅，以便散出热量。稀释后的硫酸液，按每亩温室存放10个容器，置于距地面1.2米高处。每个容器盛硫酸600～700克，每天放入碳酸氢铵350克，硫酸每3天更换1次。

(5)灾害天气的对策　对河南省日光温室生产造成威胁的天气主要是连续阴雪，低温寡照和强降温。连续阴天使温室内热量散失，使温度下降到适温以下，且光照弱植株光合作用微弱导致生理饥饿，抗性下降，甚至因地温过低而沤根。天气暴晴时，由于地上地下水分失调而萎蔫甚至枯死。灾害天气的对策主要有：①冬前实行变温管理，增强光照，锻炼植株抗性。②阴天多照光，除大雪外每天都要揭苫见光，可增加叶片保护组织，进行微弱光合制造养分，提高抗性。③强降温短时间应急加温，常用方法是用木炭放入盆中，在室外点燃，无烟时放入室内，每30米^{2}放一个；若用火炉必须有烟筒把烟排到室外。最可靠的办法是在温室南部底角处或靠北墙加设一道瓦管作火道加温。④数日阴雪天突然放晴时，在根部灌30℃温水，每株50克，然后再揭苫。先揭去1/5，若植株不萎蔫，再揭去1/2，直至全揭。若发生萎蔫应该回苫，即把揭开的草苫重新覆盖，轻揭苫、回苫多次反复，使根具正常吸收功能后，再全部揭开。⑤加强温室保温。保温良好的温室是防止灾害天气的前提，若温室保温性差，使地温处于根系生长下限温度的时间过长，根系大部分死亡，天气放晴时虽多次回苫也难以使其恢复生机。

2. **日光温室秋冬茬黄瓜栽培**　秋冬茬黄瓜的发芽期、幼苗期、初花期在高温长日照条件下度过，进入结果期后光照时数逐渐减少，光照强度下降，在经历的环境条件上与越冬茬相反，所以从品种选择到栽培措施上与越冬茬都有差异。

(1)品种选择　这茬黄瓜由于季节的特点，必须选择既耐热又抗寒，抗病性、生长势强、成瓜速度快的品种。如豫黄瓜1号(郑黄2号、8113)、津研4号、津杂2号等。密刺类黄瓜在秋冬茬栽培中期注意控制好霜霉病，效果也较好。

(2)播种育苗　秋冬栽培以延长供应为目的，播种期不宜太早。

但播种太晚不能利用前期的温光条件充分长秧，产量难以提高。河南省以 8 月下旬至 9 月上旬播种为宜。

秋冬茬黄瓜既可直播，也可育苗。直播是按行距开沟，浇水后于沟边水印下 3 厘米按株距贴两个已催出芽的种子，然后覆土，当幼苗长到两片真叶时，间去一株。直播虽然省工，但管理不便，且易受雨水影响患病，所以最好集中育苗。

在靠近温室处做成 1.2 米宽，10 米长的高畦，做苗床，四周挖沟以利排水。苗床上方插 0.8～1 米高的拱架，夜间和雨天覆盖薄膜，两头卷起通风，其作用主要是为了防雨和露水。

苗床营养土用 60% 菜园土和 40% 有机肥过筛掺匀而成，装入 10 厘米 ×8 厘米的营养钵或直接填入苗床。种子除理和播种方法与越冬茬相同，一般 3 天即可齐苗。

由于苗期处于高温长日照条件下，雌花出现较晚，节位高虽影响前期产量，但强壮的长势有利于延后供应，提高中后期产量。对旺长苗，为防雌花出现过晚、过少，可于两叶期用 200 毫升/米^3 乙烯利处理。乙烯利对生长抑制作用很强，使用时一定要慎重，不可多喷。

育苗期间温度高，蒸发量大，缺水时应随时补充，浇水后用细土覆盖保墒降温。一般苗龄 20 余天，3 叶 1 心时即应定植，定植过晚因生长速度加快而致伤根过多，影响定植后的生长速度。

（3）定植　定植前每亩撒施优质有机肥 5 000～6 000 千克，过磷酸钙 100 千克，碳酸氢铵 50 千克。也可把肥料的 2/3 撒施，1/3 留作在定植沟内集中施。深翻细耙后做成 50 厘米小行、80 厘米大行的垄或 60～70 厘米的单垄，在垄背上开定植沟，施入沟肥，锄平沟底，使土肥混匀。

定植前 1 天苗床灌大水，定植时边割坨边定植。平均株距 30 厘米，南密北稀，每亩用苗 3 000 株左右。培土稳坨后浇水，2 天后表土干湿适合时松土封沟。定植深度以苗坨上表面低于垄台 2 厘米为宜。

（4）管理　秋冬茬黄瓜的管理应充分利用前期温光条件养好秧，才能在后期取得高产量。

1）温度　定植缓苗期进入10月，气温开始下降，即应开始扣膜。扣膜后温度高、湿度大，易引起瓜秧旺长，应注意放大风，把南部底脚卷起，通风口昼夜开启，雨天关闭，晴天保持25～30℃，随着气温下降，逐渐减少通风量。10月下旬夜间开始出现轻霜，要逐渐加盖草苫，但要尽量推后放苫时间，以免夜温太高。在盛瓜期前一定要控制好夜温，防止徒长化瓜。立冬后气温下降很快，日照更短，要尽量延长见光时间。12月至翌年1月是温光条件最差的季节，要注意保温，白天25～30℃，夜间10～12℃。在这个条件下，瓜条长得虽慢，但仍能正常结瓜。若遇连续晴天，瓜条生长速度明显加快，要适当降温，防止徒长。

2）肥水管理　前期温度高，日照长，应加强肥水管理，促进长秧。定植后9～10天，表土干时浇一次缓苗水，大小行都要灌。灌水后过几天表土干湿合适时再进行一次细致的松土培垄，然后进行蹲苗，促进根系向深层发展，并适当控制地上部生长，使植株转向生殖生长。在根瓜开始膨大时，开始浇水。每亩追尿素10～15千克，开穴埋在垄沟内，然后逐沟灌水，灌水量要大，浇水后加强通风，之后根据外温和光照情况及长势与结果情况进行浇水追肥，前期光照强，温度高，浇水宜勤，以表土见干见湿为宜，约5天灌1次水，10天进行1次追肥。随着温度下降，光照减弱，逐渐减少灌水次数。结果盛期追肥2次，每次用硝酸铵20～30千克。结果后期停止追肥，不旱不再浇水。

3）植株调整　植株6～7叶时用尼龙草吊蔓。若基部出现侧枝应及时去掉，以免影响主蔓结瓜。对中部侧枝，在瓜前留2叶摘心，有利于坐瓜。对下部开始失去功能的老叶、病叶要及时打掉，并落蔓，改善室内的光照条件。

（5）采收　播种后50余天即可采收，10月下旬收根瓜到11月的盛果期，采收宜早宜勤。当大部分瓜秧已经衰老，可选一些周正顺直的瓜留在蔓上挂秧储藏，等价格回升后集中采摘上市。

3. **日光温室冬春茬黄瓜栽培**　冬春茬黄瓜冬季育苗，春季收获。育苗正处于12月、翌年1月的低温短日照季节，出苗困难，遇连续阴雪天气还易沤根、死苗。定植后日照延长、气温升高，植株处于良好的环境中，易获高产。

(1)品种选择　冬春茬黄瓜仍应选择耐低温、耐弱光、雌花节位低、连续坐瓜性强、成瓜速度快、前期产量高的品种，以津春2号、山东密刺、长春密刺、新泰密刺为好，也可采用中农5号。

(2)育苗　育苗时间主要由要求达到的生理苗龄和定植时间来决定。培育4～5片真叶的秧苗，需55～60天，若1月中下旬定植，则11月下旬开始育苗。

冬季育苗难度大，苗床设置上要充分考虑保温和加温问题。在温室中部温光条件好的位置，隔出一定面积，拔去作物，设置苗床。临时加温措施可采用下铺酿热物、电热线或于苗床中间设置火道，上边扣小拱棚覆以塑膜，夜间盖草苫。

这茬黄瓜定植可以采用自根苗，但嫁接苗从抗寒力、生长势、抗病性和产量各方面均优于自根苗。营养土的配制，播种、嫁接方法与越冬茬相同，播后的温度管理见表6－5。

表6－5　冬春茬黄瓜苗期温度管理表

生育期	白天温度	夜间温度
播种至出苗	25～30℃ 22～25℃	自根20～25℃ 12～13℃
出苗至露心叶	嫁接25～28℃	18～20℃
嫁接至成活	25～30℃	20～15℃

苗期光照非常重要，苗床上的小拱棚只能在夜间覆盖，白天揭开。水分管理以不缺水为原则，即“控温不控水”，每次水都要覆细土保墒。为避免灌水后地温下降，可把水盛在缸中在温室中预热备用。

(3)定植　冬春茬黄瓜的长秧、结瓜期都处于优良的温光条件下，生长快、耗肥多，所以一定要施足底肥。要求亩施农家肥1万千克，磷酸二铵50千克，深翻30厘米。

定植期以1月下旬到2月上旬为宜，但应考虑地温的回升，必须在10厘米平均地温高于12℃，每天15℃以上多于6小时才能定植，地温过低易发生沤根死苗现象，或使生长受到抑制。定植适宜晴天上午进行,方法与越冬茬相同,但由于温光条件好,生长期短,应加大密度,株距20~22厘米,每亩近5 000株,定植时浇底水不宜太多,待缓苗后天气转暖再补水。

(4)管理　缓苗期要紧闭风口升温,一般1周后叶开始生长,标志新根产生,缓苗结束,根据土壤墒情和天气情况,可在膜下小沟内浇1次水。缓苗后以促根壮秧为目标。促根首先是中耕松土,增加土壤通透性,提高地温;同时控制温度,以白天25~30℃,夜间最低10℃为宜。

支架可用竹竿或塑料绳吊蔓,绑蔓要根据长势强弱呈"S"形绑蔓,并通过弯曲调整保持各植株高度基本一致。

根瓜采收到第二瓜采收以前为结瓜期,长秧、结果同时进行,管理上应偏重促秧。白天晴天温度30~32℃,夜间15~11℃,阴天要降温防徒长。随着植株生长增加浇水次数,每6~7天浇1次水,根瓜收获后在宽行内开沟追施肥料,亩施150千克。

第二条瓜采收后进入结果盛期,生长中心由"长秧为主"转向结瓜为主。为控秧促瓜,肥水要满足,4月后每隔5~7天追1次化肥,每次15千克,氮、磷、钾配合,顺水冲施。除根部追肥外,还可采取叶面喷洒补肥。在大量追肥的同时,增加浇水,降低土壤溶液浓度,便于吸收。盛瓜期需水最多,缺水时膨瓜速度慢。另外,增加浇水次数有利于降低地温,保护根系,延缓衰老。浇水要在晴天,阴天雨天不浇。采瓜前浇水利于提高瓜重,增加新鲜度。浇水后大通风,降低空气湿度。

盛瓜期的温度提高,晴天上午27~32℃,夜间18~16℃。浇水次数,促进茎叶中养分向瓜中回返。由于体内养分状况变差,极易产生一些无商品价值的畸形瓜,若能根据植株长势,适当疏去一些雌花,留下的少数瓜能正常生长,就可减少畸形瓜的形成。

(二)大棚春黄瓜栽培

1.品种选择　大棚春黄瓜栽培也是在冬季育苗,春季收获,所以选用的品种也应具备耐寒、耐弱光、早熟、丰产的特性,以密刺为主,津杂一号、津杂二号、牟瓜一号对大棚生产适应性好,较抗霜霉病。

但由于生长速度快，应用时应缩短苗龄。

2. **育苗**　大棚黄瓜的育苗需在加温温室内进行，浸种催芽、苗床营养土配制、播种及其苗期管理中参照日光温室越冬茬育苗技术。不同之处主要有：①育苗期以1月中旬为宜。②壮苗标准：具有6～7片真叶，株高20厘米，茎粗0.5厘米以上，历时55～60天，雌花株率50%～80%，下胚轴高3～4厘米，节间长3厘米，单株叶面积500厘米^{2}以上，根系发育良好无损伤，子叶肥大不脱落。③由于温室育苗温度较高、光照弱，为防止徒长，降低雌花节位，应于1叶1心期用200毫升/米^{3}乙烯利处理，处理前浇1次透水，处理后提高温度2～3℃。④当幼苗达到4片真叶时，为克服室内温度不均而造成的苗子大小不匀，进行一次倒方，即将小苗移至高温处，大苗移至低温处，并加大苗距。倒方后在缝隙中填土，喷水湿润，提高温度4～5℃促发新根，缓苗后降低夜温。

3. **定植**　棚内地温达15℃时为适宜定植期，河南省一般在3月上中旬。在增加覆盖物或有临时加温设施时可适当提前。底肥施农家肥5 000千克，加饼肥300～500千克，过磷酸钙75千克，混合堆积，充分腐熟后施入。

为增加前期产量，密度宜大，每亩4 500～5 000株。在竹木棚内升拱（1.1米）一架两行，宽行距60厘米，窄行距50厘米。按行距开沟，将苗坨放入沟内。苗坨上方高出地面1厘米，浇水渗下后封沟，把外露的土坨再覆一层土。定植一定要在晴天进行，如遇阴天，可等待晴天后再栽。

4. **管理**

（1）温度　定植后7～10天为缓苗阶段，以保温、保湿为主，一般不通风或通小风，创造高温高湿条件。昼温保持35℃左右，以气温影响地温，促进发根缓苗。如遇寒流，可增加覆盖或临时加温。缓苗以后注意通风，上午30℃以上开风口，下午20℃时关闭。阴雨天也要适当通风、排湿、换气。4月上中旬结瓜后要求白天20～35℃，以30℃为好，夜温13～15℃，不低于10℃；4月下旬进入盛瓜期，温度已高，增加通风，保持白天30℃，夜间15℃左右；甚至开边风、放夜风。

这样做,一方面能加大昼夜温差,降低夜温,抑制呼吸消耗;另一面可调整棚内湿度,使叶面间不结水膜、水珠,减少霜霉病、炭疽病的发生。

(2)肥水管理与中耕培土　为促进快发根、快缓苗,要在“浅栽”的基础上,进行深锄、高培土。定植后至结瓜前,要进行2~3次深中耕(至土方以下),并分次向根部培土逐渐封成垄(高畦),以提高地温,增加土壤通气性。培土时即使埋住部分植株的老叶甚至1~2节也无妨,在埋住的茎节、节间上均可发不定根。

定植后5天左右浇1次缓苗水,开始蹲苗。坐瓜前一般不浇水,以防徒长。只有在底水不足或底肥料烧根的情况下才可浇水。在底水不缺的情况下,最好延迟收1~2次瓜后开始浇水,并结合施入腐熟粪肥2 500~3 000千克或腐熟饼肥200千克。收3~4瓜,进入盛瓜期以后,应增加浇水,并冲施硝酸铵、尿素等肥料。浇水要依秧苗长期和土壤干湿度为标准,并掌握“阴天不浇、晴天浇,下午不浇上午浇(10点前后)”的原则,并尽可能在摘瓜前进行,摘瓜后立即浇水则因无果坠秧易于徒长。追肥掌握“薄施勤施”的原则,结瓜期还可用尿素、磷酸二氧钾等叶面喷肥,加入糖、醋等还有防病作用。补充二氧化碳至1 000~2 000毫升/米^{3}有明显效果。

(3)植株调整　大棚内竹竿支架、塑料绳吊蔓皆可。长到30片叶以后,即摘心。摘心2~3天后再行浇水,可促使出现回头瓜,绑蔓、摘老叶和卷须,去侧枝等与冬春茬黄瓜相同。采收要及时,特别是根瓜采收过晚不仅影响品质,而且对植株的生长有直接影响。

二、番茄温棚栽培

(一)日光温室番茄栽培

1. **越冬茬栽培**　越冬茬番茄生育期长,一般从9月播种到6月拉秧,经历秋、冬、春、夏四季,对温室性能要求较高,室内外温差不少于22℃,10厘米地温不低于10℃,气温不低于5℃,温室北侧和两山墙张挂反光幕。

(1)品种选择　宜选用结果期长、果实大、品质好、耐运输的中熟品种，如毛粉802、佳粉10号、佳粉2号、丽春、鲜丰等，中早熟品种西粉3号、郑州853、早丰、早魁在温室中进行特殊整枝，延长采收期也可收到较好效果。

（2）育苗　9月上旬至10月上旬播种，亩用种子30克左右。在温室南侧做成长2米、宽1米的播种畦，铺5厘米厚营养土，播前浇透水，水渗下后薄撒一层营养土，然后均匀撒播种子，覆土1厘米。出苗前保持白天25～28℃，夜间18～20℃；出苗后白天15～17℃，晚10～12℃，最高不超过15℃，防止徒长；第一片真叶展开后白天25～28℃，夜间15℃左右。

2片真叶时进行分苗，栽植于8厘米×10厘米的塑料钵或纸筒内，也可按10厘米^{2}分于苗床上，要求营养土12厘米厚。缓苗期白天25～28℃，夜间18～20℃；缓苗后白天22～25℃，夜间13～15℃，短期不低于8～10℃。当幼苗4片真叶时进行倒方，扩大营养面积至15厘米×15厘米，苗龄60～70天，株高20～25厘米，茎粗0.5～0.7厘米，植株开始现蕾时定植。

（3）定植　11月上中旬开始定植，播种较晚者也不能超过12月中旬。定植过晚温度低，缓苗慢，开花后不易坐果且畸形果较多。

每亩撒施优质有机肥5 000千克，深翻30厘米，整平后按50厘米小行距，70厘米大行距开定植沟，沟内施入优质有机肥2 500千克，尿素20千克，过磷酸钙50千克，硫酸钾10～20千克，与土充分掺匀。按30～32厘米株距摆苗，浇足定植水后培成单行小垄，两小垄盖一幅100厘米宽地膜。

（4）管理

1）提高光照强度　番茄对光照强度要求较高，必须设法提高：选用透光率高的无滴膜；缓苗后及时在中柱部位及两山墙张挂反光幕；草苫早揭晚盖，延长光照时间，阴天也必须揭苫见光；每天拉苫后扫净膜上碎草、灰尘等物。

2）温度　缓苗前要保持较高温度，以高气温影响提高地温，要求白天28～30℃，30℃以上才能通风，夜间保持15～18℃。土壤温度应保持20℃以上，以利缓苗。缓苗后白天20～25℃，夜间15℃左右，揭苫前10℃左右，以利花芽分化和发育，进入结果期后，白天25～28℃，前半夜20～15℃，后半夜15～10℃。地温应保持18～20℃，最低13℃。

3）肥水管理　定植缓苗后，若土壤水分不足，秧苗长势不旺，可轻浇1次缓苗水。之后适当控水；至第一穗果坐住并开始膨大到3厘米时，浇足膨果水，并随水冲施尿素15千克和硫酸钾3～5千克，以后不旱不浇，一般15～20天浇1次水。12月，翌年1月、2月一般应采取膜下暗灌。3月以后每10～15天浇1次水，大小畦齐浇。追肥掌握每收一穗果追1次肥，以磷酸二铵、尿素、硝酸铵交替使用，每次15～20千克，并配合适量硫酸钾。

4）防止落花落果　温室内温度低，因受粉受精不良而导致落花浇果，前期用40～50毫升/米^{3}防落素或20毫升/米^{3}2，4－D处理，后期用防落素25～30毫升/米^{3}或2，4－D10毫升/米^{3}处理。

5）植株调整　这茬番茄生长期长，植株生长量大，整枝方式主要采取单干整枝和连续摘心整枝两种。

连续摘心整枝有3种方法：一是在主干上保留3穗果摘心，留其下强壮侧壮枝代替主干，再留3穗果摘心，共保留6穗果；二是进行2次换头，共留9穗果，方法与第一种基本相同；三是连续摘心换头，当主干第二花序开花后留2片叶摘心，留下紧靠第一花序下面的一个侧枝作主干，第一侧枝结2穗果后摘心，共摘心5次，留5次结果枝，结10穗果，每次摘心后都要扭枝，使果枝向外开张80°～90°，以后随着果实膨大，重量增加，结果枝逐渐下垂，每个果枝番茄采收后，都要把枝条剪掉。

通过换头和扭枝，降低了植株高度，有利于养分运输。但扭枝后植株开张度大，需减小栽培密度，靠单株果穗多、果个大提高产量。以大行距1.1米，小行90厘米，每亩保留1 000～2 000株为宜。

在生长过程中还应及时打杈、去老叶、吊蔓等。

6）后期管理　随着温度回升，日照加长，要进行大通风，防止室温急剧上升。当气稳定通过10℃时，晚上可以不盖草苫，并昼夜通风。后期结合病虫害防治进行叶面喷肥或喷洒蔬菜灵、叶面宝等，防止早衰。

7)催熟与采收　待果实长至绿熟期时，可用500～1 000倍液的乙烯利溶液在植株上涂抹果实，待其转红时采收上市。也可将绿熟果摘下，在500～1 000倍液乙烯利溶液中浸一下，沥干水分后置20～25℃处，包上塑料薄膜，待转红后上市。

2. 秋冬茬栽培

(1)品种选择　选用抗病毒、产量高、品质好的品种。在河南省表现较好的有毛粉802、河南5号、郑州853、佳粉10号等。

(2)育苗　河南省宜在7月中旬育苗，过早易感病毒病。

采用遮阳育苗，在温室附近选地势较高的地方，建1.2～1.5米高的遮阳棚，宽1.5米，上盖2米宽农膜，四面通风，膜上加盖稀草苫或杂草遮阳。

苗床内每平方米撒施30千克过筛的有机肥和1.5～3克敌克松，翻10厘米深，使粪、土掺匀，整平畦面。

播种前苗床灌大水，水渗下后按10～12厘米见方穴播种子，每穴2～3粒，覆土1～1.5厘米，播后用毒饵防治地下害虫。

幼苗出土后，每穴留1株健壮苗，其余拔除。早上和上午揭去盖的草苫或杂草，中午混度高时盖上。进入8月以后除去所盖遮阳物。

育苗期间苗床保持湿润，不能缺水，也不能大水漫灌，只能用喷壶洒水。茎叶徒长时，可用1 000～2 000倍矮壮素控制。

苗龄20天左右，株高15～20厘米，3～4片叶即可定植。

(3)定植　定植每亩施5 000千克优质有机肥，深翻25～30厘米，耙平地面。按宽行60厘米，窄行45厘米开沟，沟内每亩施40千克磷酸二铵，用锄掺匀，按30～33厘米株距摆苗，封稍许土浇透水，水渗后及时培土。每亩保苗3 600～3 700株。定植后棚面碎草撒膜上喷泥浆遮阴，前底脚膜卷起，顶部放大风口。

(4)管理　定植后2～3天，根据墒情进行一次松土、培垄。温度控制在28℃以下，高时加强棚面遮阳，并防止雨水浸入室内。

缓苗后发现个别植株感染病毒病时，应及时拔除，用肥皂水洗手后再补栽。

现蕾前适当控制水分，促进根系发育，防止茎叶徒长，促进花芽分化和发育，不出现旱象不浇水。必须浇水时在清晨或傍晚进行。

开花时用番茄灵或2,4-D处理，前期用番茄灵20~25毫升/米^{3}或2,4-D10毫升/米^3，以后随温度下降逐渐加大浓度。

番茄长至一定高度不能直立生长时，及时插架或吊蔓。

第一穗果长到核桃大小时开始追肥灌水，每亩施尿素20~25千克，随水灌入沟中。第二穗果膨大期叶面喷施0.3%的磷酸二氢钾和0.5%的尿素溶液。

整枝方式因品种而异。无限生长类型的品种，采取单干整枝，除主干外，所有侧枝全部去掉，留4穗果摘心；有限生长类型的河南5号、郑州853等采取辅助单干整枝，除保留主干外，保留第一果穗下的第一个侧枝，主干留2~3穗果，侧枝留1~2穗果摘心，全株保留4~5穗果。

基部颜色发黄、感染病害的老叶应及时疏除。每个果穗留3~4个大而整齐的果实，其余疏除，以增大单果重。

在外界温度降至15℃时，夜间把薄膜覆严，堵塞后墙放风口。在室内夜间温度低于10℃时，应及时盖苫保温，保持白天温度22~28℃，夜间温度18~13℃。

(5)采收与储藏　秋冬茬番茄采收越晚价格越高，所以前期、中期果实不用乙烯利催熟，尽量延迟采收，第一穗果一般在10月下旬开始采收，以后随着温度降低，光照不足，成熟比较慢。至翌年1月上旬，一次性采收完，成熟红果随即销售，剩余青果摘下装入筐中，置室内储藏。当市场价格较好时，用500~1 000倍乙烯利溶液浸泡后堆置于20~25℃处，及时挑出红熟果实上市。也可不用乙烯利处理，将青果装筐放入温室，待其自然成熟时上市。

(二)春大棚番茄栽培

1. 品种选择　选用早熟、抗病、耐寒、结果集中、丰产的品种，如西粉3号、早丰、早魁、郑蔬011等，还可栽培一些果形大、品质优的中熟品种如丽春、鲜丰、双抗号等。

2. 育苗　春大棚番茄于冬季育苗、早春定植，必须用加温温室育苗,育苗时间根据定植期、壮苗标准确定。河南省春大棚番茄于3月上旬定植,适龄壮苗要求定植时具有6~8片叶,每一花序现大蕾,苗龄70~80天,所以育苗期应在12月中下旬。

每亩用种子量50克左右。播前3~4天进行浸种催芽,用55℃热水浸15分,不断搅拌至30℃左右时继续浸泡4~6小时,淘洗干净以后,用布包住,挤去多余水分,把种子拌散(便于通气),再用湿布包住于28℃处催芽。每天检查2~3次,翻动种子,布发干时补充水分,经2~3天就可全部出芽。

播种前做好苗床,填充5厘米厚培养土,加火把地温提起来,先浇足底水,渗下后撒播种子,覆土1厘米。出苗前温室温度白天保持25~30℃,夜间不低于20℃,3天即可出苗,出苗后及时通风降温,防止徒长,保持白天23~25℃,夜间13℃左右。

幼苗1~2片真叶时进行分苗。分苗过晚影响花芽分化,一般采用开沟分苗,用塑料营养钵、纸筒更好,营养面积为8~10厘米^2。

分苗后把温度提高2~3℃,缓苗后再次降低温度,白天不超过25℃,夜间10~12℃。加大温差,减少消耗,幼苗5~7片真叶时,进行幼苗锻炼,把夜温降至5~7℃。

苗期水分管理应采取适当控制措施,分苗后新根开始生长可浇1次水,并覆土保墒,以后不再浇水。定植前5~7天,可浇1次透水后进行倒方炼苗。

3. 定植　番茄对地温的要求不太高,当10厘米平均地温稳定通过8℃以上时即可定植,以3月上旬为宜,定植前15~20天扣棚烤地。

每亩施入4 000千克农家肥,150~200千克饼肥和75千克过磷酸钙。宽窄行定植,宽行60厘米,窄行50厘米,株距23~25厘米,每亩4 500~5 000株。

4. 管理　番茄要求较低的空气湿度,而大棚内的高湿环境和前期的低温都影响正常的受粉受精而对坐果不利。浇水不当也极易引起落花落果。因此,定植后要根据植株长相、坐果情况,调整棚内的温度、湿度,使番茄坐果多膨大快、着色早。

(1)结果前期管理　定植后到第一穗果膨大这一阶段,主要矛盾仍是温度。定植后 3 ~ 4 天内一般不通风或稍通风，维持白天棚温 30℃左右，并深锄培土，提高地温，加快缓苗速度。缓苗后，适当加大通风，降低棚内气温，白天保持 20 ~ 25℃，夜间 13 ~ 15℃，这对番茄的营养生长和生殖生长都比较有利。

第一花序开放约在定植后 10 天，此时要控制营养生长，处理好长秧与坐果的矛盾，使植株开花坐果整齐，减少落花落果。除加大通风防止高温外，还应控制水分，若浇水过早过大，容易造成营养生长过盛出现落花现象。但对于早熟品种来说，本身生长势较弱，且较耐低温，容易坐果，若过分控水，反而会出现营养生长不良，植株矮小瘦弱，单果重降低的现象。所以定植时，定植水一定要浇足，经过细锄培土之后，到坐果一般不需浇水。

当第一穗果坐住，膨大至核桃大小时，及时追肥浇水，每亩追施尿素 15 千克或腐熟人粪尿 1 000 千克。浇水后中耕松土，提高地温和土壤通透性。

支架在缓苗之后，花蕾即将开放时进行。早熟品种植株不高，插小“人”字架即可。中熟品种虽然植株较大，但栽培中限制生长，及时打顶，按早熟品种搭架。采取单干整枝，及时摘除所有侧枝或保留第一花序下的一个侧枝，在其第一花序前摘心。

第一花序坐果期间，温度尚低，往往出现因受粉受精不良而落花的现象，即使结果，畸形果也较多。用 15 ~ 20 毫升/米^{3}2.4 – D 蘸花，或 30 ~ 50 毫升/米^3 番茄灵喷花，可有效地克服低温落花，且能促进果实膨大，果口早熟，所以激素处理必须每穗果都用。

应用激素处理的番茄，加快了营养物质向果实输送的速度，若水肥不足，易于加大秧、果矛盾，必须重视坐果后的追肥。开花期喷施 0.3% 的磷酸二氢钾，对坐果和早熟有利。

(2)盛果期及后期管理　早熟品种不仅坐果节位低、成熟早，且坐果和成熟都比较集中，所以当第一穗果开始采收时就进入了盛果期。此时已进入 5 月，气温升高、光照充足，果实膨大速度也快，需要大量的养分和水分，同时又要求较低的空气湿度。管理上：一是加大通风降温降湿，白天保持 20 ~ 25℃，夜间 15 ~ 17℃，空气相对湿度

60%左右,必要时将两侧边膜去掉,有利于番茄红素的形成,加快着色,提早采收;二是加大浇水量,结合追肥叶面喷肥,一般每7天左右浇1次水,盛果期追肥1~2次,每次用尿素10千克,结合喷药叶面喷施0.5%的磷酸二氢钾,能有效防止生理性卷叶。追肥、灌水要均匀,不能忽大忽小,否则易出现空洞果和脐腐病。

5. **采收与催熟** 当果实进入绿熟期后,即可用乙烯利催熟,在植株上涂抹或摘下浸果皆可,方法参照日光温室越冬茬的处理方法。

(三)小拱棚番茄栽培要点

早春薄膜覆盖番茄,多采用畦宽1.3米,背垄0.6米,一畦内栽4行,双架,用2米宽农膜覆盖,拱棚高0.5米,拱形。

早春气候条件下,小拱棚内的温度变化比露地剧烈。晴天最高温度达40℃以上,可比露地高20℃左右,即使在阴雨天,气温也比露地最高气温高3~5℃,但夜间棚内气温仅比露地高1~2℃,所以必须根据棚内温度变化剧烈的特点,认真做好防寒、防热工作。根据天气变化、保湿设备及秧苗生长情况,灵活掌握塑料薄膜的揭盖工作。一般在定植后2周内的棚温管理,以保湿为主,以利缓苗。缓苗后,天气转暖,需根据温度变化情况,揭膜放风。在低温寒流侵袭时,及时防寒保温,防止植株受冻。

缓苗后,逐步加大拱棚通风量,是防止植株徒长、培育壮苗、平衡秧果关系的关键。4月中旬以后,气温渐高,应掌握多晒少盖,晴天白天可以掀开塑料薄膜,放风炼苗,5月初去膜插架。

小拱棚番茄的定植时期,根据棚内小气候条件而定,一般于棚内10厘米地温稳定在10℃以上,最低棚内气温在0℃以上即可定植,河南省条件下,约在3月中旬。如在棚内覆盖地膜,小拱棚加盖草苫的多层覆盖条件下,定植期尚可提早到2月下旬。如无上述条件,则不可定植过早,以免发生冻害或延长缓苗期,反而达不到早熟的目的。

小拱棚番茄定植密度每亩以5 000~6 000株为宜。其他栽培管理与早春大棚相同。

三、辣椒温棚栽培

（一）日光温室越冬茬辣椒栽培

越冬茬辣椒是高效节能型日光温室辣椒栽培的主要茬口，在河南省9月上旬播种育苗，11月初定植，翌年1月上中旬始收，直至翌年夏季。

1. 品种选择 冬季栽培辣椒应选择耐寒、早熟、抗病、丰产、果肉厚、适于密植的品种，甜椒品种有优选一号、洛椒一号、齐齐哈尔、新乡88－10号；辣椒品种主要有早羊角、湘研一号、河南早椒等。

2. 育苗 苗床可选在温室一侧。9月上旬播种时气温尚高，不用覆盖即可出苗。进入10月架小拱棚增温，随温度下降夜间还要盖草苫防寒。

（1）种子处理 辣椒生长期易感病害，播种前应进行种子消毒。先用55℃热水浸泡20分或1%次氯酸钠浸泡5～10分，清水洗净后催芽。催芽温度28～30℃，注意加强种子的翻动、淘洗，包裹不要太严，以利透气。每次淘洗后要充分沥干水分，防止种子表面水膜阻碍透气。在温度、水分、空气适宜的情况下，4～5天即可出芽。

（2）播种 苗床内铺5～7厘米厚的营养土，浇足底水，待水渗下撒一薄层土后撒播种子，种子上覆土1厘米。播种量每平方米15克，每亩温室用种子120～150克，播种后覆盖薄膜保湿增温，幼苗出土时揭去。当幼苗子叶展平后要及时间苗，除去过分拥挤和长势不良的弱苗、间苗后再行覆土护根。

（3）分苗 幼苗2片真叶展开开始分苗。分苗床设于温室内，铺10厘米厚的营养土，按7厘米×7厘米的苗距分苗每穴双株，若将幼苗移植于8厘米×10厘米的营养钵中，效果更好。钵内装营养土时要比钵口低于1厘米，利于浇水。

分苗时中午前后叶子萎蔫要放草苫进行短期遮阳。温度保持在白天20～30℃，夜间15～17℃。

(4)苗床管理

1)温度　播种后土壤温度可达25~28℃,幼苗拱土时降至20~25℃,夜间最低12~15℃;幼苗出土后白天25~25℃,夜间15~18℃。分苗后适当提高温度以利缓苗,白天25~28℃,夜间17~18℃,缓苗后白天26~28℃,夜间17~18℃。定植前7~10天要降温炼苗,白天温度降至20℃,夜间最低温度降至10~12℃。整个育苗期地温应保持在20℃以上。

2)水分　越冬茬辣椒育苗过程中,前半段温光条件好,水分蒸发快,底水一定要浇足,并注意补充水分。后半段气温低,秧苗个体不大,需水较少,为保持较高的地温,分苗时要底水充足,使之在较长时间内保持一定的土壤湿度,减少浇水次数。必须浇水时,要在晴天中午前后进行。

3)光照管理　辣椒对光照的要求不算太高,但育苗后期光照强度减弱,时数较短,改善苗床光照条件十分必要。当幼苗长到6~7片真叶时进行倒方或拉大钵距,使营养面积达比12厘米×12厘米,对幼苗生长和花芽分化十分有利。

3.定植　每亩施腐熟有机肥4 000~5 000千克,经过深翻细耙,使肥料和土壤充分混合,按大行距70厘米,小行距55厘米开沟,沟内再集中施肥,浇足底墒水,待达适耕期后做起15~20厘米高的垄。

定植前半个月扣棚烤地,定植时土壤温度不能低于15℃。在定植垄上开10厘米的浅沟。棚内密闭升温至10厘米地温15℃以上时定植。苗床提前2~3天浇水选晴天上午定植,并在下午2点前结束定植工作,栽苗深度以苗坨高度为准,不宜过深。定植后浇定植水,晒沟后用土封沟,覆盖地膜。定植密度按株距30厘米(甜椒)至40厘米(辣椒)双株定植,亩保苗6 000~7 200株。

4.管理

(1)温度　定植后保持高温高湿环境,白天不通风并提早盖苫时间,以利缓苗。7天以后,调节通风量控制温度,日最高温度不宜超过30℃,且一天当中30℃左右的温度在3小时以内,以26~28℃为宜。前半夜由18℃逐渐降至15℃,以促进光合产物运转,至翌日揭苫时最低温度以10℃为宜。

入春以后，随着天气转暖要加大通风量，外界最低温度稳定在15℃以后，揭开底脚薄膜昼夜放风。

(2)追肥　辣椒的需肥主要集中在结果期，在门椒坐果后至采收前，不仅植株增长，第二、第三层果实也在膨大生长，上部还要形成枝、叶和陆续开花结果，是追肥的关键时期。在门椒坐果前不需追肥，当门椒长至3厘米时结合浇水进行第一次追肥，每亩可浇灌2 000千克稀粪或尿素10千克。此后根据情况进行追肥，一般每隔2～4水追肥1次。结合喷药喷施磷酸二氢钾、尿素根外追肥可作为一种辅助措施。

(3)浇水　在定植前浇好底墒水和定植水的基础上，缓苗期间每天进行叶面喷雾可促进缓苗。以0.4%磷酸二氢钾叶面喷肥，更有利于发根。缓苗后可在膜下浅沟内浇小水1～2次，直至门椒膨大后选晴天气配合追肥浇水。此后根据生长情况和天气变化，采取小水勤浇的办法浇水。一般在地表发白、10厘米以内土壤见干时即应浇水。不宜大水漫灌和旱涝不均，否则易引起浇花、落果、落叶。

(4)植株调整　进入盛果期后，枝叶郁闭，行间通风透光不良。当门椒结果后，尽早疏除向内生长的强壮侧枝，主要侧枝留4～6片叶摘心，中后期长出的徒长枝也应摘掉。

5. 其他管理　为抑制光呼吸减少消耗，门椒结果后每5～7天喷1次亚硫酸氢钠，可达到提高净光合率，提高产量的目的。前期120～140毫升/米^3，后期240～300毫升/米^3，共喷4次。

补充二氧化碳可以促进光合作用，使叶面积增大，叶片增厚，达到增产、增值的目的。具体方法参照越冬茬黄瓜栽培措施。

开花初期因温度低易于落花，尤其是门椒，可用15毫升/米^3 2,4－D或25～30毫升/米^3 番茄灵抹花。

采收门椒对椒应适当早采以免坠秧，此后原则上在果实充分膨大、果肉变硬时采收。采收时间还应根据市场行情灵活掌握，以取得较高效益。

（二）大棚辣椒春季早熟栽培

1. **品种选择** 选用早熟、耐寒、高产、抗病的品种，如优选一号、河南早椒、早丰、洛选一号、新乡88－10等。

2. **培育壮苗** 壮苗是早熟丰产的基础，其标准是：苗龄90～100天，真叶10～12片，株高20厘米，茎粗4毫米，节间短、叶浓绿、根系发达、现大蕾。

育苗方法与露地春季早熟栽培基本相同，但育苗早，前期生长缓慢，应注意防寒保温。配制疏松、肥沃的营养土，保持较大的营养面积（10厘米×10厘米）、适时分苗、严格控制温度（正常管理白天23～25℃，夜间15℃；出苗前和缓苗期白天28～30℃，夜间18～20℃）是培育壮苗的关键措施。

3. **定植及密度** 棚内10厘米最低地温稳定在15℃以上1周时才能定植。河南省中部地区一般在3月中旬，若在大棚内套小拱棚覆盖或增加简易加温措施，可适当提早定植，定植密度为行距50～60厘米，穴距25～33厘米，每穴2株。

4. **管理** 为促使快速缓苗，定植后棚温可保持30℃，过高应及时放风。缓苗后逐渐开始降温排湿，白天温度保持20～27℃，空气相对湿度60%以下，当夜间温度不低于15℃时，可昼夜通风。进入盛果期后，若棚内温度过高，可将薄膜撤掉，或将四周卷起仅作天棚使用，有降温、防雨、防病的作用。

棚内气温低于15℃，高35℃或空气相对湿度超60%，则因受粉不良而易于落花。

大棚辣椒产量高，需肥量大，应多施有机肥，改良土壤，提高土壤肥力。除定植前每亩施有机肥5 000千克、复合肥25千克，生育期需追肥2～3次。追肥时应氮、磷、钾配合，每次亩使尿素10～15千克或磷酸二铵15～20千克，草木灰51～100千克硫酸钾8～10千克，或人粪尿1 000～1 500千克，追肥应结合灌水。门椒收获前，一般不浇水，以勤松土保墒为主。盛果期土壤湿度应高些，以土壤相对湿度70%～80%为宜。揭去薄膜时应浇1次透水，以后管理同露地。

为创造良好的通风条件，及时摘除门椒以下的老、病、黄叶及过密的枝条,减少养分消耗,提高坐果率。防止落花、落果,可用10~15毫升/米^{3}2,4-D蘸花。

四、日光温室茄子栽培

茄子在日光温室中可栽培越冬茬和冬春茬。但由于茄子对条件的要求较高,栽培越冬茬的日光温室必须是采光、保湿性能都很好的高效节能型温室。否则宜推迟播期,待气温回升时定植,或种植冬春茬。

1.栽培时期 河南省越冬茬茄子9月上旬至10月中旬陆续播种育苗,11月上旬至翌年1月下旬定植。冬春茬11月播种育苗,翌年2月中旬定植。越冬茬育苗定植早在1月中旬就开始上市,育苗晚的2月中下旬上市,冬春茬茄子3月开始上市,几个茬次均可生产至6~7月。

2.品种 选用早熟、果蒂发育速度快、植株开张度不大的品种。青茄品种有新乡糙青茄、开封糙青茄、西安绿茄等;紫茄品种有六叶茄、早小长茄等。

3.育苗 种子处理浸种前先行晒种6~8小时,再用1%高锰酸钾浸种30分后温汤浸种,也可用有效成分0.1%的多菌灵加0.1%平平加浸种1小时后再用清水浸泡3小时,可有效防治黄萎病。

采用温汤浸种的,在55℃热水中浸泡15分后搅拌降温至30℃左右,继续浸种8小时,浸种后搓去种的黏液,用湿布包住置温暖处催芽。催芽用变温方法较恒温发芽快,即每天25~30℃16~18小时,16~20℃6~8小时。每天检查2~3次,翻动种子增加透气,补充水分。出芽后适当降温至16~20℃。若遇天气不好无法播种时,可再行降温蹲芽。

(1)播种及播后管理 在温室中柱前做成1~1.6米宽的畦作苗床,营养土用50%未种过茄科作物的熟土和50%腐熟有机肥过筛拌匀制成,填床9~10厘米厚。床面浇足底水后撒播种子,每平方米播30~40克,播后覆盖营养土1厘米厚,上盖一层地膜,使床仁温度达

20℃以上，促使尽快出土。

幼苗大部分出上后撤去地膜，降温至白天 20～25℃，夜间 15～17℃，地温 20℃以上。幼苗出土后向床面撒 2 次营养土以造成上干下湿的环境防治拌倒病，且利于防止徒长和保墒。第一次撒土是大部分出苗，第二次是在子叶展开后，每次覆土厚度 2～3 毫米。

(2)分苗及分苗后的管理　当幼苗具 2 片真叶时分苗，移植的营养面积为 10 厘米 ×10 厘米，每亩温室需苗床 40～50 米^2。苗床营养土的配制及填充与播种床相同，有机肥不足时可减少至 30%。分苗方法与番茄相同。

分苗后缓苗期间若萎蔫，可进行短期遮阳，但要提高温度，白天 20～30℃，夜间 15～17℃，促进生根缓苗。

9 月上旬播种的，幼苗生长前期温光条件好，要浇透水，尽量保持夜温 15℃左右，防止徒长，10 月中旬以后播种的，分苗后温度逐渐降低，应保持薄膜清洁，后部张挂反光幕，增加室内照度；温度保持白天 30℃，夜间 15℃，早晨短时间 8～10℃。11 月温光条件好可浇大水，浇足浇透，12 月以后少浇，防止降低地温。定植前 10～15 天，进行倒方，扩大营养面积。

4. 定植　前作收获后，先行温室消毒，温室空间每立方米用硫黄 4 克，80% 敌敌畏 0.1 克和锯末 8 克，混合点燃，密闭 24 小时后通风。消毒后每亩施有机肥 5 000 千克，过磷酸钙 100 千克，深翻、拌匀、耙平。

定植在阴天过后晴天开头进行，按小行距 50 厘米，大行距 60 厘米开定植沟，深 5 厘米，按 38～40 厘米栽苗。苗埋入沟中后向定植行两旁推土，定植沟内浇水。水渗下后第二天培土封垄，垄高超出地面 2 厘米，再在两小行距垄上覆盖一幅地膜。

5. 管理

(1)温度　定植后缓苗期间要及时中耕，以提高地温促进缓苗。缓苗后白天 25～30℃，中午短时 35℃也不放风，夜间 15～20℃，早晨可短时降到 10～13℃。温度高、湿度大时中午可在顶部扒小缝放风排湿；开花结果期，白天要达到 25～30℃，上半夜 15～18℃，下半夜

10~14℃，地温15℃以上。久阴放晴时，不能使气温骤然上升太高，需行回苫，待过3~4天植株健壮后再全天见光和通风换气。3月以后天气转暖，要加大放风量，4月下旬以后腰部和脊部都要打开风口放风；5月中旬室外夜间气温超过15℃要昼夜放风。

（2）光照　11月至翌年2月室内光照不足，易形成短柱花和畸形果。为此，除要经常保持薄膜表面清洁外，还可在温室后墙内侧张挂反光幕，可明显增加温室后部光照。

（3）水肥　定植后3~4天，选晴暖天气在膜下灌一次缓苗水，以使土壤湿润，促进缓苗。之后由于天气严寒，不再浇水。直至门茄瞪眼时开始浇水，但由于气温尚低，只能在膜下暗灌。3月中旬以后，土温达18℃以上时，明沟暗沟都要浇水。并在浇水后大放风，排降湿气，防止病害发生。浇水宜在上午进行，以便浇后放风排湿。3月下旬以后天气转暖，一般5~6天浇1次水。

门茄瞪眼时也是追肥临界期，以后每隔15天追1次肥，每次冲施尿素10~15千克或磷酸二铵10千克。在地温较低时，最好冲施15千克硝酸铵或硝酸磷肥。

（4）整枝　日光温室茄子栽培密度较大，当四门斗茄形成后就显得枝叶繁茂，通风不良。为此，除将门茄下的侧枝摘除外，还须取双干整枝法调整株间光照和通风状况。即对茄形成后心，以促进果实早熟。

若要延长收获期，可采用剪植再生技术。当7个茄子收获后，在主干距地面10厘米处斜茬剪下，然后松土、追肥、灌水，促进侧枝萌芽，选生长好的枝条进行双干整枝，1个月后又收获果实。

（5）激素应用　1~3月的低温和以后30℃以上的高温，都会因受精不良引起落花或产生畸形果，需在开花前后2天内用激素处理后，果实生长加快，可能影响到较弱的植株生长，出现坠秧，所以对弱株应在长转旺后再行处理。

（6）采收　早熟茄子开花后20~25天即可采收。采收的早晚不仅影响品质，同时也影响质量。门茄采收宜早不宜迟，防止影响对茄发育和植株生长。当萼与果实连接处的白色或淡绿色环带趋于不明显或正在消失时,说明果实已经停长,应及时采收。

五、芹菜温棚栽培

(一)日光温室秋冬芹菜栽培

芹菜在日光温室内一年四季均可种植,不过为了提高日光温室的经济效益,河南省芹菜在日光温室内都是种植秋冬茬。

1. **栽培季节**　芹菜秋冬栽培在当地初霜期前70~80天开始播种育苗,苗龄50~60天时定植,严霜到来之后,大约当地平均气温10℃左右开始扣膜转入温室生产。扣膜后60天左右植株长成,可视情况开始采收。

2. **品种选择**　温室栽培芹菜宜选择耐寒性强,植株高大,叶片少,叶柄宽大而充实,叶柄,叶片绿色,芹菜味浓,病性好,适合日光温室栽培的品种,如开封玻璃脆、杂交玻璃脆、意大利冬芹等。

3. **育苗**

(1)苗床准备　日光温室芹菜一般在夏季育苗,正值强光,高温、多雨季节。为防不利气候条件,苗床宜选在地势高、易排水的地方。苗床宽1~1.2米,苗床面积应为实栽面积的1/15。苗床应有遮光、防雨设备。利用遮阳网或在两畦埂间摆放玉米秸为畦面遮阳,出苗后再间隔逐渐撤除。苗床上按每平方米施用细碎农家肥5千克,磷酸二氢钾50克,翻耙之后耧平踩实。

(2)浸种催芽　芹菜一般采用干子直播。但夏季播种育苗,宜浸种催芽播种。把经过精选的种子在15~20℃的清水浸泡24小时,用清水洗几遍后控水,拌入相当于种子重量5倍的细沙,装入袋内,在15~18℃的环境下催芽,每天翻1~2遍。沙子保持湿润,5~7天可出芽。

(3)播种　苗床浇足底水,水渗完前撒细土整平床面。将种子均匀撒布床面,然后覆盖0.5厘米厚的细沙,每平方米播量为2克,每亩温室需用种子80克左右。

(4)播种后的管理　播种后随即覆盖遮光防雨物。出苗后逐渐减少遮阳,最后使较长时间见光。苗床要经常洒些水,苗大些后可畦灌,幼苗长有 4 ~5 片真叶时须适当控水。出苗后还要疏间苗,使苗距达 1.5 ~2 厘米,结合间苗拔除杂草,发现蚜虫及时防治。

苗龄 50 ~60 天,长有 5 ~6 片真叶时可定植。

4. 定植

(1)施肥整地　每亩施用优质农家肥 5 000 ~7 500 千克,磷肥 50 ~100 千克,碳铵 25 ~30 千克作基肥。耕翻耙低耢后,按 1 ~1.2 米宽做成南北向畦。

(2)定植　起苗前苗床浇透水,连根起苗,把苗大小分级,分畦栽植。栽苗时,在畦内按 12 厘米行距开南北向沟,按穴定植,穴距 10 厘米,每穴 1 株。栽植深度以“浅不露根、深不淤心”为度。

5. 管理

(1)缓苗期管理　浇定植水后 1 ~2 天再浇 1 次缓苗水。待心叶变绿,新根发出,则要锄地松土保墒,促进根系发育,防止外叶徒长。

(2)缓苗后的管理

1)温度管理　霜冻前覆盖棚膜。但初期温度尚高,应注意放风降温,以后随温度下降再逐渐减少放风,并根据天气加盖草苫,此期间白天保持 20℃左右,越过 25℃放风,夜间 5 ~10℃,一般争取不使夜间温度低于 5℃。

2)肥水管理　苗高 15 厘米左右,接近封垄时开始追肥浇水。每亩用硫酸铵 25 ~30 千克,先把肥料溶于水中,浇水时顺水冲施可达均匀一致的目的。以后每 3 ~5 天浇 1 次水。每一次追肥后 15 ~20 天,再追第二次,以后随天气转冷,放风量减少可减少浇水。

6. 采收　芹菜扣膜后 60 多天即可达到收获标准。

(二)大棚越冬芹菜栽培要点

大棚越冬芹菜于秋季育苗,初冬定植,春节后储藏芹菜上市终了时供应。

1. 品种选择　大棚越冬芹菜应选择耐寒性强,生长快、丰产、优质的品种,河南省一般以开封玻璃脆、实秆青等品种为好。

2. 育苗　一般在立秋至处暑播种。定植时 20 厘米左右。播种前先将选好的种子用清水浸泡 12 小时，然后淘洗干净，空去多余水分，用湿布包好置阴凉处(20 以下)催芽，待种子萌动即可播种。

一般育每亩芹菜苗，可供 7～10 亩栽种。每亩用种量为 0.7～1 千克，播种宜浅。为防止杂草与苗竞长，播种浇水后用 25% 除草醚 0.5～0.7 千克加水 75～100 千克喷洒畦面。以后要在地皮不干的原则下小水勤浇，直至出苗。苗出齐后要适当控水，保持畦面见干见湿，促根下扎。

3. **定植** 越冬芹菜必须在小雪前栽到棚内。当前茬拉秧后，每亩施 250 千克饼肥和 2 000 千克农肥作底肥，翻地以后，按一拱一畦做畦。定植时 20 厘米左右见方栽苗，栽完后及时浇水稳苗。为了有利幼苗均匀生长，要把大小苗分开栽苗植。

4. **管理** 定植以后，气温逐渐下降，由于塑料薄膜覆盖，水分消耗很慢，在中午前后，棚内气温常会升到 25℃ 以上，为防止幼苗徒长和高温、高湿引起病害，必须坚持每天放风排湿，并控制浇水，使苗发粗、发壮而不拔高。立春以后，棚内芹菜因气温回升而开始迅速生长，应抓紧肥水管理。可结合浇水，冲施硝铵作追肥，每次每亩 15 千克，一般冲施 2 次即可。大棚芹菜是在春节以后，越冬储藏芹菜上市完了，根据市场需要陆续上市。这一时期芹菜生长很快，如到 3 月初上市、亩产可达 4 000 千克以上。但必须以所育早春果菜苗的大小、能否进棚为依据确定最终上市时间，不能影响早春果菜的定植。

第七章 食用菌栽培技术

第一节 概　　述

食用菌是一类可供食用的大型真菌。目前世界上已发现食用菌500多种，国有300多种，但人工栽培的不过20多种。现在普遍栽培的有双孢蘑菇、香菇、平菇、金针菇、滑菇、猴头及竹荪等。

与一般蔬菜植物相比，食用菌有蛋白质含量较高，含氨基酸和维生素的种类较多等特点，有很高的营养价值。因此，近几十年来，无论在国内或国外，食用菌的生产都备受重视，发展迅速。

目前食用菌生产的原料主要是工、农、林业生产的下脚料和副产品，如木屑、农作物秸秆、棉子壳、甘蔗渣等。利用这些原料栽培食用菌称为代料栽培，在室内可用瓶栽、塑料薄膜袋栽，也可做成菌砖生产。有些地区食用菌生产逐渐发展到室外生产或与大田作物轮作，形成“稻－菇”、“甘薯－菇”、“西瓜－菇”、“蔬菜－菇”等多种耕作形式，取得良好的效果。

食用菌中除双孢蘑菇，需要建有菌房、堆料、覆土等生产设备和较专门的技术外，大多数生产设备和较专门的技术外，大多数食用菌生产设备简单，适合农村庭院生产。利用不同食用菌种类，按季节种植，基本上能周年生产、周年供应。如春、秋季可栽培双孢蘑菇、香菇、平菇，夏季可栽培草菇，冬季栽培金针菇等。生产食用菌后的棉子壳、稻草等培养料是很好的肥料，对改良蔬菜地的结构和增加土壤肥力有很好的作用。

食用菌供食用的部分称为子实体（通常所称的“菌子”部分）。由于食用菌种类很多，形态千差万别。从质地来看，有肉质和胶质。如蘑菇、草菇是较典型的伞状菌，由菌伞、菌柄、菌褶等部分组成。平菇的子实体为扇状,呈复瓦状丛生木耳的子实体单生或丛生,多为耳状或环状,胶质,新鲜的半透明体。

食用菌的营养器官是苗段体,由许多管状的菌丝组成。菌丝体的功能是分解物质,吸收水分和养料,供菌体不断长大,形成食用的子实体。充分长大的子实体在菌褶内可形成椭圆形、球形或卵形的孢子。孢子很小,肉眼只能看到散出的粉末状物体。一般而言,孢子是食用菌的繁殖器官,但在生产上则是利用菌丝体进行繁殖。

食用菌没有叶绿素,不能利用光能制造养料,主要依靠的营养物质是碳、氮、无机盐和水。

食用菌栽培可用段木栽培和代料栽培,如香菇、木耳、平菇等。段木栽培要经过选择场地、菇树的选择与砍伐,然后再截段架晒。截段一般长度为 1 米或 1.5 米,截口要平整。架晒主要是促进段木干燥和组织死亡,并通过段木的发酵把养分转化分解,以适应菌丝生长,一般晒架 70 天左右,当段木横断面出现放对状裂纹,刀口变黄,闻到酒酸味时,即可打孔接种。在庭院经营中,如果不是在广大林区作大规模生产,目前一般不用段木栽培,多采用代料生产。代料生产是根据食用菌对营养的需要,因地制宜的利用木屑、棉子壳、蔗渣等,再添加一些营养,如米糖、蔗糖等,混合成该菌所适合的培养料,进行瓶栽、袋栽或作块状栽植。城市郊区,家庭经营中作为一项副业生产时,很多食用菌都用代料栽培。

第二节 常用食用菌的栽培

一、平菇的代料栽培

(一)平菇的类型和品种

平菇是目前中外栽培较多的食用菌之一。它的菌体较肥大,适应性强,栽培较容易,出菇快、产量高,设备投资少,适于城市附近的家庭栽培。

按平菇子实体形成时对温度的要求不同，可以分成3种类型，即低温型、中温型、高温型。低温型的菌丝生长适温为23～24℃，子实体形成最适温12～15℃；中温型的菌丝在23～24℃时生长最快，子实体形成时适温为16～22℃；高温型菌丝生长适温为20～26℃，子实体形成时适温因品种不同而有差异，一般为25～28℃。昼夜温差大，有利刺激平菇菌丝体形成子实体。根据3种类型对温度的反应不同，不同的栽培季节要选择适宜的栽培类型。目前栽培较多的有以下2种。

1. **糙皮白凤菌** 菌蕾（刚形成的小菌体）密集成桑葚状，菌柄紫褐色，有白色绒毛，菌盖黑色，灰白或灰褐色，多为低温型。

2. **凤尾菇** 菌蕾多散生，菌柄黄色，有密集白色绒毛。菌盖黄色或黄褐色，呈扇形。除1～2月外，每年的9月到翌年3月都可播种栽培，产量高，属中温型，是目前栽培最多的一种。

（二）平菇的生活条件

平菇为木材腐朽菌，凡含有纤维素、木质素的原料（无毒、无异味），如木屑、棉子壳、蔗渣等都可用来栽培。再人工添加米糠、蔗糖、麦皮、玉米粉、石膏粉、尿素、过磷酸钙等，就可配合而成平菇的增养料。平菇对温度的适应性较广，菌丝在3～35℃均能生长，子实体在5～20℃均可形成。但在生产上应根据菌种生长的要求，安排在最适宜的季节里。平菇菌丝体生长时，要求培养的含水量在65%左右，空气相对湿度为60%～70%。

平菇是好气性真菌，菌丝在薄膜覆盖下能正常生长，但子实体生长时要求通气良好。在缺氧化碳条件下，子实体成畸形或不能形成。风直接吹到菇体上也会影响子实体的生长。平菇菌丝在黑暗中能正常生长，但子实体的形成需要一定的散射光。若光线过暗，菌柄则细长，菌盖小，强光也会妨碍子实的正常生长。

平菇菌丝在pH值为3～8都能正常生长，以pH值为5.5～6.5最适宜。由于培养料在培养过程会不断酸化，使pH值下降，在形成子实体时大部分会下降到4.8～5.5。为减缓培养料的酸化，抑制杂菌生长，在配培养料时应加入2%～4%的石灰，将pH值调至8～10。

（三）平菇的大田畦栽

根据平菇对温度的要求，在长江流域一带收割晚稻后，利用冬闲田栽植一季平菇，可收到较好的效果。

1. **场地准备** 在田间作 1 米宽的高畦，将畦土耕翻暴晒 3～4 天，然后整平，并用茶枯水浇灌杀死蚯蚓，用 600～800 倍液敌敌畏满田喷雾。最后撒石灰粉消毒。

2. **配料发酵** 配料可用棉子壳（无毒变）95%，过磷酸钙 2%，多菌灵（50%）0.2%（指 100 千克配料中，加 0.2 千克），其他 2.8%；或用棉子壳（无毒变）76%，粉碎的稻草 20%，过磷酸钙 2%，石灰 2%，多菌灵（50%）0.2%。将上述原料加水 1.2～1.3 倍，使其含水量达 65%（即用手捏指缝中有水痕，但不滴下为度）然后堆成梯形，堆底用竹棍横向穿孔以利通气，堆面稍拍实后覆盖薄膜保温保湿。堆后 2～3 天料中心温度达 60℃时，维持 1 天，然后翻堆，翻堆后中心温度重新达 60℃时，再维持 1 天。当料呈咖啡色，有香味时，摊料散出有害气味后铺料播种。

铺料前畦面浇足底水，然后将发过酵的培养料平铺于畦面，厚 6 厘米左右。在料面上均匀撒播一层菌种（大田栽培多用荆州一号、佛罗里达、姬菇双耐品种）。用手压实，再在上面铺一层 6 厘米左右的培养料，最后用菌种封面，用手压实，使料面略呈龟背形。播种量为干培养料的 10%～15%。然后用农用薄膜覆盖保湿，膜上再盖草包或草帘遮光，避免日晒。

3. **培养管理** 播种后 1～2 天，菌丝开始萌发。此时可进行一次全面检查，如果菌丝未萌发，要查明原因，若是高温引起的通气不良，则应加强通风透气。菌丝萌发后 3～4 天，新的菌丝开始向培养料中伸长，称为吃料，在 23～25℃下大约 20 天，培养料内会布满菌丝；25～30天出现小菌蕾。这时要揭开薄膜，搭拱架膜出菇，膜上覆盖草帘避阴。在菌蕾尚小时，可在沟内灌水。要急流急排，只提高湿度。当菌有蚕豆大小时，每天用喷雾器向洼面喷水 2～3 次。水分管理应掌握前期轻、中期稍重，后期轻的原则。料面过干，空气相对湿度低于 80%时，子实体会皱缩、干裂，甚至死亡。但如果喷水过多，菇体上形成水渍状,会引起溃烂。生长期间畦两端的薄膜不要盖住,只要盖上草帘避阴。

4. **采收** 平菇子实体成熟时,会出现菌盖外翻的现象,同时释放大量孢子。这时采收已太迟,表现为菌盖干燥,边缘卷缩破裂,质地变粗,菇柄坚硬,食味变劣,重量减轻。因此,必须在菌盖充分长大,即将外翻,颜色由深变浅时,及时采收。采收时可用水果刀将子实体平料面切断,并将菌基部所粘附的培养料削净。应注意分批采收,采大留小,轻拿轻放,盛装的容器不宜过大,重叠的层数不宜过多,以免压坏菇体。

一潮菇采完后,应整理床面,剔除菇蒂和老组织,让料面干燥1~2天,再补充水分,保持湿润。然后拆除竹弓,放下薄膜和草帘,保持培养的适宜温、湿度,使菌丝复壮,积蓄营养,待10~15天后,畦面又会产生大量菌蕾。大田栽培平菇,一般播种一次,使上述管理方法可采收3~4次。

(四)室内袋装

1. **配料** 平菇的室内栽培以熟料为主,即按比例配好培养后装袋,在一定的温度下灭菌后再接种培养。

常用的培养料配方有下列几种:

配方一:棉子壳97%、石灰2%、过磷酸钙1%,料和水的比例为1:(1.2~1.3)。

配方二:棉子壳76%、稻草20%、尿素1%、石灰3%,料与水的水例为1:(1.2~1.3)。

配方三:稻草(切碎或粉碎)85%、玉米粉或麦皮13%(若用米糠,用量增加到20%)、石膏粉1%、过磷酸钙1%,料水比例1:(1.2~1.3)。

将以上料按比例拌和后,装入塑料筒中。也可将料拌好后堆积发酵3~5天,再装袋灭菌。

2. **装袋灭菌** 食用菌袋栽时,一般用45厘米×22厘米×(0.03~0.04)厘米的低压耐高温的聚乙烯筒作袋。每袋装干料1千克左右。用手边装料边压实,松紧适度,两端套上塑料套环(由18厘米长的塑料硬质包装带烧接而成)，盖上牛皮纸或塑料纸，用橡皮圈扎上。装好袋后，立即放入土灭菌灶中进行常压灭菌，待灶中温度上升到100℃后，维持6～10小时(视料量而定)。装袋及灭菌的过程中要格外小心，防止塑料袋穿孔而导致霉菌滋生。

灭苗后的料袋趁热搬入接种房中，然后每立方米空间用甲醛10毫升加高锰酸钾5克，密闭熏蒸12小时再接种。接种时，菌种袋(瓶)外表及瓶口、手、盛菌种的容器都要用75%酒精或0.1%高锰酸钾溶液擦洗、消毒。然后打开袋口，塞进菌种，立即盖纸。熟料袋栽的接种量为干料重的3%～5%。

3. **管理**　当菌丝长满袋，袋口丝开始扭结时，应及时解开袋口出菇。解袋后地面应洒水，以提高室内空气湿度，促使菌蕾长大。当袋口有蚕豆大小菇蕾时，每天要用喷雾器向袋口、室内地面及空气喷雾2～3次。这时室内温度以15～20℃，相对湿度85%～95%，光照以散射光为宜，室内出菇可将袋堆成墙，有条件的可用窄床架分层码堆，堆高可达2米以上。一间20米^{2}的房间，可堆放1 000余袋，用料1吨多。因此，在出菇时，每天应开窗片刻通风2～3次，降低二氧化碳浓度，保持室内空气新鲜，以防幼菇闷死。当子实体充分长大后，按大田方式采收。第一潮菇每袋可采1千克左右。采收完毕后，停水2～3天，再喷重水1次，这样干湿交替，使菌丝重新复壮，过10～15天，又可出现第二潮菇。袋栽平菇约可采收3～4次菇。

二、香菇代料栽培

香菇是世界著名食用菌之一。以往多用段木栽培，现在大多用木屑代料栽培。

(一)香菇的生活条件

香菇不同生育阶段对温度要求不同，菌丝在5～32℃都能生长，以20～25℃最适宜。子实体分化和发育要求的温度在6～20℃，最适宜的温度是13～15℃。在昼夜温差达10℃左右时，香菇品质最好。香菇不同品种对温度要求不一，高温型的如广香47、广香7405

等,出菇温度为15~25℃;中温型的出菇温度为10~23℃,主要有7402、Cr-02、Cr-04等;低温型的出菇温度为10~20℃,主要有7403、广香7912等。

香菇是厌湿性食用菌,代料含水量以50%~60%为好,菌丝体生长期间空气相对湿度以60%~70%为宜,子实体发育阶段空气相对湿度为85%~95%。若空气相对湿度长期低于60%菌丝体会萎缩,高达100%影响香菇的正常呼吸作用,菌盖难以展开,菇柄粗大,且容易滋生霉菌。

香菇为好气性菌,氧气不足菌丝不能正常生长。当二氧化碳含量超过0.1%时,会出现菌柄增长、早开冷、畸形菇增多等现象。香菇苗丝生长发育不需要一定光照,子实体分化的最适光照强度为0.1勒克斯。光线太弱子实体数目多,但朵形小、柄细长、质量差;过多的直射光对菌丝和子实体都有害。露天栽培应掌握“三分阳七分阴”为好。香菇喜偏酸环境,菌丝在pH值2.5~7.5均能生长,以pH值5.0~5.5最适宜。因此,不能用碱性水浸菌筒,也不要用碱性农药。

(二)培养料的配制

香菇生长发育过程中要求的营养物质主要是碳水化合物、氮、矿质元素及维生素类。各地可根据所需营养物质及本地资源进行配制。

常用的培养料配方有下列几种:

配方一:杂木屑78%、麦麸16.6%、白糖1.5%、石膏粉2%、硫酸铵(或尿素)0.4%、过磷酸钙0.5%、玉米粉1%,pH值5.0~5.5。

配方二:棉子壳100千克、麦麸20千克、石膏粉3千克。

配方三:稻草粉80千克、木屑20千克、麦麸25千克、蔗糖1.5千克、石膏粉2千克、过磷酸钙1千克、尿素0.5千克、磷酸二氢钾0.3千克。

根据各地经验,配方一、配方二效果较好。将各原料拌和后,含水量以60%~62%为宜。

（三）香菇的栽培

用棒式露天栽培及菌块栽培。

1. **棒式露天栽培**　用耐高温的聚乙烯或聚丙烯做成长 50～55 厘米，宽 15～17 厘米的圆筒。将拌好的料装入圆筒内，在两头离袋口 5 厘米处套塑料环，然后用 2 层纸封口，缠上橡皮筋。装袋的松紧要适宜，一般以五指抓住料袋，中等用力有微凹为度。装袋后要及时灭菌，用常压灭菌 4 小时内达 100℃，维持 10～12 小时，冷却 2 小时左右，趁热出锅搬入接种室。接种室的消毒方法同平菇栽培。接种时可以一人开袋口抓住塑料环，另一人用镊子夹菌种，菌种要接触料，种量以塞满环为宜。一瓶种可接 30 袋。

接种后的袋子要及时移到发菌室发菌（发菌室消毒方法与接室种同）。发菌室菌袋放“井”字形堆叠，横直每行 3～4 袋，叠 7～8 层。当气温在 28℃上时必须打开门窗，稀排菌袋。接种后的 7 天内一般不搬动菌袋，7 天后翻堆 1 次，并检查杂菌。轻度污染的可用 200 倍液的过氧乙酸或 20% 福尔马林注射，严重污染的要重新灭菌。发菌期间每隔 7～10 天，要上下翻堆 1 次。室内相对湿度要保持在 70% 以下，室内空气要流通。发菌 40～50 天后门窗必须用黑布遮密，脱袋前 10 天要增加光照。

当菌丝培养 60 天左右，便由营养生长趋向生殖生长。菌筒表面分泌褐色素，隆起的菌蕾面积约占全筒的 50% 时，用利刀将塑料袋划破并撕下，但菌筒的两端留一点作帽子，称为脱袋。脱袋最好选阴天或无干热风的天气。然后将脱袋的菌筒排在菇畦架上。

野外菇场可利用房前屋后、瓜棚、果树下的空地，也可利用收割了中、晚稻后的稻田。先将土块挖松后开沟做畦，畦长 10～15 米，宽 1.1 米，高 15 厘米，畦与畦之间设人行道，畦面及四周撒石灰粉或波尔多液。在菇畦两侧每隔 2.5 米钉一木柱，露出地面 30 厘米，其上与畦平行放置竹竿，竹竿上每隔 20 厘米钉一铁钉，再排上小木条作横枕，将已脱袋的菌筒排于菇畦架上，筒与筒之间相距 3 厘米，与地面成 70°～80°夹角。

排筒后畦面插拱形竹条，然后盖薄膜。为了避免阳光直射，应搭荫棚，棚高 2.0 ~ 2.2 米，长宽依菇场面积而定，顶上铺上树枝、稻草、芦苇等遮阳物，达到“三分阳七分阴”的效果，或种瓜果如丝瓜、苦瓜、南瓜等遮阳。天气寒冷时当风面要挂草帘、围篱笆。

香菇排场后 4 ~ 7 天，菌筒表面逐渐长出白色绒毛状菌线，接着倒伏形成薄的菌膜，同时分泌出一种褐色素使菌膜由淡变深，这一过程需 7 ~ 10 天，称为转色。转色好坏与出菇的迟早、产量、质量有密切关系，以红棕色最理想、灰白色最差。为促使转色，脱袋后 5 天，要保持空气相对湿度 80% ~ 93%，温度 20 ~ 22℃。为防止徒长，5 天后每天掀动薄膜 2 ~ 3 次通风，每次 20 分。7 ~ 8 天后局部转色时结合通风连续喷水 2 天，每天 1 ~ 2 次。待水略干后盖膜。

菌筒转色后，要人为地扩大温湿度，白天罩密菇棚，晚上 9 点后揭膜，温差要达 10℃以上，相对湿度为 90%，连续 3 ~ 4 天。此时早、晚还要各通风 1 次，每次 30 分，气温在 25℃以上时，两头不密封有利菇蕾形成。

12 月以前发生的为秋菇，可长 3 ~ 4 批。前期管理是降温、保湿、补气、防杂，后期是保温保湿。第一批菇收后掀膜通风，使菌筒表面晾干，使菌丝恢复生长，6 ~ 7 天后按前管理方法，使第二批菇生长。冬菇在 1 ~ 2 月收获，可收 2 ~ 3 批，此时最主要的管理是保温。到 3 月至 6 月上旬还可发生春菇，可收 3 ~ 5 批，占总产量的 50% 左右。此时菌筒因经过秋、冬两季失水很多，养分也有所消耗，可将菌筒两端用 8 号铁丝插孔刺破菌皮，把菌筒排放在浸水沟内，用木块盖住，石头压在木块上，用清洁水淹没菌筒，浸 8 ~ 12 小时，使菌筒含水量达 60% ~ 65%，待表面稍干后罩薄膜。为补充营养，在水中可加入 0.12% 柠檬酸和 0.2% 葡萄糖或 0.3% ~ 0.5% 的尿素。

2. 菌块栽培 菌块栽培多数用玻璃瓶装料、灭菌、接种、培养菌丝。待菌丝长满瓶后进行掏瓶。掏瓶时的用具，瓶口、薄膜等要用 0.1% 高锰酸钾溶液消毒，去掉老化的褐色菌皮。将掏出的菌种倒入 33 厘米^2，高 5 厘米的木制活动木框内，用力压实，边压边加料。四周要压紧。一般 10 ~ 12 瓶菌种一个菌块。菌块直接做在垫有塑料薄膜的木架或地上，块与块之间距离 3 ~ 4 厘米，全部放好后盖薄膜。

菌块要随掏随做,不宜将掏出的料敞开过夜。

做菌块后的第三天若未见菌丝发白,要稍掀起薄膜通气,气温超过25℃时,每天早、晚要掀动1次,低于25℃时可隔几天掀一次。2~3周出现小菇蕾时,将菌块翻转,两块靠成"人"字形,将薄膜架空覆盖,保持空气湿度90%~93%,使有利于出菇。当第一批菇出完后换气3~4小时,挖除菌块上残留的菇脚,擦洗净塑料布并重新盖上。1周左右将膜放低,增高湿度,温度保持在10℃以上,并尽量造成日夜温差,促使第二潮菇生长。

香菇以七八成熟采收较好,即菇伞尚未完全张开,菌盖边缘向内稍转时最好。可边熟边采,采大留小。香菇加工可用日晒、烘干等方法。

三、花菇的培育管理

花菇是香菇中的珍品,在自然生长下成花率很低,仅4%~5%,经人工控制培育条件,花菇率可提高到90%以上。

(一)形成原因

花菇的形成是非遗传性的,属气候生态型变异。环境条件与菇体自身状态起决定作用。通风干燥、低温及较大的昼夜温差有利于花菇的形成。单生菇多抗干燥能力强、多鳞片、菌皮薄的品种低温条件下,香菇子实体生长缓慢、菌肉肥厚、质脆嫩,相对湿度80%以下的干燥环境,菌盖皮层细胞分裂生长速度缓慢,而菌肉细胞分裂生长速度较快,引起皮层开裂,这时若空气相对湿度偏低则会形成明花菇,若湿度增大而形成暗花菇。

(二)生长条件

一定程度的干燥空气造成表皮蒸发失水、内外生长不同步,是形成花菇的关键因素。一定温差对花菇形成有促进作用,一般要求空气相对湿度在50%~70%变动,晴朗有风时可降到40%左右,培养基含水量以50%~55%为好,采用不脱袋育菇,创造内湿外干的条件。温度高低对花菇形成速度有影响,气温25℃以上时菇体易快速开伞不利花菇形成，5℃以下时内外生长近于停止而影响菇体生长和纹理形成。温差对育花菇具有促进作用，大袋和中袋栽培易于保温不易传热，在给予较快的温差处理后，能够造成较长时间的内热外凉，内外生长不同步，可促进花菇形成。此外，菌体自身内部须达到一定的紧实度，有较强的生长势，从而有充足的能量冲破表皮而开裂。

（三）栽培技术

1. 栽培季节与方式 栽培期选在3月上旬至5月中旬，在此季节内接种时间宜早不宜迟，确保接种后至高温期来临时菌棒转色或逐步开始转色，增强菌棒耐高温能力。多在4月接种，此时接种成品率高，经越夏后于10月后陆续出菇。这种春末夏初低温适温接种，夏季相对高温养菌的方法，延长了菌袋的发育期，培养料分解彻底，有利于菌丝的营养积累，出菇整齐，朵形好，大大提高了花菇的产量和质量。

2. 培养料配方 基本配方：阔叶树木屑77%，麸皮20%，石膏粉1.5%，糖1.5%。

3. 接种培养和越夏 菌种要求纯、壮、适龄，菌株可选用939、901、9015、寿花6号、寿花8号等。在接种箱里接种，每袋单面接种3～4穴，用石蜡或胶布封口，保持培养室温度20～22℃10～15天，使菌种尽快吃料。发菌期要适时翻堆和刺孔增氧，加快发菌速度，促进转色，增强越夏能力。当菌丝吃料达8～10厘米时进行第一次刺孔，在菌丝蔓延末端2厘米内，每个接种孔刺4个孔，孔深1厘米左右；第二次待菌丝圈完全相连后进行，每个接种孔刺8～10个孔；第三次是在全袋菌棒发白时刺，在菌丝发透的部位均匀刺20～40个孔，孔深1.3厘米，这是菌棒越夏前最后一次，非常关键，宜在6月下旬前结束，否则应放弃，以免气温高造成烂棒；第四次在上架前7天气温20℃时进行，全面刺约80个孔，深1.3～1.5厘米。注意要点：①刺孔后2～3天，筒温急剧上升，此时要注意通风散热，防止烧菌。②含水量高的菌棒要多刺，含水量低的要少刺。③刺孔要分批进行，每次400～500袋，间隔3～4天，刺孔部位应侧放。④及时清理黄水和做好控温工作，控制温度在28℃以下。⑤定期翻堆，每隔7～10天翻堆

1次。

4. **催蕾与护蕾**　菇棚应选在通风、向阳、地下水位低的地块，当气温降至18～20℃，菌丝培养达生理成熟时，将菌筒搬进菇棚，不脱袋进行如下催蕾管理：

(1)催蕾　催蕾前对失水多的菌袋应补水使其含水量达到50%～55%。气温8～22℃都适合催蕾，但温差须拉大到10℃以上。白天盖膜引光或用火笼增温，使棚内温度升到18～22℃，相对湿度85%；夜间掀开四周薄膜，让冷空气袭击降温，造成昼夜温差在10℃以上，连续4～5天，菌丝便可扭结成原基。原基形成后，棚内温度控制在15℃左右，促进原基转化为幼苗，控制棚内相对湿度在85%左右，每天通风2次以保持棚内空气新鲜。

(2)护蕾　当菇蕾直径达0.5～1厘米微微将菌袋顶起时，用刀片将膜割一"人"字形孔，让菇蕾自由地从割口长出，割袋时不可伤及菇蕾和菌丝，现一朵扩一朵。当菇蕾长到1厘米时，使棚温保持在8～10℃，相对湿度65%～70%，培养3～4天，使菇蕾缓慢生长，形成柄短、菇盖圆、结实的壮蕾。菇蕾过多过密时应进行疏蕾，每袋留6～8个菇形好、距离均匀、大小一致的菇蕾，多余的菇蕾及畸形菇要及时连根剔除。

5. **催花**　影响花菇形成的环境条件主要是温度、湿度。人工催花多选在11月至翌年4月的低温季节，此期温度低、温度小，加温排湿容易，升温正好有利于花菇的生长。当菇盖直径在3厘米左右，手摸硬实，边缘出现裂纹，已具备催花条件。

(1)控温　可人为地拉大昼夜温差达到10℃以上。如白天揭膜让阳光直接照射，可有效增加花菇白度，提高花菇等级，同时加强通风，低温炼菇；晚上盖膜升火加温到15～20℃，开始出现裂纹后停火，促进香菇内部快速生长，连续2～3天，80%形成花菇。

(2)控湿　花菇形成需50%～70%较干燥的相对空气湿度，且干干湿湿、干湿交替有利花菇形成。若空气过分干燥，可利用加湿升温促花菇形成。白天低温炼菇，幼菇已出现部分萎缩状，晚上盖膜升火加温，同时向菇棚空间喷少量水或用锅向棚内炖水蒸气，润菇面，当大量纹理出现后,升火排潮,一个晚上大部分可形成花菇。也可揭盖膜调水。若菇面干燥,晴天上午可晚揭膜,下午早盖膜闷棚回潮。若菇面潮湿,白天可早掀膜,晚上可晚盖膜,通过人工控制造成菇面干湿交替,拉大干湿差,使菇面产生裂纹并使裂纹加深增多。

6. 花菇的保持和采收 人工催花的花菇形成花纹快,遇高潮易退花。催花在裂纹形成后开始升火排湿。花姑形成后要在晴天干燥空气下自然生长2~3天,把花纹固定下来。遇阴雨应立即盖膜,并升火排气排湿。阴雨天采花菇应先排湿再采收,每采收一潮菇后要间歇养菌,可将温度提高到24~26℃,相对湿度保持在75%~85%,同时补水使菌袋含水量在50%~55%,经过7~10天,使采过菇的穴里又长满菌丝,积累养分,以利于多茬菇生长。

四、金针菇代料栽培

金针菇是一种朵形较小的伞菌,色泽黄褐、乳白相间,菌柄细长,菌盖清香而柔软。菌柄清脆似黄花菜。金针菇蛋白质含量高达13.9%,营养丰富,味道鲜美,能在数九寒冬上市,很受消费者欢迎。

金针菇菌丝在7~32℃都能生长,适宜温度为24℃,子实体形成以8~16℃为宜,所以可以在冬季温度一般不太低的条件下栽培。金针菇对水分要求敏感,培养基含水量70%时较适宜。菌丝体培养阶段空气相对湿度高于75%或低于50%时,则停止生长。子实体发生期空气相对湿度控制在80%~95%,在全生育过程中都要有足够的氧气。金针菇菌丝体在黑暗条件下能正常生长,幼蕾在完全黑暗条件下也能形成,但微弱的光线,能促进子实体的形成和发育,并呈淡黄色或乳白色,菌柄长,质地嫩,商品价值高。pH值3~8.4菌丝都可生长,但以pH值5~7较适宜。

常用的培养料配方有下列几种:

配方一:杂木屑73%、细米糠25%、糖1%、碳酸钙1%。

配方二:棉子壳78%、麦麸20%、糖1%、碳酸钙1%。

配方三:棉子壳95%、玉米粉3%、糖1%、碳酸钙1%。

配方四：甘蔗渣73%、玉米粉25%、糖1%、碳酸钙1%。

配方五：稻草64%、米糠32%、糖1%、石膏粉1%、过磷酸钙2%。

将各种原料配合后，使料的含水量达65%～70%，即用手紧握配料，指缝中有1～2滴水。培养料随配随装袋，并即时灭菌。装料时先装入部分料，后用手把两只袋角小心塞入袋内，并压紧培养料使之能直立站稳，然后再继续装袋至离口15厘米时套入塑料环。环口用两层纸包装，并扎好像皮筋。灭菌时料袋直立排放在锅内，常压灭菌100℃维持8小时。灭菌后的料袋冷至50℃左右时出锅，即时搬到接种室内、室内应消毒半小时，散去余气后接种。接种量以核桃大为宜，通常一瓶菌种可接60袋。

接种后转入发菌培养室，码放的形式可以是"墙"式或"井"式，一般2～3层。2～3天后菌种开始萌发，此时室内应遮光，温度调节在18～20℃，空气相对湿度约70%，每天通气2～3次，每次15分，每隔7天调换1次料袋的位置，以便各袋发菌一致。培养35天左右，菌丝即可长满整个料袋。菌丝满袋后，应去掉封口及套环，将袋的上端部分完全撑开，在袋口盖报纸或旧布，并喷水保持湿润。10天后培养料表面出现琥珀色水珠，这是出菇的前兆。这时温度保持在12～13℃，空气相对湿度在80%～85%，经过4～10天便长出小菇蕾。幼菇蕾形成后要定期掀动报纸或旧布，每隔4小时换气15分。

在高温下生长的菇蕾遇到低温便会延缓生长。为使整袋的菇生长一致，在现蕾后，可用低温抑制，即将温度降到4℃，打开门窗，让冷风吹2～3天，相对湿度为80%。或利用金针菇对光线敏感的特性，于菇蕾长出2～3天后，在距离50～100厘米处挂一支白色荧光灯，每隔15～20分照射一次或照明半天，共照射2～3次，也可起到调光抑制作用，使菇生长整齐一致。

抑制菌柄生长后，要再盖上报纸，保持10℃恒温，80%～85%的空气相对湿度。为保持湿度，喷水时，报纸上不能积水。当菌盖直径达0.8厘米，菌柄长13～15厘米，开伞度为1/3左右时，就采收，这时的产量和质量最好。第一茬菇采收后，用手把袋表面的老种去掉。

料面爬松（搔菌）。此时应停止喷水，让培养料稍干。菌丝复壮3～5天后，要重新盖上报纸，进行保湿、通风、控温管理，大约1周后又长出第二茬菇。一般每播种一次可收3～4茬菇，以第二茬的产量高、质量好。

五、木耳代料栽培

目前栽培的有黑木耳和紫木耳。紫木耳最初发现于湖南西部张家界，对高温的适宜能力较强。我国人民传统喜爱的黑木耳，鲜木耳为胶质状、半透明、深褐色有弹性，干木耳背面暗灰色，腹面平滑、漆黑色。

木耳菌丝在15～36℃都能生长，以25℃为最适宜。人工栽培木耳可用段木栽培、袋栽和瓶栽。在段木上菌丝对短期高温和低温有较大的抵抗力。

目前栽培黑木耳或紫木耳常用人工代料栽培，栽培原料配方有下列几种：

1. **棉子壳配方** 棉子壳97%、白糖1%、石膏粉1%、磷肥1%。

2. **稻草配方** 稻草（切碎）60%、细米糠36%、石膏1%、糖1%、磷肥2%。

3. **稻草与棉子壳混合配方** 稻草（切碎）50%、棉子壳20%、米糠25%、石膏2%、糖1%、磷肥2%。

4. **甘蔗渣配方** 蔗渣67%、细米糠30%、石膏粉1%、磷肥2%。

将上述主要培养料调到含水量65%左右，做成堆，用薄膜盖好，发酵4～5天，当堆温上升到60℃左右时翻堆1次。当培养料呈咖啡色并有香味时，再将各种辅料加入拌匀。装袋（瓶）、灭菌、接种等方法与以上食用菌栽培相同。一瓶菌种可接栽培瓶50瓶，或接种30袋。

接种后置于20～22℃条件下培养25～30天，菌丝就可发生。当出现耳芽（幼小的木耳如芽状）时，拔去瓶塞或将菌袋纵向刻划掉4～5条0.5厘米的薄膜，让菌丝和培养料裸露。然后将瓶或菌袋排放好，袋与袋之间要保持5厘米左右距离。此时温度控制在20～24℃，空气相对湿度80%～90%。等耳芽大量出现时，每天喷1～2次水。耳芽展平时要干湿交替。干时相对湿度为85%，湿时相对湿度为95%，通常是每天用喷雾器向瓶口或菌袋及耳房床面、地上喷雾2～3次，雾点要细而均匀。

耳芽形成后1周左右耳片就可发育成熟。当耳片充分长大，耳面出现少量白色粉孢子时即可采收。采收时应采大留小。采耳后要清除瓶口或菌袋出耳部位的老化组织，停水2～3天，让菌丝重新复壮，随后喷1次重水，促使菌丝生长。以后只向耳房地面及空中喷水，进入育耳的第二茬管理，一般可收3～4茬。

六、草菇栽培

草菇属腐生型真菌，生长发育需要较高的温度，菌丝生长最适宜的温度为33～35℃，在15～40℃都能生长。低于15℃菌丝停止生长，低于8℃菌丝冻死。子实体发育最适温度为28～33℃，低于20℃或高于35℃均难以成子实体。草菇要求培养料的含水量在60%～65%，整个发育期要求空气相对湿度在85%～95%，草菇生长发育时要求散射光，一般每天有散射光照射6～8小时，有利菇体的形成。草菇喜偏碱的环境。一般以pH值调到10～12，到第二天pH值依然会降到7.5～8。

草菇培养料可用稻草、棉子壳、废棉、麻皮、麻壳等。稻草栽培多用堆栽。先将稻草浸水1～2天，再将近梢端1/3处折成捆，每捆稻草约1千克，然后将草把层层堆叠6～9层，堆高90～100厘米，宽100厘米。将菌种播种在每层草把的外缘处。每个草堆约用稻草50～100千克，共需菌种5～10瓶。用棉子壳作培养料时，要先暴晒1～2天，然后按每50千克棉子壳加石灰1千克，水90千克，拌匀装入箱内、床架上或放在庭院阴暗处，堆宽0.5～1米，料面呈龟背形，料的厚度为12～15厘米。将菌种播于料上，用塑料布盖住，当室温在30～32℃，24小时后料面上即可看到白色的棉絮状菌丝。

草菇生长期间的管理主要是控制料温、调节湿度和防除杂菌。料温超过45℃时，应立即揭开塑料布降温。每天要揭开塑料布通风。料太干时可用喷雾器或喷雾壶喷水。6～7天后，料堆上常出现杂菌、杂菇，应及时摘除。播种后10～14天可采收第一茬菇，一茬料可收2～3茬菇。每100千克稻草可收鲜菇10～20千克，每100千克棉子壳可收鲜菇30～40千克。全生育期20天左右。

草菇生长迅速，必须及时采收。用于加工干制的草菇，需刚开伞时采摘。清除菌柄基部的草屑和泥土后，将菌柄分成四段，或将菇纵剖为二，晒干，每10千克鲜菇可晒干菇1千克。鲜销和制罐的，一般采收菌蛋。

第三节　食用菌制种技术

食用菌的菌种相当于农作物的种子，菌种制作实际上是加快菌种繁殖的过程。菌种繁殖包括一级、二级、三级菌种的培育，也就是通常所说的母种、原种、生产种的培育。家庭庭院生产时一般可直接向菌种供应单位购种，但在有条件的家庭中也可进行生产种的制作。

一、常用的三级菌种培养基配方

1. **适宜香菇、木耳、猴头、金针菇、银耳的培养基**　落叶树锯木屑73%，麦麸（或米糠）20%、葡萄或白糖1%、石膏粉1%、其他5%，水分含量55%～60%。

2. **适于平菇、凤尾菇、草菇的培养基**　稻草50千克、细米糠或麦麸5千克，石膏0.5千克，水适量。配制时先将稻草（或麦草）切碎，放入1%的石灰水中浸泡6小时，涝起沥干明水，再把米糠与湿稻草和石膏混合拌匀，手抓培养料，若有水珠出现即可。

3. **适于银耳、木耳、猴头、平菇的培养基**　棉子壳42.5千克、麦麸7.5千克、糖0.5千克、石膏0.5千克，水适量。

4. 适于蘑菇、平菇的培养基　谷料(大麦、小麦、高粱、玉米均可)放入清水中浸泡并煮沸15分左右,使其吸透水,麦皮似有开裂为度,捞起沥干明水,拌入1%白糖和1%石膏。

二、装瓶、灭菌

将配制好的培养基调到适宜湿度(用手紧握培养基,指缝中有水滴而不滴下为度),即可装瓶。装瓶后洗去瓶外杂质,瓶口包上牛皮纸或薄膜,并用橡皮筋(或棉线等)扎紧。用常压灭菌,待温度上升到100℃,保持8~12小时即可。常压灭菌多用砖头、水泥及蒸锅做成的土灶。

三、接种

培养基灭菌后置于干净处冷却,待瓶温降到30℃时就可移入接种箱(或接种室)接种。接种时要无菌操作。具体步骤为:

第一,用0.1%高锰酸钾溶液擦洗灭菌后的菌瓶,然后放入接种箱内,按每立方米用高锰酸钾5克,甲醛10毫升熏蒸。熏蒸前要将酒精灯、接种钩、镊子、火柴等用具放入接种箱内一并消毒。但不能将原种放箱内。

第二,用70%酒精洗擦双手,趁湿立即伸入接种箱内。

第三,点燃酒精灯,将镊子(接种钩)在酒精灯火焰上往返灼烧。

第四,镊子冷却后伸入原种瓶中,夹取一小块原种,在酒精灯旁移入瓶内培养基的中间。

在接种过程中要用酒精灯火焰封口,以免杂菌污染。

四、菌丝培养

将接种后的培养瓶放入培养室,除草菇菌种应放在30~32℃的温度下培养外，其他菌种都要在25℃左右温度下培养。在培养过程中每隔1～2天就要进行一次检查，看有无杂菌污染，一直到菌丝长满瓶。当菌丝长满全瓶或离瓶底1厘米左右时即可使用。在菌丝培养过程中还应注意通风换气和调节培养室的湿度。

五、菌种质量测定

菌种质量对食用菌的产量和品质影响很大，优良菌种应具有种性纯菌丝健壮、分枝浓密、生长整齐、无杂菌或无老化现象，并具有该食用菌的香气。通常用肉眼观察来鉴定。

香菇菌丝体呈白色、健壮，如菌种收缩过多或产出大量红褐色水分，表明放置时间过长，生活力衰退；黑木耳的菌种要与培养瓶壁紧贴，瓶内壁附有少量白色水珠为新鲜菌种，若用木屑培养基，菌种要上下内外一致，已看不到木屑，瓶壁或表面有浅褐色胶质或耳芽；草菇菌种要全瓶长满白色透明或淡黄色透明的菌丝，分布要均匀；平菇菌丝呈白色，分布均匀为成良菌种，如菌丝收缩、稀疏或瓶内有积压液，表示菌种老化或培养基过干，不宜选用。

第八章 主要蔬菜无土栽培技术

第一节 无土栽培发展概况

(一)什么叫设施农业

设施农业是指农业生产上通过使用设施来改变其内部的自然环境来获得植物最适宜生长条件的方法,它能使植物根系和地上部分的环境得到改变,可以增加作物产量,改善品质,延长生长季节,并能在陆地不能种植的季节进行作物生产。因此,设施农业被称为控制环境的农业,即人工控制环境因素来满足植物最佳生长条件,从而取得最大经济效益。对设施内的空气、根系温度、气温、光照、水、相对湿度、二氧化氮和植物营养等因素,都可以实行人工控制,这种全天候设施最终使一些不适于农作物生长的地方、季节也可以种植作物。

按照世界各国的惯例,设施农业是外界自然条件不适于农作物生产的时候。采用地膜覆盖、小拱棚覆盖、塑料大棚和温室等设施保护作物生产,以达到增加农作物产量和改善品质的目的。西欧各国称这种服务种植设施内的栽培为保护栽培,日本做称为设施农业,我国则两种兼用。

(二)什么叫无土栽培

根据国际无土栽培学会的规定,凡不用天然土壤而用基质或仅育苗时用基质,在定植以后不用基质,而用营养液和清水进行灌溉的栽培方法,统称为无土栽培。

无土栽培的主要优点是:能避免土壤传染的病虫害即连作障碍,肥料利用效率高,节约用水,可以在海岛、荒地、极地、废矿地以及一切不适宜于一般农业生产的地方进行作物生产,同时可以减轻劳动强度,使妇女和老年人也能从事这种生产活动。

无土栽培的缺点是:一次性设备投资大,用电多,肥料费用高,营养液的配制、调整与管理都要求有一些专业知识的人才能管好。虽然有机生态型无土栽培省去了营养液的配置、调整等农民不易掌握的环节,但其所使用的有机肥需要严格处理,水分管理也需要有一定的种植经验。

(三)温室建设发展趋势

在20世纪的五六十年代,曾经有人设想在没有保护设施的条件下,建设水泥槽,应用沙和石砾作基质,进行营养液循环的无土栽培,后因无法抵抗自然界风沙、雨雪、灰尘等不良环境条件,而以失败告终。因此,要进行无土栽培的农作物生产,必须要建设温室或塑料大棚,才能使整个生产过程有一个可靠的环境条件。

据不完全统计,现在世界上的温室与塑料大棚有150多万公顷。西北欧国家由于长年天气较冷,夏季短,气温也不高,因此以建设薄利温室为主,它的保温性能好,使用年限长。南欧的西班牙、意大利等国气候比较温暖,则以建设塑料薄膜温室为主。从发展趋势看,不久的将来,各种塑料温室有可能代替玻璃温室,因为它也可以采用计算机控置温室内的环境条件,如温度、光照、湿度、营养液、通风和二氧化碳等。

根据不完全统计,截至2005年年底,我国园艺设施面积250余万公顷,其中大型联动温室仅有1 100余公顷,日光温室达60余万公顷,大棚面积70余万公顷。北方地区绝大多数为日光温室,长江以南的大部分地区、珠江流域以及海南省可完全采用不加温的塑料大棚。目前我国温室和大棚面积占世界设施农业生产面积的85%以上,是设施园艺面积的大国,但不是强国。

无论国内和国外,温室的发展方向,除了降低成本,由玻璃温室过渡到各种塑料温室外,另一个重要的发展方向,就是高效节能。高效是指让更多的太阳光射入温室。因为万物生长靠太阳,射入温室内的太阳光少了,作物是不能高产的。与此同时,要最大限度地降低能源消耗。因此,日光温室的屋脊高度要达到3米,同时加强保温设施,大型联栋玻璃温室和薄膜温室,天沟高度应为4~4.2米,屋檐高度5.5~6米，这样夏天不比用排风扇和冷水墙降温，通过遮阳网每天在最热时覆盖几小时，就能使室内气温低于室外，必要时在室外安装喷雾设施，这样可以大大地节约能源，温室可以终年利用。

第二节　无土育苗技术

无土育苗是指不用天然土壤，而用蛭石、草炭、珍珠岩、岩棉、矿棉等人工或天然基质进行育苗。此外，利用锯末、稻壳、炉灰渣按一定配比，也可作为育苗基质。无土育苗除了应用无土栽培外，目前也广泛应用于土壤栽培。

我国自20世纪80年代开始研究无土育苗技术，现已取得显著成果。与其他育苗方式相比，无土育苗有非常突出的优点。首先，可以使育苗方式机械化、工厂化、集约化，大大减小劳动强度，并且能够不受季节限制，周年育苗。其次，能够尽可能减少病虫害发生，易培育整齐壮苗，能够缩短育苗苗龄，节省育苗时间。另外，无土育苗有利于根系发育，定植后缓苗快，成活率高，早熟性好。无土育苗的技术关键主要涉及基质选择、营业液浇灌方法和种子包衣技术等方面，下面分别加以论述。

一、基质选择

能够用于无土育苗的基质很多，有蛭石、草炭、珍珠岩、岩棉、矿棉、锯末、稻壳、炉灰渣等。它们有些可单独作为基质育苗，如蛭石、草炭、珍珠岩、岩棉等。但一般来说，将几种基质按一定比例混配后进行育苗，有更好的效果。

根据北京地区的实验，用2~3份草炭和1份蛭石混合作为基质，综合效果比较理想。用蛭石作为覆盖种子的材料，既保温，通气性又好，有利于出芽。在欧美等国家，用岩棉进行蔬菜和花卉育苗的方法相当普遍。

除此以外，还有一种方法，就是将草炭干制压成直径3～4厘米的小块，将种子播在块上的小孔中，加水后小块能迅速膨胀，变成体积增大1～2倍的营养块。总之，育苗基质和方法多种多样，应用者可根据情况，就地取材，合理使用。

二、无土育苗的灌溉方法

无土育苗的灌溉方法是与施肥相结合的，机械化育苗可采用双臂行走式喷水车，每个喷水管道臂长5米，安装在育苗温室中间，用轨道移动喷灌车，可自动来回喷水和喷营养液。

作物不同，对营养液中含有的化学元素要求也不同，试验证明，叶菜类最佳育苗配方（毫克/千克）为：氮140～200，磷70～120，钾140～180；茄果类育苗的最佳配方（毫克/千克）为：前期，氮140～200，磷90～100，钾200～270；后期，氮150～200，磷50～70，钾160～200。使用复合肥，当幼苗子叶长大后，以浓度为0.1%的氮磷钾复合肥进行叶面喷肥，到1片真叶以后改为0.2%～0.3%浓度喷肥，幼苗生长良好。

育苗期的灌溉还因季节不同，夏天气温高，每天喷水2～3次，每隔1天喷肥1次。冬季气温低，2～3天喷1次，可以采取1次喷水，1次喷肥的方法，效果好。此外，据北京市海淀区试验，可改进基质配方进行育苗，主要是在基质中掺入适量复合肥作为基肥，喷灌清水来育苗，相对省工省力，并有利于出苗及壮苗。

三、机械化育苗的主要设施

机械化育苗的主要是种子包衣和精量播种两条生产线。播种后要放入催芽室，到出苗前将播种盘放到温室或大棚内，维持适当的温度、湿度和光照条件，出苗就会均匀一致。精量播种生产线是由一台机器连续操作，它主要完成从基质消毒、混拌、装盘、压孔、播种、覆盖蛭石、镇压到喷水等一系列作业。整个生产线主要由光电系统自动控制操作，当育苗盘在传送带上行走时，光电管受到感应，控制各项操作系统进行。与这种机器配套的育苗盘为穴盘，长 54.6 厘米，宽 27.5 厘米，根据孔穴数量和孔径的大小不同，可分为 50 孔、72 孔、128 孔、200 孔、288 孔、392 孔、512 孔和 648 孔 8 种规格。精量播种生产线可根据不同型号的育苗盘和不同粒径种子，选用相应的播种机，进行精量播种，每穴一粒。这一生产线只需 4 ~ 6 人操作，每小时可播种 700 ~ 1 400 盘。与精量播种机配套的机器有种子包衣机械，就是给直径 1 ~ 10 毫米的种子包上一层种衣，制成大小一致的种子。由于种子重量增加，便于精量播种，节约人力、种子，又可为种子萌发生长创造有利条件，是一项很有前途的农业技术。

四、机械化育苗的优点和存在的问题

（一）机械化育苗的主要优点

1. **节约能源** 机械化育苗采取了专业化生产、集中育苗和集中供暖，避免了分散育苗造成的能源浪费。用塑料大棚集中育苗，比传统分散方法节约能源，每年生产 1 万株苗耗煤量节省 1 ~ 2 吨。

2. **节约劳力** 由于播种、喷水、喷肥实现了机械化，可以节省劳动力。传统育苗每人只能管理 25 000 株苗，机械化育苗每人可管理 7 万 ~ 8 万株苗。由于采用育苗盘，重量轻，便于远距离运输。传统育苗每个育苗土块重 0.8 ~ 1.0 千克，而机械化育苗每株只有 35 ~ 50 克重，仅为前者的 1/20。

3. **节约种子** 机械化育苗可精量播种，每穴 1 粒，用种量只相当于常规育苗的 1/10 ~ 1/5。

4. **成活率高** 机械化育苗移栽时不伤根，成活率高达 100%，并且定植后缓苗时间短。

5. **提早成熟** 机械化育苗虽然苗龄短，叶片比常规育苗少 2 ~ 3 片，但据试验菜花 32 天苗龄比常规 43 天苗龄定植后生长快，成熟早。

（二）机械化育苗存在的问题

机械化育苗在我国已开始发展，虽然应用面积不大，但已在生产上发挥了一定的作用。目前存在的主要问题是：设备利用率不高，生产者还没有完全习惯采用机械化育成的苗；设备不配套，目前国内生产的育苗盘质量较差，使用寿命较短；机械化育苗所用的种子要求发芽率在90%以上，而目前国内有些种子质量仍不过关，发芽率较低，从而花费了补苗的劳力。

五、育苗的环境管理

要培育出好的壮苗，除了上述各种条件外，环境条件如光照、温度、水分管理等也很重要。由于作为种类和育苗时间的不同，环境控制的重点也不一样。

（一）光照管理

光照是影响光合作用的最重要的因素，光照强度也直接影响幼苗叶温，冬、春季节光照弱，苗距不可太小，必要时还要增加补充光照。夏季育苗，为了降低叶温，要进行遮光处理，在温室和大棚中可用寒冷纱遮光。

（二）温度管理

育苗期室温一般较高，随着苗的生长应逐渐下降，同时夜间温度管理最好比日温低5~10℃，这叫做“夜冷育苗”。育苗温室温度管理参见表8-1。

表8-1　育苗温室温度管理

作物种类	适宜昼温（℃）	适宜夜温（℃）
番茄	20~30	10~15
茄子	25~28	13~18
青椒	25~28	13~18
甘蓝	15~18	8~10
芹菜	20~30	15~20

（三）水分管理

浇水主要是根据每天早晨9～10点的天气情况来决定，根系未充分发育的幼苗，不要浇水太多，以免降低根系温度，冬、春育苗，前期温度是主要限制因素。机械化育苗主张适当满足幼苗对水分的需要，定植前的锻炼主要是控制水分，加强光照，降温，使苗的质量变好，但在温室栽培时，不要求锻炼。

要定植在大田的苗，定植前7天开始锻炼，主要是减少浇水，基质温度要比定植时低些，锻炼之后的苗，叶内水分低，叶色浓，新根停止发生。因此，这种苗定植后在大田里要经过很长时间才能发根，解决的办法是在定植前1～2天，基质温度稍升高，充分灌水，这是提早缓苗不可缺少的管理措施。

此外，苗期长短也和幼苗素质及根系的活力有关。苗龄短的植株，一般发根性强，吸肥量旺盛，对低温、干燥等定植后的不良环境的适应性强，小苗的根系分布深广，这种苗的优点是施肥量可以减少。苗龄长，易形成老化苗，发根能力低，这种苗适合于定植在环境比较好的地方。果菜类育苗期营养生长与生殖生长同时进行。育苗期间要掌握温度控制与灌水之间的平衡，在低温、灌水少的条件下，有利于向生殖生长转化。

六、简易无土育苗

在我国广大地区，蔬菜生产尚没有实行规模化集约方式，大部分仍是个体分散承包制，实行机械化育苗有一定的难度。农户也可以自己进行无土育苗，以满足自己生产的需要。下面简要介绍几种简易无土育苗方法。

（一）营养钵育苗

既利用塑料育苗钵或其他容器（如草钵、纸钵）进行育苗。其操作如下。

将草炭和蛭石按一定比例混配作为育苗基质，装入塑料育苗钵中，然后浇透水，再将经浸种、催芽的种子播入营养钵内，放在适当的条件下育苗。不同种类的蔬菜可选用大小不同的塑料钵来育苗，一般茄果类可选择大一些的塑料钵，而叶菜类选用小号的即可。

(二)穴盘育苗法

虽然育苗穴盘本身是机械化育苗的配套设施，但利用穴盘来进行人工无土育苗，它同样具有省工、省力、便于运输等特点。

育苗基质同样可以采用草炭和蛭石一定比例混配。把经浸种催芽的种子播种在穴盘内，按常规方法进行育苗管理即可。

当然，不同种类蔬菜在不同季节进行穴盘无土育苗应当选择合适型号的穴盘。一般来说，我国蔬菜种植者喜欢栽大苗，所以春季番茄，茄子苗多选用 72 孔苗盘（营养面积 4.5 厘米^2/株），6～7 片叶时出盘；青椒苗选用 128 孔苗盘（营养面积 3.4 厘米^2/株），8 片叶左右出盘；芹菜育苗选用 200 孔苗盘（营养面积 2.7 厘米^2/株），4～5 片叶时出盘；夏、秋季播种的茄子、番茄、菜花、大白菜等可一律选用 128 孔苗盘，4～5 片叶时出盘。

上述 2 种无土育苗方式苗期的养分，一是可以通过定期浇灌营养液方式解决，二是可以先将肥料直接配入基质中，以后只需浇灌清水就可以了。鉴于基质中，特别是草炭中，除含有一定量的速效氮磷钾养分外，还含有一定量的微量元素，故在无土育苗施肥上，主要考虑大量元素的补给。在实验基础上，可推荐如下施肥方案，见表 8－2。

表 8－2　几种蔬菜的推荐施肥方案

作物	穴盘规格（孔）	基质配比（草炭:蛭石）	基质中加入肥料量（克/盘）	
			有机生态型无土栽培专用肥	磷酸二铵
番茄	50 或 72	2:1	24	4
茄子	50 或 72	2:1	32	6
青椒	72 或 128	2:1	28	5
甘蓝	128	2:1	16	3
芹菜	200	2:1	12	2

第三节　番茄无土栽培技术

一、品　种

番茄是对光照强度要求较高的作物，它的光饱和点是70 000勒克斯。秋分以后日照逐渐减少，光照强度也大为减弱，冬季栽培以选用耐低温和耐弱光的品种为宜。应培育适于温室栽培的番茄品种，与此同时，还应选用能抗烟草花叶病、叶霉病、筋腐病和抗线虫的品种，因为这些病都是在温室番茄栽培中常见的。

以前我国缺乏特别适合温室专用的番茄品种，大多用露地栽培的品种代替或兼用型品种，但现在这种情况已大为改观。种植户可以选用如中杂系列、佳粉系列、宝冠系列、申粉系列等一些适合于保护地种植的品种。国内品种我们主要向大家推荐中杂106号番茄，暂时作为无土栽培专用品种。

中杂106号是中国农业科学院蔬菜花卉研究所最新育成的保护地番茄品种，属无限生长类型，生长势中强，普通叶。果实近圆形，幼果有绿果肩，成熟果粉红色。单果重180～220克，果型整齐、光滑，畸形果和裂果少，品质优良，商品性好。早熟，产量高。抗叶霉病、番茄花叶病毒、枯萎病，耐黄瓜花叶病毒。适合春、秋日光温室和大棚栽培。

现在国外品种也还有一定的市场，其优点主要表现在种子质量好、抗病性强、耐低温弱光、果实货架期长等，但与国内种子相比也有缺点，主要就是投入高，每粒种子投入成本为0.40～0.50元，有时能占到产值的20%，其次是口感较国产品种差。因此，我们建议在越冬茬或长季节栽培时选用，同时可以采用扦插繁殖的方式降低成本。

二、播种育苗

种子经过消毒、浸种以后，置于 24 ~ 29℃ 的温度下催芽，发芽以后，可进行播种。

采用纯水培的方法种植蔬菜的，一般以岩棉块进行育苗。将发芽的种子播于岩棉块中，在合适的条件下，供给适当的水分和养分。浇水应当与施肥相结合，即浇灌营养液。育苗所用营养液浓度要视幼苗大小而定，小苗适当稀一些，大苗可直接用栽培液浇灌。育苗时间如自然光不足，应增加人工光照。在低光照时，幼苗营养液浓度可以加倍。但微量元素不可加倍。幼苗期应注意保证硼的供给。才能生长良好。增施 3 倍量二氧化碳，也是促使幼苗发育良好的重要措施。

采用基质槽培，如为有机生态型栽培方式的，可采用营养钵或穴盘育苗的方法进行育苗。把发芽后的种子，播种于装有草炭和蛭石混合基质的育苗钵或穴盘中，覆盖 1 厘米左右的蛭石，并盖上塑料薄膜保持湿度。出苗后去掉塑料薄膜，把温度降到 18 ~ 20℃，夜间还可以更低一些。等植株长到 7 片叶子左右时，就可以定植了。

三、定　植

番茄的营养液栽培，可采用营养液膜系统、深液流系统、浮板毛管水培系统、袋培、鲁 SC 无土栽培系统等方式。上述几种方式除袋培外都采用循环系统，营养液可以重复循环利用。但是一遇到停电，营养液不能正常循环流动，时间过长根毛就会死亡，迅速传播到一大片植株，造成很大的损失。另外，循环利用的营养液的消毒问题还没有很好的解决方法。所以，真正采用循环系统进行大面积生产，即使在许多农业较发达的国家，也是十分有限的。而改用岩棉、草炭和蛭石、锯末等基质栽培的方法，在世界上许多国家应用推广的面积较大。这里主要介绍一下番茄的袋培技术。

番茄袋培可以用筒式或枕头袋，每株需基质 8 ~ 10 升，枕头袋长、宽、高为 70 厘米 ×30 厘米 ×12 厘米，每袋装 20 升基质，可以栽 2 株番茄。基质可以用草炭和蛭石各一半混合，或者锯末和草炭各一半混合，定植前 3 ~ 4 天就应该把袋装好基质，按照种植距离排好。安装好滴灌系统，将基质全部灌上饱和水，让基质吸足水分，多余的水靠重力从塑料袋底部的孔中排出，种植密度为每平方米 2 ~ 2.5 株。

采用营养液栽培，肥料成本相对较高一些。另外，还要注意环境污染问题。番茄的有机生态型栽培方式能有效地解决技术难度、成本和污染问题，比较容易掌握，种植密度可达每亩 2 800 株。

四、营养液与灌溉

适于番茄无土栽培的营养液如表 8 – 3 所示。

表 8 – 3　番茄栽培营养液配方

大量元素		微量元素	
肥料	数量（克/1 000 升）	肥料	数量（克/1 000 升）
硝酸钙	680	螯合铁（含 10% 铁）	15
硝酸钾	525	硫酸锰（含 28% 锰）	1.78
磷酸二氢钾	200	硼（含 20.5% 硼）	2.43
硫酸镁	250	硫酸锌（含 36% 锌）	0.28
		硫酸铜（含 25% 铜）	0.12
		钼酸钠（含 39% 钼）	0.128

番茄植株定植以后，就可以开始用营养液滴灌。每株安装 1 个滴头，如果基质中已混合肥料，则定植后第一周只浇清水就可以了，开始时每天浇 300 ~400 毫升，视植株大小和天气情况而定。植株长大后，结果多、叶面积大时，最多每株每天浇营养液 1.5 升。定植后

营养液的电导度控制在2.0~2.5毫西为宜。营养液酸碱度也十分重要，虽然氢离子浓度为3 160.0~316.3纳摩/升（即pH值5.5~6.5）对番茄生长发育是适宜的，但实际使用中一般控制在1 585.0~1 000.0纳摩/升（即pH值5.8~6.0），如到1 000.0微摩/升（pH值3.0），则磷酸铁盐开始沉淀，从而使滴灌系统堵塞，作物也会因为缺乏这些元素而产生营养缺乏症。

有机生态型栽培方式的营养供应通过定期追肥来解决。先在基质中按每立方米基质混入有机生态型无土栽培专用肥10~15千克作基肥，定植30天左右开始第一次追肥，每次每株番茄的追肥量为10克，以后每隔10~20天追肥1次，间隔时间根据作物的生长速度和采收量确定。水分供应以滴灌带浇灌清水即可。

五、植株调整与授粉

温室无土栽培番茄大多采用无限生长型的品种，开花结果以后，就应当用支架支撑植株或用绳子吊挂植株，一般用绳子吊挂更加方便。方法是把绳子上端挂在温室上面的铁丝上，下端系在番茄植株基部的茎上，让植株向上生长，定时将绳绕在植株上。整枝方式一般采用单干整枝。

长季节栽培（即1年只种植1茬）的番茄，用铁丝做成可以绕吊绳的双钩状吊绳架，钩在温室顶端的铁丝上。塑料绳的一端绕在铁丝的吊绳架上，另一端绑在番茄植株的基部。当植株长到一定高度时，可将上部多余的绳逐步下放，让基部的秧躺在地上。植株始终保持一定高度。当植株继续生长时，可以再往下放秧，植株最长可长到8~10米。这种方式可以保证植株透光通风良好，减少病虫害，提高产量，同时也使田间操作管理更方便。

1.疏果　这是温室番茄生产的必要措施。一般中等大小的果实，第一穗留4个果就可以了，果型大的品种，第一穗留3个果，这主要是从调整植株的营养生长和生殖生长之间的关系考虑的。因为第一穗留果太多，不但植株本身发育不好，而且会影响上部果实和根系的发育，降低根系的活性并引起落花、落果现象。同样，第二穗和第三穗等也不能让其结果太多。此外，应及时去掉发育不良的畸形果。无土栽培技术是一种农业高新技术，其资金投入较多、技术含量较高，我们应当利用它去生产高品质的蔬菜。采用疏花疏果措施能提高番茄的品级，而且一般也并不会降低产量。

2. **摘叶**　对于萎缩变黄的老叶，它们已失去了光合作用的功能，应立即摘除，而对于已开始收获的果穗下方的叶片，也应摘掉，这样有助于阳光的透射，减少病虫害，加速植株间的空气流通，促进果实成熟。摘掉的老叶、病叶等不要扔在走道上或栽培行间，以防止病虫传播，最好将其集中于专门的残叶碎枝收集袋里，然后运出温室处理。

3. **掐尖**　掐尖就是在植株最后一个花序形成后，摘掉植株生长点，使其停止继续向上生长。掐尖后仍要留 1 ~ 2 片叶子，以利光合作用。一般春茬留果实 8 ~ 10 穗后掐尖，秋茬留 6 ~ 7 穗后掐尖。掐尖是温室番茄栽培管理的一项重要工作，它不仅有利于果实提早成熟，还有利于按时拉秧，不至于影响后茬的基质准备工作，对番茄的产量和质量都有重要影响。对于春茬，为了将盛果期安排在 5 ~ 6 月，并在 7 月上中旬拉秧，掐尖的工作可在 5 月中旬完成，如果推迟掐尖时间，虽然产量有所提高，但盛果期的果实质量会降低。因为 5 月以后坐的果实要在 6 月才能成熟，而此时温室高温易产生大量畸形果，果实外观质量下降，从而造成经济损失。同时，在掐尖推迟，延长植株生长期的情况下，就会影响下茬作物定植时间。对于秋茬，掐尖最好在 10 月进行。掐尖的早迟不仅影响到番茄的产量和质量，还影响到温室的换茬和基质准备工作。

4. **疏叶**　有些生长势极强、叶片很多的杂种一代，必须定期疏叶，尤其要摘除已成熟果穗下方茂密的叶丛，以利于阳光透射和空气流通。

番茄是自花授粉作物，果实的发育主要靠生长素，番茄的生长素主要由花粉带入，受精以后主要靠正在发育的种子分泌生长素，种子成熟后就不分泌生长素了，果实也就不再膨大。因此，授粉、受精是果实发育的重要条件。夜间最低16℃是花粉萌发的良好温度，白天20℃以上的晴天，花粉就可以大量散开。授粉的方式比较多，主要有激素处理、机械授粉和昆虫辅助授粉等方式。为了保花保果，目前生产上较多运用激素处理，常用的激素主要有对氯苯氧乙酸（番茄灵、防落素、番茄通等）、2,4－D等，处理即将开花的花朵效果比较好。为节省劳力，一花序也可以只喷1次，当第一朵花开放时进行处理，其余的花有些还是花蕾。生长素的浓度要严格掌握，浓度过高易发生药害。现在农资部门有很多类似激素，使用时应严格按照使用说明进行。处理方法也很重要，不要将花序浸入生长素液中，否则即使浓度配制合适也同样会产生药害。用毛笔蘸药液涂花柄比较安全。如用防落素还可使用小型喷雾器喷花。生长素处理时，最好选择晴天，因为阴天的温度低、光照弱，药液在植株体内运转和吸收缓慢，易出现药害。生长素处理后，作物的新陈代谢活跃，营养物质向花果部分运转速度加快，所以必须加强肥水管理，才能保证作物本身的需要，促进早熟丰产。

对于使用激素，一直存在着较大的争议，主要是对人体健康影响的问题。另外，使用激素的浓度、方法和时间的掌握，经常受很多客观和人为因素的影响，导致产品的品质下降。所以专家建议，采用无土栽培方式生产高档蔬菜，应尽量采用其他授粉方式。

机械授粉有人工振荡授粉和利用振荡器来振荡授粉等方式。开花后每天上午10～11点进行振荡授粉，其授粉效果比利用激素处理要好得多。但在大面积生产时，人工振荡授粉和振荡器振荡授粉都要消耗较多的劳力。

规模化蔬菜生产，利用昆虫辅助授粉不失为上策。自1988年以来，西北欧国家在温室植株番茄生产中已广泛采用熊蜂进行授粉。熊蜂授粉是自然授粉，它可为每朵花授粉，而不受植株高度、时间和日期的限制。

熊蜂来自澳大利亚，它的个头比蜜蜂大。与蜜蜂授粉相比，熊蜂授粉的效率较高，其主要原因如下。

第一，需要蜂量少，不存在排泄物污染果实和温室覆盖物等问题。每只蜂可授粉 20 米^2 面积的番茄植株。一般 1 个蜂箱为 80 只蜂,能授 1 500 米^2 面积。

第二,蜂箱轻,需要喷药时易于搬出温室。

第三,熊蜂不蜇人,使用安全,工人容易接受。

荷兰和英国威尔士大学蜜蜂研究室的研究表明,用熊蜂授粉比用人工振荡授粉的产量高,果实大。荷兰番茄种植者的报告证实,番茄的一级果增加,主要由于熊蜂授粉使果实种子量增多,分泌促使果实发育的激素多,因而果型大、多汁,品质优良。

随着我国规模化农业的发展,消费者质量观念的加强,利用昆虫进行授粉也将得到发展。目前在个体承包经营的体制下,生产面积不大,采用机械振荡法授粉是可行的。至于是否利用激素,则决定于生产者准备生产何种档次的产品。

六、环境控制

番茄的正常生长发育是与其适宜的环境因素分不开的。所以,整个番茄生长发育期间,温室环境因素的控制就是一件非常重要的工作。温室主要环境因素包括:光照、温度、湿度和二氧化碳。

(一)光照

番茄对光照强度的要求较高。正常生长发育对光照强度的要求是 3 万 ~3.5 万勒克斯。在秋冬茬生产时,光照较弱,应当尽量保持温室屋面清洁干净,以最大限度地利用自然光照。

(二)温度

番茄生长期间,白天室内 21 ~24℃为宜。超过 27℃即应开通风窗。夜间中型果品种以 16℃为宜,大果型品种则需要提高到 18℃。

番茄的光合产物在傍晚之前大部分已经从叶子里运出去,占 2/3,而夜间所运输的主要是午后的光合产物,大约占 1/3。温度直接影响光合产物的运输速率,温度上升,物质运输速率加快,33℃到达顶点,超过 33℃,开始下降。因此,通过控制温度,可调节植物体内的物质运输。夜间温度过低,如只有 8℃,光合产物仍留在叶子中,这对第二天光合作用产生不利影响;温度过高,植株的呼吸作用增加,物质消耗多。因此,权衡夜间物质运输、储存和呼吸消耗的关系,夜间温度管理可从日落后5小时保持相对较高温度,以促进光合作用和物质运输,而后半夜保持较低的温度,以抑制呼吸作用。

(三)湿度

主要是指空气湿度。番茄定植后,应维持较高的空气湿度。当进入生殖生长期后,可维持空气相对湿度75%~80%。

对于有机生态型无土栽培系统来说,还要注意基质湿度(类似于土壤湿度),番茄进入果实成熟之前,相对湿度可维持在60%~65%,之后适当提高到70%~80%。

(四)气体

定植初期,番茄植株尚弱小,温室内的空气量能满足作物生长需要。但从第一穗花开始坐果到收获结束,番茄对二氧化碳的需要量持续增长,为保证作物对二氧化碳的需要,要加强通风换气次数或人工增施二氧化碳。

七、采 收

番茄果实的采收,最少应在绿熟期,此时果实不再膨大。比较合适的时期是转色期,即果实顶部开始变为橙黄色时采收。从坐果到果实成熟依环境条件而异,一般需5~7周。夏天温度高,光照好,5周就够了,冬天则需要7周多。及时采收,有利于提高番茄产量。

近年来有些地方应用乙烯利对番茄果实进行催熟,这种情况,只能加速果实内部的代谢作用,降低储藏寿命,生产上已经很少应用了。只有在采收的末期,对番茄植株进行全株喷洒1 000毫克/升的乙烯利,可以促进已长大而未转色的果实成熟,但不能促进未长大的果实转色。乙烯利处理后,叶子逐渐转黄,植株加速衰老,因此,只能在采收的最后时期处理1次。乙烯利处理与温度有密切的关系,在20~30℃内处理效果较好,高于30℃或低于20℃时处理对番茄果实番茄红素形成不良。

第四节　黄　瓜

一、品　种

许多黄瓜品种都能适应温室栽培。应根据栽培需要和特点来选择品种,耐弱光并能单性结实的品种比较受欢迎。春季栽培以选择早熟的品种为宜,秋、冬季可用早中熟品种。中农系列、津优系列等专用品种是目前温室中较常用的品种,也较适合于温室无土栽培。在欧洲,黄瓜有温室专用品种,这些品种都是雌性系。果实深绿无子,不带苦味,与我国主要品种不同的是,这些品种表皮光滑,而不是“顶花带刺”。这主要是出于安全因素的考虑,防止果实互相擦伤。

出于种子成本和我国部分地区生活习惯(如喜欢带刺黄瓜)等因素考虑,我们主要向大家推荐中农21号,暂时作为无土栽培专用品种。

中农21号是中国农业科学院蔬菜花卉研究所育成的日光温室越冬专用品种。植株生长势强,主蔓结瓜为主,第一雌花始于主蔓第四至第六节。早熟性好,从播种到始收55天左右。瓜长棒形,瓜色深绿,瘤小,白刺、密,瓜长35厘米左右,瓜粗3厘米左右,单瓜重约200克,商品瓜率高。抗枯萎病、黑星病、细菌性角斑病、白粉病等病害。耐低温弱光能力强,在夜间10~12℃下,植株能正常生长发育。

二、播种育苗

将黄瓜种子用55~60℃的温水浸泡10分,清洗干净,在温水中浸种4~6小时,然后置于30℃下催芽,发芽后播种于直径10厘米的育苗钵或72孔穴盘内,用营养液栽培的可播种于岩棉块上。播种后盖上塑料薄膜,并降温至18~20℃,以防止幼苗徒长。苗期植株间要保持一定的距离,不可太密以致影响叶子的光合作用。用72孔穴盘育苗以每盘播种 36 株为宜，但瓜类育苗需较大营养面积，且植株地上营养部分较大。因此，一般用营养钵育苗效果更好，苗钵可选用直径 8 ~ 10 厘米、高 7.5 厘米的塑料钵。

当幼苗生长至 3 ~ 4 片真叶以后，即可定植。

三、栽培方式

与番茄一样，黄瓜的营养液栽培可采用各种方式的无土栽培系统。

中国农业科学院蔬菜花卉研究所曾采用漂浮板栽培系统种植黄瓜，效果不错。

漂浮板栽培是日本烟草产业公司所属水培研究中心开发的一种水培技术，综合了营养液膜技术和深液流技术的特点。其结构特点是：在槽中定时循环流动的营养液层深 7 厘米，营养液上放置倾斜的聚苯乙烯泡沫板，板上铺设厚 2 毫米的无纺布，在无纺布上再铺上一张防根布，最后将滴灌带设置在倾斜漂浮板的上端。

这种栽培方式的优点是：营养液循环次数少，每天最多 6 次，每次 15 分，节省能源；植株根系有防根布隔离，使根系不会穿过防根布伸入下面营养液中，这样使根系实际生长在充满营养液潮气的空间，根系吸氧充分，根毛发育多。当营养液由泵带动循环时，滴灌带向根系均匀供液；当营养液不循环时，则防根布下面的无纺布保持根系湿润，即使是在停电循环泵不工作时，根系也能得到充足的营养和水分供应。无纺布的两边浸入营养液中，漂浮板随液面的高低变化而上下浮动，使无纺布始终能保持湿润。

这一系统的控制设备有 3 部分：一是循环泵，它担负营养液循环流动和由营养液罐向栽培槽中供液两项功能；二是计时器，它可根据需要设定营养液循环时间和次数；三是液位传感器，它指示栽培槽中液位的高低，当液位高于设定值时，营养液罐停止向槽中供液，当液位低于设定值时，营养液罐向槽中供液。如果计时器指示应该循环营养液，而液位传感器也同时指示需向罐中供液时，则循环优先，待循环结束后，再供液。

采用有机生态型无土栽培系统种植黄瓜，效果也非常好，并且适合于大规模生产。

四、营养液与灌溉

适于黄瓜无土栽培的营养液配方如表 8－5 所示。

表 8－5　黄瓜无土栽培的营养液配方

	肥料成分	浓度（毫克/升）	克/1 000 升
大量元素	硝酸钙	氮 140　钙 160	900
	硫酸镁	镁 25	250
	磷酸氢二钾	磷 46　钾 56	200
	硝酸钾	氮 45　钾 127	350
	硫酸钾	钾 50	120
微量元素	螯合铁（10% 铁）	铁 1.0	10
	硫酸锰（28% 锰）	锰 0.3	1.07
	硼（20.5% 硼）	硼 0.7	3.40
	硫酸锌（36% 锌）	锌 0.1	0.276
	硫酸铜（25% 铜）	铜 0.3	0.120
	钼（54% 钼）	钼 0.5	0.092

无土栽培方式不同，黄瓜营养和水分的管理也有差别。采用漂浮板式栽培的黄瓜，因为采用自动化装置，营养液的管理相对要简单许多。

采用栽培滴灌系统，滴灌营养液的时间，可根据作物植株的大小和栽培季节而异，一般都是采用间歇供液法，即定时定量浇灌营养液。刚定植的黄瓜具有 5 片叶子，每天可浇 400 ~ 500 毫升营养液。随着黄瓜植株的长大，叶片增多，到气温高，结果多时，每天每株需要浇营养液 2.0 ~ 2.5 升。营养液主要在白天浇灌，一般夜间不必浇灌。白天浇灌的次数,1~2次到3~4次,视植株大小和天气情况而异。灌溉时允许多出10%营养液从系统中流出,以避免盐类积累在基质中。也可以每10~15天浇1次清水,清洗基质中积累的盐类。灌溉以保持基质湿润为原则,不要灌饱和,致使根系缺氧,使植株的正常功能受到损害。

采用营养液方式栽培,应注意营养液的理化特性。营养液的适宜温度为20~25℃,冬季气温低时要加温;夏季如采用营养液膜系统要防止营养液温度过高。另外,要经常注意调节营养液的酸碱度和电导度。氢离子浓度控制在512.0~630.9毫摩/升(pH值5.6~6.2),太高时用硫酸或磷酸调节,营养液的电导度控制在1.8~2.5毫西。

采用有机生态型栽培方式的营养供应通过定期追肥来解决。先在基质中按每立方米基质混入有机生态型无土栽培专用肥10~15千克作基肥,定植20天左右开始第一次追肥,每次每株黄瓜的追肥量为10克,以后每隔7~15天追肥1次,间隔时间根据黄瓜的生长速度和采收量确定。水分供应以滴灌带浇灌清水即可。

五、植株调整

黄瓜的植株调整主要包括搭架、整枝、绕(绑)蔓、摘心、摘叶等方面。搭架是一般黄瓜栽培较常用的手段,除此以外,也可以用吊绳的方式代替,现代温室黄瓜栽培,往往用吊绳的方式更显优势。黄瓜长到7~8片真叶以后,用聚丙烯塑料绳,一头挂在温室上面的铁丝上,另一头挂在黄瓜真叶以下的茎部,并定期将植株缠绕在绳上,使之向上生长。

对于主蔓结瓜的品种,在整枝时应去掉侧枝和卷须,同时也应适当地疏花疏果,去掉过多的雌花和发育不良的畸形果。等到植株长到温室顶部铁丝处,就应摘心,并让侧蔓结果,即所谓的“回头瓜”。

黄瓜早熟品种在5片真叶左右就出现雌花,此时结果会影响植株的营养生长,使以后的结果时间延迟。如果将在8片叶以下的雌花去掉，让植株先进行营养生长，则可以兼顾营养生长和生殖生长。叶龄在 60 天以上的，其叶所制造的养分已不足自身的消耗，同时基部的叶子容易得病应及时摘除，以利于通风透光。

关于授粉，除了雌性系黄瓜和单性结实的外，授粉有利于果实的发育，温室养蜂授粉是比较理想的，如用人工授粉，则花费的劳动力较多。

六、环境控制

（一）温度

黄瓜起源于亚热带温湿地区，因而需要高温高湿的气候条件。黄瓜生长发育的适宜气温范围是 17 ~ 29℃，能适应的温度范围是 8 ~36℃。黄瓜对根系温度要求也比较严格，营养液栽培的适宜液温为 20 ~25℃。采用基质栽培的，基质温度也最好保持在上述范围。

（二）湿度

黄瓜要求空气相对湿度为 80% ~90%，基质栽培的，在结瓜期要求基质相对湿度为 80% 左右。随着基质湿度的提高，可增强对空气干旱的忍耐力，即使空气相对湿度下降至 60%，黄瓜仍能生长发育，而且还可以减轻病害。因此，在温室栽培管理中，要适当通风换气，降低空气湿度。

（三）光照

黄瓜喜光，但也耐弱光。在黄瓜的栽培管理中，要注意因光照不足而引起化瓜现象。

七、采　收

黄瓜果实长到一定大小后要及时采收，这样才能提高产量。如果果实过分成熟后采收，不但降低了品质，减少采后的储藏时间，也影响产量。一般无土栽培比土壤栽培有早熟、高产的特性。

第五节　生菜无土栽培技术

生菜，又称叶用莴苣，是营养液栽培的常栽叶菜之一。生菜的外叶较少，品质较嫩，广泛用作生食。在西欧、北美是栽培最广泛的蔬菜之一。我国实行对外开放以后，各大城市宾馆对生菜的消耗量日益增加，因此栽培面积日益扩大。

生菜属喜冷凉的耐光性作物，其性耐寒，抗热性不强。生菜适宜于春、秋季栽培，夏季栽培一般选择半结球类型的品种，如大湖、美湖等。

一、品　种

生菜的品种很多，有皱叶结球生菜、奶油结球生菜、半结球生菜、散叶生菜等。适合于无土栽培的品种也很多，现选几种略加介绍。

（一）凯撒

由日本引进的极早熟生菜品种，生长期 80 天，抗病性强，高温结球性好；株性紧凑，生长整齐，具晚抽薹性，球内中心柱极短，球为包被类型，基部紧凑，球为高圆形，单球重约 500 克，品质好。适合春、秋保护地及夏季露地栽培。一般苗期 30 ~ 40 天。

（二）大速生

由中国农业科学院蔬菜花卉研究所选育的散叶生菜品种，从定植到收获春栽 35 天左右，秋栽 20 ~ 25 天，株高 20 ~ 22 厘米，开展度 30 ~ 35 厘米，叶卵圆形，嫩绿色。叶面褶皱，叶缘波浪状，美观。单株重 300 ~ 450 克，口感脆嫩，品质好。耐寒、抗病，生长速度快，不耐高温干旱。适宜春、秋露地及保护地栽培。育苗移栽苗龄 30 ~ 40 天，小苗 4 ~ 5 片叶时定植，株行距 20 ~ 25 厘米。

（三）黛玉奶油生菜

由中国农业科学院蔬菜花卉研究所选育的半结球生菜品种，从定植到收获，春栽 45 天左右，秋栽 30 天左右。株高 16 ~ 20 厘米，开展度30～35厘米，叶卵圆形，深绿色，叶面平滑，中下部横皱，叶长、宽各约18厘米。单株重250～400克，株型紧凑美观，适宜密植，商品性好，叶质软，口感油滑，味香微甜，生食、熟食品质均佳。适应性强、抗病、耐抽薹，适于春、秋露地及保护地栽培。育苗移栽苗龄30～40天，小苗4～5片叶时定植，株行距20厘米左右。

（四）早玉

由中国农业科学院蔬菜花卉研究所选育的结球生菜品种，早熟，育苗移栽从定植到收获45～50天。株高18～22厘米，开展度39～44厘米，叶卵圆形，叶缘波状，叶色绿，叶长28～33厘米、宽28～30厘米。叶面较平，叶球外叶数7～10片，球叶数20～23片，叶球近圆形，单球重500～750克。口感脆、稍甜，生食、熟食品质均佳。适应性强，较抗霜霉病。适于露地及保护地栽培。

（五）紫生菜

由中国农业科学院蔬菜花卉研究所选育的特色生菜品种，从定植到收获，春栽50～60天，秋栽35～40天。株高25～30厘米，开展度33～40厘米，叶长卵圆形，长约25厘米，宽约16厘米，叶缘波浪状，紫红色，色泽美观、商品性好，叶质柔嫩、水分中等，单株重200～450克。适于生食及做沙拉的配色蔬菜。适应性强、抗病，适于春、秋露地及保护地栽培。育苗移栽苗龄30～40天，小苗4～5片叶时定植，株行距20～25厘米。

二、播种育苗

生菜的种子很小，播种困难。很多国家在生产上都先把种子裹上一层硅藻土等含钙物质的种衣，播种比较方便。

生菜的生育适温是15～20℃，结球生菜在结球阶段以10～16℃为好。种子发芽的适温是15～20℃，超过25℃则种子外壳会阻碍氧气进入，使种子发芽困难。到28℃则完全抑制发芽。因此，夏天播种要低温催芽。秋、冬季为使生菜能够供应市场，可以每隔1周播种1次。播种基质可以用2.5厘米×2.5厘米×2.5厘米的岩棉或泡沫塑料块，每块岩棉或泡沫塑料块只播1粒种子，出苗后到2~3片真叶即可定植。这种育苗方法，主要供营养液膜法栽培时使用，如果采用基质栽培，也可以用营养钵播种育苗。也有的采用直播方法播种，然后通过间苗来控制栽植密度，类似于土壤中种植小白菜，比较粗放。

三、栽培方式与定植

生菜是喜冷凉的作物，对光照强度要求较低，生长期较短，适于秋、冬季和春季栽培。育苗一般15~20天，定植到收获需30~35天，依品种和环境条件而异。如果温室里有降温设备，夏季也可种植。由于生菜的生长期短，采用各种类型的无土栽培系统都比较合适。下面以营养液膜系统和有机生态型系统为例进行介绍。

膜系统的构造，前面已经有过比较详细的介绍。可以用直径8厘米的硬质聚乙烯塑料管，长5~15米，每隔20厘米挖1个直径2.5厘米的圆孔，定植时将泡沫塑料或岩棉块育的苗，直接塞在圆孔里，叶子基部露出管子的表面，营养液不断在管子的底部流过根系。也可以用40厘米宽的浅槽，种植两排生菜。

利用营养液膜法种植生菜，营养液是循环利用的，种植管道的相对倾斜度为1%，营养液流过根系的速度不应小于每分钟2升，电导度控制在1.4~1.7毫西，氢离子浓度为501.2~1 000.0纳摩/升（pH值6.0~6.3）最适合于生菜生长，适合于生菜生长的营养液配方如表8-5所示。

表8-5　生菜栽培营养液配方（毫克/升）

肥料名称	肥料用量	肥料名称	肥料用量
硝酸钙	1 122	螯合铁	16.80
硝酸钾	910.0	硫酸锌	1.20
磷酸二氢钾	272	四硼酸钠	0.28
硝酸铵	40	硫酸铜	0.20
硫酸镁	247	钼酸钠	0.10

注：用草炭育苗可不加锰，否则加硫酸锰0.86毫克/升。

营养液循环利用时，每天都应测定电导度和酸碱度，如有变化，应予以调节。如果条件允许，冬季应对营养液进行加温，夏季则应降温，营养液的适宜温度为18℃。营养液每4～5周应彻底更换1次，以避免污染和根系分泌有害物质的积累。

生菜有机生态型无土栽培系统的基本结构与前面所介绍的瓜类、茄果类的大致类似，但也有一定的区别。为了充分利用土地面积，栽培槽的宽度可在原来的基础上加宽1倍，即内剖面可加宽至96厘米左右。栽培槽之间的距离也可缩短为原来的1/2。每个栽培槽内应增加1～2条灌溉用的塑料滴灌带。每个栽培槽可栽植4～5行生菜，株行距大约为25厘米^2。生菜可先育苗后定植，也可直播后间苗。基质的配比可采用前面所介绍的几种配方，营养供应采用基肥为主，追肥为辅的施肥方式，即在定植之前，每立方米基质中混入10千克有机生态型无土栽培专用肥，定植后视植株长势进行一次追肥（有机生态型无土栽培专用肥25～35千克/亩）或进行数次叶面施肥，以后只需灌溉清水，直到收获。

四、采　收

不结球生菜长到一定大小即可采收，结球生菜则需要在叶球形成后采收，采收时可连根拔出，带根出售，以表示系无土栽培产品，特别是纯水培的生菜，带根出售能够引起人们更大的兴趣，且能够有比较好的售价。水培生菜的净菜率一般都在90%以上。而以有机生态型无土栽培系统栽培的生菜的品质要更好一些，主要是硝酸盐含量少见表8－6。

表8－6　生菜硝酸盐含量（毫克/千克，1996年）

区　分	半成株	成株
有机生态型无土栽培	1 804	1 330
营养液栽培	2 852	2 028

采收后的生菜可经过初加工，即采用保鲜膜包装上市，可以取得更好的经济效益。

第九章 生态农业基础知识

第一节 生态农业的由来与发展

一、农业发展的几个历史阶段

人类自从脱离采集和渔猎野生动植物的生活，过渡到定居和半定居生活，为了满足生活物质资料的需求，便开始在其住处附近从事野生动植物的驯化工作，逐渐形成作物种植和牲畜养殖，标志着农业的产生。农业自产生以来，先后经历了3个生产方式明显不同的发展阶段，既原始农业、传统农业和现代农业阶段。

1. **原始农业** 人类出现以后，最初多是依赖自然的恩赐，过着渔猎采集生活。进而饲养一些野生动物、种植某些野生植物，开始了原始农业生产。

原始农业的出现，是人类利用自然和改造自然的第一次大飞跃。虽然原始农业生产方式直向自然索取而不补偿，但由于其索取的产品类别与数量十分有限，没有超过自然界的负荷能力和恢复能力，因此这种生产方式在满足人类生活需要的同时，对自然环境破坏很小。然而，刀耕火种后的地段，通常要经过很长时间，才能基本恢复，加上这种生产方式的生产力很低，因而最终被新的农业生产方式取代。

2. **传统农业** 随着人口的增长，人类对自然需求的增加，特别是生产工具的改进和生产经验的积累，农业逐步由原始农业阶段发展进入传统农业阶段。

传统农业的产生体现了人类与自然的结合。因为传统农业生产方式，在向自然索取农业产品的同时，也通过一系列耕作栽培技术措施给予自然一定的补偿。中国是传统农业发展的典范，其主要技术特征包括：实行精耕细作的农作制，注重增施有机肥，采取用养结合方式管理土壤，推行轮作与间套的多熟种植，组建农牧结合的多种经营生产结构等。从现在的角度看，传统农业的精华确实具有其生态合理性，但也存在明显的局限性。因为这种生产方式主要是依靠农业内部循环来维持农业生产的存在与发展，而且以小规模的分散经营为主，不利于充分利用自然资源和实行规模生产。此外，传统农业生产方式对自然的依附得到根本改变。生产技术大多处于经验水平。可以说，即使传统农业的土地生产力不太低，但是由于劳动生产率较低，大量劳动力被束缚在农业生产中，同时，农业能够提供的商品也不能始终满足社会发展的需要。

3. **现代农业**　原始农业和传统农业延续了数千年，直到进入20世纪，才开始向现代农业过渡与发展。现代农业是在工业高速发展的基础上形成的。

现代农业在近一个世纪的发展过程中，所取得的成绩是巨大的，可以说是创造世界农业奇迹。这是由于现代农业的生产工具已实现了机械化、电气化和自动化，生产技术已步入科学化和物质化，对农业生产过程的调控能力大大增强，劳动生产率极大地提高。依此满足不断增加的人口对农业产品越来越多和越来越高的需求。然而，现代农业在使用土地生产与劳动生产率得到飞速增长以及为解决人类食物其供应作出巨大贡献的同时，其在资源、环境、生产成本等方面的负面效应越来越明显地暴露出来。

首先是能源消耗、商品能量的大量投入，使农业越来越多地依赖现代工业和化石能源，而作为不可再生的化石能源，生产速度缓慢、储量有限，农业生产受到能源紧缺和能源价格上涨的干扰。进而影响到农业的长远发展。其次，大量化肥、农药的长期使用，对农业生产环境造成污染，使农畜产品质量下降；过量及不合理使用化肥，还导致地下水和地表水的污染加剧；大量施用农药，一方面提高了病虫草的抗病性，另一方面使病虫天敌剧减，形成恶劣循环。第三，持续的物质和能量高投入，一方面投入效益达到一定水平后呈下降趋势，另一方面生产成本不断上升，其结果不得不靠政府的大量财政补贴来维持。总而言之,现代农业生产方式由于过分追求高产出和高利润,对农业生产环境保护不够重视,最终影响到农业自身的持续发展。

4. **生态农业** 由于现代农业存在的种种弊端和严重后果,为了保护生态环境与合理利用自然资源,人们不得不寻求农业持续稳定发展的新出路。在近半个世纪内,世界各国针对现代农业既存在的问题和对农业发展形势的预测,提出了各式各样农业生产方式。以替代或改进现代农牧业生产方式,生态农业就是其中具有代表性和发展前途的新型农业生产方式。当然,关于生态农业的概念,目前国内和国外有不同的解释。

在国外,所谓生态农业,指的是生态上能自我维持、低输入的,经济上有生命力,目标在于不产生大的和长远的环境方面和伦理方面和审美方面不可接受的变化的小型农业生产体系。

在国内,不少专家、学者遵照环境与经济协调、持续发展的指导思想,将国外生态农业的合理性与中国的农业资源特点及农业在国民经济中的作用地位相结合提出了"中国生态农业"概念。中国生态农业是一个"按照生态学原理和生态经济规律,因地制宜地设计、组装、调整和管理农业生产和农村经济的系统工程体系"。它要求把发展粮食与多种经济作物生产,发展大田种植与林、牧、副、渔业,发展大农业与第二、第三产业结合起来,利用传统农业精华和现代科技成果,通过人工设计生态工程、协调发展与环境之间、资源利用与保护之间的矛盾,形成生态上与经济上两个良性循环,经济、生态、社会3个效益的统一。

第二节 生态农业的基本原理与方法

一、生态农业系统简介

生态农业与现有其他农业生产体系最根本的区别在于:生态农

业把农业生产涉及的方方面面置于农业生态系统中来统筹考虑。因此,在了解开展生态农业应遵循的基本原则与原理之前,应对农业生态系统有所认识。农业生态系统概念是建立在系统和生态系统概念基础上的一个复合概念。所以,认识农业生态系统之前,又必须知道什么是系统,什么是生态系统。

1. **系统的概述** 所谓系统指的是在一定的时间和空间范围内,由两个或两个以上互相联系和互相作用的组分构成的,具有某种特定功能,朝着某个特定目标运动发展的有机整体。系统不是一个神秘的东西,它是事物存在的普遍形式。例如,一间教室、一台计算机、一栋大厦、一只动物、一株植物、一个人是一个系统,同样,一块农田,一群牲畜、一片森林、一户农家、一座城市、一个国家也是一个系统。可以说,系统无时不在、无处不有,世界其实就是有大大小小的、各式各样的系统组成。

系统作为一个整体,主要表现在以下几个方面:

首先,系统不管大小都有一定的边界。系统边界,即系统存在所涉及的时间和空间界限。它可能是自然形成的,也可以是人为划定的。例如,一些动物或一株植物个体系统,其体表周边就是该动物和植物个体系统的边界;一个农场系统的边界,则往往是根据一定的目的和条件由人为划定。由于大多数系统的边界不像"吹糠见米"那样显而易见,因此多需要人为确定。人为确定系统边界时,应尽可能把关系密切的要素及其相互关系包括在内,使得边界以内的系统结构和功能具有相对的独立性和稳定性。

其次,系统无论繁简均具有分层现象。即任何系统,向宏观方向可以逐层综合,向微观方向可以逐层分解,从而表现出鲜明的层次。系统这种层次现象的存在,是由于系统以其上乘系统和上层系统之间,以及本层次各组成要素之间相对独立、又存在紧密联系和相互作用关系所至。由于在一个多层次的系统中,随着结构层次的增多,下一层次的系统功能对上一层次来说,将变成从属层次,所以在进行系统分析时,必须注意到某一特定系统的上层系统向和下层系统的构成关系,以即同一层次和组分之间的互相关系。

第三,每个系统不仅要求参与系统构成的组分间保持一定的量比关系,而且还要求各组分间必须存在相互联系和相互作用。因为系统不是组成要素的简单和机械的堆积。例如,将使灰、水泥、砖头、钢筋、木料等建筑材料机械的堆积在一起,不能构成漂亮的房屋,只有在他们按照一定的方式相互结合时,才可能构成特定的房屋系统结构。由于组成系统的各组分间存在相互作用关系,系统内任一组分的变化,最终都将影响到系统其他组分,使系统的整体结构产生相应的变化。

第四,系统功能存在整合效应,即系统整体功能大于和组成部分功能之和。也就是说,一般系统的整体功能不等于其各组分功能的简单相加,而是一种集体效应,其中既有各组分的功能,又有各组分之间相互作用产生的新功能。

一般而言,根据组成系统的组分中有无生物成分,可将世上众多的系统分为生态系统和非生态系统。生态系统是一般系统中的一种特殊类型。

2. **生态系统概述**　所谓生态系统,是指生物群落与其生存环境之间,以及生物群落的生物种群之间密切联系、相互作用,通过物质交换、能量转换和系统传递,成为占据一定空间、具有一定结构、执行一定功能的动态平衡整体。简而言之,在一定的时间和空间范围内,由生物群落和非生物环境之间相互作用而形成的有机整体,称生态系统。根据这一定义,一块农田、一家庭院、一个村、一个县都可称为一个生态系统。

生态系统作为生物存在的一个整体,从构成上讲,主要包括两大组分,即生物组分和环境组分。其中生物组分者可进一步分为生产者、消费者和分解者三大功能类群;而环境组分则包括太阳辐射能、气体、水体和土体等。

生态系统作为一般系统的一种特殊类型,除了具有一般系统的共性外,还具有不同于一般系统的个性。

首先,生态系统在组成上以生物为核心组分。正是因为生物的存在,使得生态系统具有旺盛的生命力,进而表现出物质循环、能量转化和系统传递的功能。由于不同的生物种对非生物环境的要求不同,因此不同的生物种群和生物群落能构成不同的生态类型。可以说世上不存在没有生物的生态系统。

其次,生态系统通常与特定的时间和空间相联系。一方面,在不同的时间和空间上,生态系统的环境组分变化剧烈;另一方面,随着环境组分的变化,生态系统的生物组分也剧烈的变化,进而使生态系统表现出明显的依时间和空间不同而异的特征。可以说,无论在不同时间,还是不同空间,生态系统的结构和功能都在变化着。这种多变性的存在,要求我们在分析和解决生态系统有关问题时,特别需要具有发展变化的、动态的观点。

第三,生态系统具有复杂的动态平衡特征。因为在生态系统中,生物种群内部不同个体间、不同生物种群之间,以及生物组分与环境的组分、环境内部和生态因子之间,都有着复杂的有机联系;其中任何一个因子和组分的变化,都可能引起其他一系列因子和组分的相应变化,从而使整个生态系统表线处复杂的动态平衡特征。

第四,生态系统具有代谢机能特征。生态系统的代谢活动是通过生产者、消费者和分解者这三大功能类群参与的物质循环和能量转化过程完成的。代谢机能的存在,使各类生态系统都不同程度的成为开放系统,即需要不断地、或多或少地从生态系统外界输入能量和物质,并经转化利用变为输出,从而维持着系统的有序状态。

第五,生态系统具有自动调节特征。生态系统的自动调节特征主要体现在同种生物的种群密度调节和异种生物种群之间的数量调节。其中异种生物种群之间的数量调节多发生在生产者与消费者之间、消费者内部及其与分解者之间有营养联系的类群和需要相似生态和环境的类群。此外,生物与环境之间也存在相互适应调节。生态系统的自动调节,使生态系统成为一个相当和谐、协调、有序的相对稳定系统,这个系统在一定程度上具有抗干扰的能力和偏移稳定态后恢复原态的能力。

根据与人类活动对生态系统的干预程度,一般把生态系统分为自然生态系统、半自然生态系统和人工生态系统三大类。其中,自然生态系统基本上不受人类活动的干预,如无原始森林和冻原极地;半自然生态系统的典型代表是农业生态系统,它是使自然生态系统经人类驯化和改良的产物;人工生态系统则以人造组分与人为过程为主体,即其建立和发展基本上按照人类要求进行,如城市生态系统和人工气候生态系统等。

3. **农业生态系统概述** 所谓农业生态系统,是指人们在一定的时间和空间范围内,利用农业生物与非生物环境之间以及生物中群之间的相互作用建立起来的,并在人为和自然共同支配下进行农畜产品生产的综合体。这一定义,一方面指明的农业生态系统是在人类生产影响下形成的,是人类利用社会资源对自然资源进行开发和加工而形成的半自然生态系统;另一方面,阐明了一个农业生产单元的各组成部分是如何共同构成一个系统整体,以实现其"整体、协调、再生"功能。

农业生态系统虽然在组成上自然生态系统一样,包括生物和环境两大组分,但其生物是以人工驯化的农业生物为主,其环境也是经人工改造后的环境。所谓农业生物,是指直接参与农业生产过程的各种植物、动物和微生物的总称。农业生物作为农业生态系统的核心组分,一般根据生产特性不同,常被划分成农田生物、林果业生物、牧业生物、渔业生物和虫菌业生物五大类。农业环境由自然环境和人工环境组成。其中自然环境组分是从自然界继承下来的,包括气候因素、土地因素以及野生生物因素。农业生态系统的人工环境,从广义上讲,是指人类根据农业生产的需要,通过采用各种调控技术措施所改善的自然环境和人工建立的农业生产设施,如塑料大棚、温室、人工育苗法、灌溉渠道、水库、鱼池和无土栽培设施等。

虽然农业生态系统脱胎与自然生态系统,但由于有以人类需要的农产品生产为中心内容的社会经济技术力量的加入,并作为重要的组成之一影响着系统的存在与发展。因此,农业生态系统有明显地区别一般自然生态系统。具体表现在以下几个方面:

第一,系统受人类控制。人类改造自然生态系统,建立和健全农业生态系统的最终目的是将众多的自然资源更加高效持续地转化为人类需要的各种农产品。为了达到这个目的,人类就需要和对农业生态系统进行合理而适时地调节与控制。如通过育种、栽培、饲养技术等调节和控制其生物种类及其数量;通过基本设施建设和耕作、施肥、排灌、病虫草害防除等措施调节和控制各种环境因子以及组结构与功能。这一点与自然生态系统有的最本质的区别,因为自然生态系统的生物与环境、结构与功能之间发生的一切基本上都是自然发展的结果。当然,也应指出,农业生态系统并不能完全由人类所调控,即自然生态系统的调控机制对农业生态系统还有一定的作用,何况不同地区、不同时间进程的社会经济条件和人类生产管理技能不同,对农业生态系统的调控程度与调控效果也存在显出的差异。

第二,系统自身稳定性差。由于构成自然生态系统的生物种是自然选择结果。对不良环境的抵抗力强,且生物种类较多,彼此间通过吃与被吃的方式建立起十分复杂的相互关系,从而使系统的自我稳定性很强。然而,农业生态系统中的主要生物种类是经过人工选育的,他们对自然条件与栽培和饲养措施的要求越来越高,抗逆性越来越低。同时,在农业生态系统中,除按人们意愿种植和养殖优势物种外,其他物种通常要被人工抑制和排除,使物种种类大大减少,彼此间的关系十分简化,致使系统的自我稳定性明显降低,容易遭受不良因素的破坏,需要人为的合理调节和管理才能维持其结构与功能的相对稳定。当然,系统的稳定性差容易打破原有的生态平衡,但也容易建立新的生态平衡。由于农业生态系统自身稳定性差的特点,人类可以依靠和合理的规划、有效的投入和改善经营管理来调节它,便可以按照人类的愿望建立和改进新的良好的系统结构与功能,实现农业生产高效持续发展。不过,对农业生态系统的人工调控要谨慎从事,如果决策不合理、经营管理不当,必然导致现存农业生态系统变劣,甚至误入恶性循环之中。

第三,系统净生产率较高。由于农业生态系统内的生物种群大多是人类按高产、优质和多抗为目标反复培育和筛选出来的优良品种,加上各种人为的管理和技术措施的作用,使农业生态系统优势种的可食部分或可用部分进一步发展,物质和能量的转化利用率即利用效率得到强化和拓展,因而农业生态系统的净生产率显著较自然生态系统高。

第四,系统开放性更强。自然生态系统中生产者的有机物几乎全部留在系统内,许多化学元素基本上可以在系统内部取得循环平衡,是一个接近于自给自足的系统。而农业生态系统一方面为满足人类社会对农产品的日益增长的需要,即必须对外提供大量的实物和工业原料,使系统内大量的物质和能量以农产品的形式输出系统;另一方面,人类为了维持农业生态系统的生态平衡,以便进行再生产,必须向系统内大量输入补充能量和物质。除太阳辐射能外,还需要人类提供多种辅助能和以化肥、农药、农膜和灌溉水为主体的农用物质。农业生态系统的这种“大进大出”的特点,表明其开放性较自然生态系统更强。当然,农业生态系统的开放性还体现在系统的结构与功能在较大程度上受到和人类的直接干预。

第五,系统受双重规律的支配。自然生态系统由于很少受人为干扰,其存在和发展主要受自然规律支配。而农业生态系统的根本目的,是服从于人类在社会、经济和生态环境等方面的需求,其生产过程既是一种自然生产过程,又是一种社会经济再生产过程,同时,在系统组成上,既有自然的组分,又有人类社会经济组分。因此,农业生态系统的存在和发展,同时受到自然规律和社会经济规律的双重支配。例如,在确定一个农业生态系统优势生物种组成时,一方面需要根据生物与环境相适的原理,即适者生存的自然规律,分析那些生物种群适宜在当地自然条件和生产条件下种植和养殖;另一方面又要根据市场需求规律、投资效益变化规律,分析即定生物种群形成的产品是否有需求市场,生产经营过程中由经济效益和社会效益如何等。

二、生态农业应遵循的基本原理

生态农业使农业生态系统的整体生产,因此实施生态农业必须遵循生态学基本原理和服从生态规律。生态学原理和规律很多,内容十分广泛，要全面认识和掌握它们，需要学习专门的生态学课程。但从实用和够用的角度讲，开展生态农业应遵循以下生态学原理：

1. **生物和环境相适原理** 任何一种生物都是在某种特定的环境中实现进化。由于长期受到该环境条件的影响，从而使之在生活过程中形成了对某些生态因子的特定需要；只有满足生物对这些生态因子的特定需要，生物才能正常生长发育。例如，冬小麦必须经过低温春化阶段才能开花结果，若在春化阶段不能满足其对低温的要求，它就不能正常开花结果。生物与环境相适原理告诉我们，在开展生态农业过程中，既要根据当地自然资源环境和生产条件选择与之相适应的农业优势生物种群，也可以根据即定农业生物种对环境条件的要求，通过人为的作用改进当地自然环境和生产条件，达到和生物与环境相适应，实现自然资源最大限度地转化为农业产品。例如，许多地方在冬季自然条件下由于气温较低不能生产番茄和黄瓜，但冬季生产这些蔬菜经济效益很好，与使人们就采取温室和保温大棚加温，实现番茄和和黄瓜的冬季生产。

2. **生物共生原理** 生物共生现象在自然生态系统中普遍存在。不同的生物种群之所以能够共同生活在一起，是因为生物种群间存在着十分复杂的相互作用关系，原始协同、互利共生、片利共生等相互作用；竞争、捕食、寄生等负相互作用，以及通过自身生物化学分泌物对其他种类产生威慑、吸引、促进和抑制等作用。生物共生原理告诉我们，在进行生态农业过程中，农业优势生物种群的选择与搭配，要尽量利用和发挥生物中间的正相互作用，扩大资源有效利用空间和时间，并通过资源互补利用方式，提高单位面积和单位时间资源的利用率和利用效率。

3. **充实生态位原理** 充实生态位原理认为，在一个生态系统中，每个生物种都占有特定的生态位，都有其特定的结构与功能地位。而对生态系统中无某一空着的和功能效益差的生态位，通过配套引进新的物种已充实之和采取改进措施强化之，使之与其他生态位相谐调，共存互利，便能改善系统整体结构和功能，甚至使系统整体效益成倍增长。根据充实生态位原理，在开展生态农业过程中，要从系统整体入手，对于不符合整体发展的现存生态位，或者说不符合整体发展的现有农业生产项目，和现存农业生产中没有具备的项目，想方设法改善或者创造条件，以满足整体发展要求，从而提高系统整体效益。

4. **食物链构原理**　自然生态系统中，生物通过吃与被吃方式建立营养供求关系，即形成食物链。生物链是生态系统中能量流动和物质循环利用的通道。食物链构成原理认为，采用食物链构成方式，选择搭配不同生物种群，可使系统物质和能量得到充分有效地利用，若再将其中各环节的废弃物通过巧接食物链工艺加以利用，还可以使废弃物资源化，即“变废为宝”，从而提高整个系统的资源转化率和转化效率。根据这一原理，在开展生态农业过程中，应以优化资源综合转化为主线，将多个生产项目串联或并联起来，使其中每个生产项目下副产品有效地成为其他相关配套和生产项目的原料，以降低资源转化的成本，提高资源利用率，同时实现农业无污染生产，改善生产和生活环境条件。

5. **整合效应原理**　源于系统结构的有序性和整体性，即各组分之间通过有序的紧密联系和良好配合，使系统的整体功能大于各组分功能之总和。整合效应原理认为，通过合理的资源配置，建立和健全系统结构与功能之间的反馈关系，并防止种种抵消组分间功能的现象出现，便可因整合效应强化而实现系统高产稳产。根据整体效应原理，在开展生态农业的过程中，始终要十分重视生产结构调整工作。其实，合理的、相适应的调整生产结构在提高生产效益方面往往能收到事半功倍的效果。因为，调整生产结构实质上是通过智力投入，以良好的决策发挥各生产要素的综合优势来引导与促进整个生产过程的总体功能优化和效益的提高。

三、生态农业的基本方法

生态农业作为一种新型的农业生产方式，在具体实施的过程中，主要通过相应的农业生态工程建设和生态技术使用来展开的。

1. **农业生态工程**　是指有效地运用生态系统中和生物种群充分利用空间和资源的群落共生原理、多种成分相互协调和促进的功能原理以及物质和能量多层次多途径利用和转化的原理,从而建立能合理利用自然资源,保持生态稳定和持续高效功能的农业生态系统。或者说,农业生态工程的实质就是根据生态农业体系的总体要求,因地制宜地应用农业生态学原理和系统工程的方法,将多种农业生产过程进一步组装成高效持续运转的、同步生产多个产品的生产线。

当前,中国农业生态工程研究和实践涉及的类型和模式很多,其中水体立体养殖生态工程、节水农业生态工程、污水农业灌溉生态工程、保护地蔬菜生态工程、混林农业生态工程、土壤处理系统生态工程、农业废弃物资源化再生利用生态工程、大型畜牧场粪便处理生态工程、一起水土流失地区小流域治理生态工程等,正在全国各地推行。现将目前在开展生态农业建设中最常用的几个农业生态工程简要介绍如下:

(1)"农－牧－渔"结合的农业生态工程　"农－牧－渔"结合的农业生态工程,是实行种植业、养殖业及生物能量生产相结合,陆地生产与水体生产相结合,通过一套能量多次转化和物质循环利用的生产工艺流程,获得比较高的饲料和能源自给能力,比较高的物质、能量和资金转化效率及环境自净能力。例如,江苏盐城董徐村设计实施的农牧渔食用菌沼气生态工程,就是这一类型农业生态工程的典型之一。他们的具体做法是:在大力发展粮食、棉花、油菜和蔬菜生产的基础上,将部分饲料粮、作物秸秆和骨粉等原料加工成配合饲料喂蛋鸡,用经过消毒处理的鸡粪配合饲料喂猪,猪粪投入沼气池发酵,发酵产生的沼气用来煮饭烧水和和通过着其发电用于照明等,沼渣用于培养食用菌、养蚯蚓或还田。沼水入鱼池培养浮游生物;菌渣和蚯蚓土还田、蚯蚓养鸡、浮游生物喂鱼。

(2)"低洼地－基－塘"农业生态工程　盛行于中国南方低洼水网地区,其中以珠江三角洲和太湖流域最为完善,是当地农民长期与低洼水淹作斗争的产物,并被科技工作者总结规范化。

基塘制作方法是:把一系列多灾的低洼农田挖成鱼塘,挖出的土将周围地基垫高,称之为基。在基上种植桑、果、麻、菜和甘蔗等,分别称为桑基鱼塘、果基鱼塘、麻基鱼塘、菜基鱼塘或蔗基鱼塘等。鱼塘的形成以东西向的“日”字形,长宽比约6:4最好,因为东西向能接收更多的阳光,利于冬季提高水温,塘水面积每口0.3~0.4公顷较好,因为鱼塘太小,养鱼不多,受基面作物遮阳比例大,而且受风作用面积小,塘水波动微弱,不利于水中氧气的溶解和输送。塘水深度以2.5~3米为宜,太浅则水量不足,影响鱼的放养量,也不利于鱼的分层混养,且夏季宜增温,冬季宜降温,影响鱼类的正常生长;太深则不仅下层水温低,光线不足,而且下层溶解氧也不足,这对鱼的生长十分不利。低洼地基塘农业生态工程的生产工艺流程是:基上种植的产品部分直接进入鱼塘,或经过动物(或虫)过腹消化后以蚕沙、畜禽粪便等形式进入鱼塘;塘泥抬到基上用于培肥基土、营养作物;进入塘中的蚕沙及各种基上生产的青料等首先作草鱼饵料;草鱼粪便和吃剩下的蚕沙腐屑等营养物质或直接作鲢鱼饵料,也可促进水中浮游生物大量繁殖;各种鱼的排泄物和吃剩下的残余物沉淀于塘泥的表层,促进底栖生物的繁殖,而底栖生物又是鲤鱼的饵料。

(3)“鱼-猪-水禽”复合养殖生态工程　是围绕充分利用水体资源优势这个核心,根据各种鱼类、猪和水禽的生活规律和食性,按照生态学立体结构原理和食物链原理进行组合,并以水体立体养殖为主体结构,实现水体资源充分有效地转化为“鱼-猪-水禽”的一种农业生态工程。例如,湖南省沅江市新港渔场,在中国科学院生态环境中心系统生态室“洞庭湖平原农村生态工程”课题的帮助下,通过建立“鱼-猪-鸭”复合养殖生态工程,使丰富的水面资源优势得到充分有效的利用。他们将猪舍、鸭棚建在塘边,水面圈养鸭;水体实行多种鱼类分层密放混养;并用相当于水面30%的剩余塘基种植苏丹、莪菜、黑麦等青饲料。由于使水体各现存生态位和部分潜在生态位均匀分布有相应的生物种群,形成具有较多反馈联系的食物链和养分供求关系。即鱼、猪、鸭、草的生产不仅在时间上相互衔接和配合,而且在鱼种上搭配上采取了“主产草鱼、鳊鱼,稳定鲢鱼、鳙鱼,增效底层鱼，试种名贵鱼”的多种混养结构，这样水陆间的物质流和能量流通过浮游生物和滤食性鱼类得以沟通。一方面通过以滤食性鱼类为主体的食物链流动转化，另一方面草食性鱼类除取食水草类外，还通过食用青饲料、猪粪而直接与塘基上物质和能量相联系。此处，鸭在水面流动有助于增加水体的含氧量，促进水体浮游生物的繁殖和渔类的生长。由于这一农业生态工程能明显地增产和节支，综合效益显著提高，因而仅两年就在当地推广普及到1 300多公顷精养水面。新的探索表明，“鱼－猪－水禽”复合养殖生态工程再扩展与沼气发酵相联系，改猪粪尿直接喂鱼为用沼渣、沼水作鱼饵料，则会使工程的产值进一步提高，成本降低。

(4)污水农业自净生态工程　即是通过污水灌溉、污水塘养鱼和种植水生植物，利用污水增加农业生产，利用农业生产净化污水，使有害物质变成有效农业资源的一种工艺流程。中国科学院水生物研究所根据生态学原理，设计出由几个串联氧化塘构成的污水自净系统。它利用水域生态系统中菌、藻、水生植物在阳光下可释放出氧气并富集重金属等有毒物质，细菌可分为解毒物和有机物，为其他生物提供营养，鱼类通过吃食藻类，吸收水中的氮、磷、钾等营养元素等，以达到防止污水危害和水体富营养化。例如辽宁大洼县西安养殖场，针对猪场年产约300万千克猪粪尿，随同冲洗猪舍的大量废水一同排出，即没有合理利用，又严重地污染环境，根据生态原理，设计出污水农业自净生态工程。他们的具体做法是：猪圈的污水通过猪舍两侧的排水沟顺次排到水葫芦地、细绿萍池、鱼蚌混养塘、水稻田等完成三段净化，四步利用。

(5)“种－养－加”复合生态工程　是目前较为完善而又复杂的一种农业生态工程。它综合运用了物质与能量多级多次循环原理、废弃物资源化原理以及价值转换增值原理，把众多彼此独立进行而又相互依存的农业种植、养殖、农产品加工项目巧妙地结合成一个具有高效的、持续特点的农业生产工艺流程。例如，北京市大兴县留民营村，针对因畜牧业不发达，初级产品不能很好地转换为次级产品，作物秸秆还田率低，大多在地里烧掉，资源浪费很大，土壤肥力难以保持和提高、产品价值较低等问题，设计实施农业种养复合生态工程，取得了巨大的成功。其主要做法包括3个环节：

其一，是进行产业结构调整和建设。首先是提高畜牧业比重，以增加初级产品转化。为此，兴办了奶牛场、肉牛场、猪场、鸡鸭场和渔场。其次强化农副产品加工，以促进物质和能量的多层利用，并使农副产品增值。为此，兴建了豆制品厂、食品饮料厂、饲料加工厂、肉类加工厂等。

其二，是利用有机废物转化生产农产品。具体作法是：利用粮食加工的副产品和秸秆粉碎作饲料养殖畜禽，畜禽粪便投入沼气池产沼气、沼渣和沼液，而沼气作生活能源，沼渣分别送入藻类培养塘和蔬菜大棚或蘑菇房作肥料或基料，沼液送入鱼塘养鱼，藻类作饲料，菌渣和塘泥作肥料营养农田和果园作物。

其三，是提高生物能和太阳能的利用率。做到每户都有一个8～10米^{3}的沼气池和1个家用太阳能热水器；村集体有多个200米^{3}的大沼气池。使沼气成为该村综合利用良性循环的中心环节。

(6)庭院农业生态工程　是按照农业生态学物质、能量多级利用原理和农业生态系统结构构成方式，从水平和垂直空间及时间节律上进行多物种层次科学配置，实现庭院内外诸如土地、水面、房舍、劳力等生产与生活资源充分有效的利用，并不断改善家庭生活环境的生态工程。由于目前中国农村普遍实行联产承包责任制，家庭实际上成为一个独立生产经营的单元。因此，庭院农业生态工程的研究和实施，在中国具有广泛的基础和广阔的前景。实事上，在中国广大农村已建立了很多较为成功的庭院农业生态工程。例如，湖南双峰县大全乡民兴村村民王振华就建立以“粮－鸡－猪－沼气－鱼”连环生产为特征的庭院农业生态工程。其工艺流程是：农田种植的粮、油、豆、饲料的产品被食用、饲用或加工；除部分鸡粪用于喂猪外，人、猪粪尿和猪不能利用的鸡粪残渣送入沼气池发酵；沼气池产生的沼气供生活能源用，沼渣、沼水主要部分送到池塘作鱼饵；塘泥和部分沼水沼渣滓进入农田作肥料。由于将家庭种植、养殖和加工等项目有机地联成一体，使物质和能量得到多级充分利用，这样不仅实现了庭院自净生产，而且大大提高了生产的经济效益。同时，家庭院还在鸡舍、猪舍和房前屋后营造了风景林，使生活环境得到美化。

中国农业生态工程模式不止于上面讲的几种，只要根据农业生态学原理，结合各地的具体情况进行合理设计，就能创建各种经济效益较好，同时又不破坏系统生态平衡的农业生态工程。当然，农业生态工程模式也不是一成不变的。在生产实践中，应根据科学技术进步，以国内外有关的先进经验，而不断修改、补充，使之更加完善，以获得更佳的经验效益、生态效益和社会效益。

2. **生态农业技术** 生态农业技术，是利用生态系统中生物与生物、生物与环境之间的相互作用，尤其是其中的互利共生和相生相克作用，通过配套相应的生物措施和农艺措施，达到调控生物生长发育行为和改善生态环境存在状态的方法。目前中国在实施生态农业过程中研制出一系列生态农业技术，大体上可将它们归成立体资源利用技术、废弃物综合利用技术、病虫草害生物防治技术、污水生物净化技术、小流域综合治理技术、旱地节水技术、绿色食品生产技术等。现以生态农业中最常用的几项生态农业技术简要介绍如下：

(1)有害生物生态防治技术 由于长期使用化学农药，一些害虫已产生很强的抗药性，许多害虫的天敌又大量的被杀灭，致使一些害虫十分猖獗。并且前面已介绍过，所使用的农药中有很大一部分进入环境，严重污染水体、大气和土壤，并通过食物链进入人体，危害人体健康。利用有害生物的生态防治技术就能有效地避免上述缺点。

所谓有害生物生态防治技术，是以改良农业优势生物品种和改进其栽培技术为主要手段，发挥农业优势生物的抗性优势和有害生物天敌优势，必要时才合理地辅之以农药，调控农业生态系统使之向对农业优势生物有利而对有害生物不利的方向发展，从根本上有效地控制有害生物，实现农业持续增产和保护环境等多方面的效益。简言之，就是利用生态系统中各生物之间相互依存、相互制约的关系和某些生物学特性来防治有害生物。目前其防治技术主要包括以下几种方法：

方法一：利用天敌防治。在有害生物生态防治技术体系中，利用天敌防治有害生物的方法,应用较普遍,每种害虫一般都有一种或几种天敌,能有效地抑制害虫的大量的繁殖。利用这一生态学现象,可以建立新的生物种类之间的平衡关系。目前用于生物防治的生物(天敌)可分为三类:第一是捕食性生物,包括草蛉、瓢虫、蛙、蜘蛛以及许多食虫益鸟等;第二类是寄生性生物,包括寄生蜂、寄生蝇等这类天敌主要通过寄生害虫达到防治的目的;第三类是病原微生物,包括苏云金杆菌、杀螟杆菌、青虫菌、绿僵菌、乳状病芽孢杆菌以及某些病毒等。

方法二:培育和应用抗性品种。利用寄生植物的抗性原理,通过常规育种,杂交育种和分子育种等多种育种技术和方法,培育有妨碍病菌侵袭或蔓延,有妨碍害虫产卵取食或栖息特性的抗病虫农业优势生物种或品种,并尽快将这些抗性种或品种应用到农业生产实践中,是有害生物生态防治技术的又一根本性环节。例如,植物表皮刚毛、刺腺的分泌物,可妨碍害虫产卵;玉米的6-甲氯氧基苯异噁嗪酮,以及水稻的息香酸、水杨酸对玉米螟、水稻二化螟虫有毒;低氨基酸的豌豆品种可使害虫营养不良,寿命短、繁殖率下降;培育这样的品种并应用到具体的生产实践中,即可收到较理想的病虫害防治效果。目前,选育抗马铃薯晚疫病的马铃薯品种,抗麦秆蝇或抗三种锈病并抗斑枯病的小麦品种,抗多种水稻病虫,并对缺锌、铁及盐碱、干旱都有一定性的水稻品种等都已经取得成果。现在,对有害生物的多抗性已成为农业优势生物育种,尤其是农业优势植物育种的重要育种目标。

方法三:采用有害生物防治的其他配套措施。围绕有害生物生态防治这个中心,配套相应的耕作制度、防疫制度以及无副作用的栽培或饲养技术措施,改变农业优势生物的生育环境,以减少有害生物发生和危害,也是有害生物生态防治技术的重要环节。它主要包括3个方面。其一是调整耕作制度,具体做法是根据当地有害生物产生、危害规律,通过改变作物布局、种植制度、种植方式以及土壤耕作制度,错开作物生育进程与其病虫害的发生的时间,或消除有害生物中间寄生和生存环境,便能达到减少有害生物发生和危害的目的。其二是建立健全防疫制度，具体做法是建立健全各种农业有害生物检疫制度并依法严格执行，以有效地防止被检疫的农业有害生物的传播。其三是改进栽培饲养技术措施，具体做法是坚持种子、种苗消毒处理，调节播栽期，合理肥水管理，即使农业优势植物健壮，自身抗性增强，同时又尽量消除有利于有害生物生育的条件，必然减少有害生物的发生和危害，改善家畜饲养环境卫生，强化饲料和家畜自身的防疫工作，及时有效处理带病畜禽，也能减少农业有害生物的发生和危害。

(2)生物养地技术　是利用生物及其残留体培养地力或改良土壤的技术。生物养地技术也由一系列技术环节构成，根据各技术环节在养地中的作用不同，可将它们分为以下几种类：

第一类是强化土壤生物固氮。即通过在轮作制中种植能共生固氮的豆科作物，在稻田中放养红萍、蓝藻，充分利用土壤中广泛存在的自生固氮菌，以及在作物根际生活并与作物进行联合固氮菌等，将大气中流离氮更多地固定成植物可有效利用的氨态氮。据统计，在正常生长时，一年生豆科作物每年每公顷可固氮 45 千克，多年生豆科作物每公顷可固氮 75 ~ 150 千克。中国目前在农业上可供利用的能共生固氮的豆科作物有大豆、花生、蚕豆、绿豆、扁豆等；豆科牧草和豆科绿肥有紫云英、苕子、箭舌豌豆、三叶草、草木樨等；红萍是一种水生蕨类植物，叶腔中有固氮蓝天藻共生，其固氮率高，每公顷萍体产量可达 2.25 万 ~ 3 万千克，含纯氮 75 千克左右；在晚稻田接种自生田固氮蓝藻，一季可固氮 14.25 ~ 29.25 千克。生物固氮不仅增加土壤氮素营养，而且节省能源，净化环境，有利于整个农业生态系统氮素营养物质的循环。

第二类是增加土壤有机质含量。由此土壤中的有机质除了作为各种养分的载体，经微生物分解释放出供植物吸收利用的有效氮、磷、钾等养分，增加土壤速效和缓效养分的含量外，还为土壤微生物提供生活物质而促进微生物的活动，增加土壤腐殖质含量，改善土壤物理状况，提高土壤潜在肥力；具有和硅酸盐同样的吸附阳离子能力，既有助于土壤中阳离子交换量的增加，又能与磷酸形成混合物而提高磷肥肥效,减少铁、铝对磷酸的固定。此外,还能保蓄土壤水分,提高土壤的抗旱能力;抑制有害线虫的繁殖以及形成对作物有刺激作用的土壤腐殖酸等。增加土壤有机质含量的方法主要包括:种植自然归还率较高的作物,如绿肥;实行秸秆直接还田或经“过腹”后以畜粪厩肥还田;促进土壤无害微生物的和土壤动物,如蚯蚓的大量繁殖;增施其他各种有机肥,如豆腐渣、腐熟饼、堆肥等。

第三类是合理改进土壤理化性质。即通过合理的土壤耕作、实行水旱轮作、低洼冷浸田起垄栽培以及合理的肥水管理等措施,都能不同程度地改进土壤理化性质。例如,水旱轮作可明显增加土壤非毛管孔隙,改善土壤微生物生物繁殖,从而提高地力和施肥效果。又如,中耕作为在作物生育期间常用的表土耕作措施,有疏松表土,破除板结,增加土壤通气性,提高土温,铲除杂草,加强土壤养分有效化,促进微生物活动和根系伸展的作用。

(3)绿色食品生产综合技术　开展绿色食品生产,作为中国发展生态农业的战略措施之一,对于保护农业生态环境,提高中国农产品和食品出口创汇都具有十分重要的意义。由于绿色食品生产不仅要求产品安全、无污染、优质、营养,而且要求生产过程与生态环境保护紧密结合。因此,不能用一般的生产技术生产。近年来,通过大量的研究与实践,一套专门生产绿色食品的综合技术基本形成。这一技术包括两大环节,即生产环境控制和特定的生产操作技术规程。

所谓生产环境控制,即绿色食品生产基地要求选择在空气清新、水质纯净、土壤未受污染、自然环境良好的地区,并尽量避开工业区和交通要道,多选择在边远地区和农村以及城市郊区,确保产品原料产地的生产环境符合绿色食品的生态环境标准。为了保证绿色食品基地能够持续生产,还应改善基地生态环境建设的基础,包括农田防护林的建设。

绿色食品生产操作技术规程,虽然因生产产品的种类不同而有所差异,但技术要领差别不大。现以绿色食品蔬菜的生产操作技术规程为例简介如下:

首先是蔬菜产地的灌溉水和大气必须符合国家环境质量标准,

土壤必须符合生产绿色食品土壤环境质量标准,同时还需要设法截断污染源。由此看来,蔬菜产地多在人口聚居的城镇的附近,所以其产地必须选择污染源较远的地方。

其次是蔬菜品种选择和壮苗培育。蔬菜品种应选用优良品种,即不仅抗病虫和抗逆境能力强,适应性广、商品性好、产量高,而且必须具有与栽培季节和栽培方式相适应的优良特性,培育无病虫害的壮苗是绿色食品蔬菜生产的关键环节之一。一般在育苗期不宜使用或少量使用矿物质肥料,严格筛选无病虫害壮苗进入栽培场。

第三是施肥和病虫防治。一般来说,绿色食品蔬菜生产的施肥要求:以有机肥提高土壤的肥力水平为基础;茬入豆科作物以提高土壤氮素含量,减少矿质的氮肥的施用;优化基肥和追肥的组合,严格掌握追肥时间;结合栽培技术合理掌握施肥量。绿色食品蔬菜的病虫害防治技术要求:在搞好栽培场地清理、消毒和改善保护地的温湿环境条件的基础上,重点采用以菌防治病虫害的生物防治为主,必要时兼用高效、低毒、低残留化学农药的综合防治技术。

(4)小流域综合治理技术　是指以水土保持为核心的合理利用土地资源,改善小流域生态环境,提高小流域经济系统的整体效益而采取的各项技术措施。一般归纳起来,大体分为农耕技术措施、林草措施和水土保持工程三大类。由于在小流域治理中,通常这三大类措施都各有所用,即坡面沟谷要用林草措施,耕地需用农业技术措施,在沟底可修筑塘坝和小水库。因此,这三类措施之间即具有分工合作,又相互促进,相辅相成,密切合作的关系,在小流域治理中因地制宜综合应用这三类技术措施,不仅能有效地控制不同部位和不同形式的水土流失,而且还能够充分发挥综合效益,使农、林、牧等各业彼此协调和促进,实现小流域生态平衡和持续发展。具体来讲:农耕技术措施是小流域综合治理的基本措施,按其作用性质不同可分为以改变微地形为主的农耕措施和以增加地面为主的耕作措施两类。前者包括等高耕作、等高带状间作、等高沟垄种植等;后者包括草田带状轮作、地膜覆盖、少耕覆盖、青草覆盖和免耕作等。实践证明,在水土流失的坡耕地因地制宜采取各种水土保持农耕措施,对于改变坡面微小地形、增加地面、拦蓄降水、减少地表径流和土壤冲刷、改良土壤结构、增加土壤蓄水保水性能、培肥地力和提高作物产量，都具有显著的作用。

林草措施包括在小流域内营造水土保持林、种草以及建立农林复合生态系统。林草措施是小流域综合治理的重要组成部分。除了起涵养水源和保持水土的作用外，还能达到改良土壤，提供燃料、饲料和木材，促进农、林、牧等各业综合发展的目的，因而兼有保持水土和发展生产的双重功能。实践表明，在小流域综合治理中，为了获得的生态效益和经济效益，要求水土保持林的营造应与发展用材林、薪炭林和经济林统筹规划，在林种配置形式上要实行乔、冠、草结合，网、带、片配套；要求种草不仅应与发展草食动物养殖或发展工业原料生产结合起来，而且种草方式应以草与林或草与果立体种植为主。例如，湖南湘西自治州在荒山荒坡上发展龙须草，既防止了水土流失，又出售龙须草每公顷荒山荒坡还可收入 6 000 元，同时收到较好生态效益和经济效益。

水土保持工程措施可分为坡面治理工程、沟道治理工程和护岸工程三类。其中坡面治理工程主要是针对分水岭以下至沟缘线的坡地区，一般有梯田工程、坡面蓄水工程和截流防冲工程等。沟道治理工程可分为沟头防护工程、沟道蓄水工程和淤地坝头建筑 3 种，其中沟头防护工程是为防止径流冲刷而引起沟头前进、沟底下切和沟岸扩张，从而保护不受侵蚀的水土保持工程；沟道蓄水工程或淤地坝都是横筑于沟道中的坝工建筑物，它们的作用是控制沟床下切和扩张、滞洪蓄水或拦泥淤地等。

第十章 庭院种植业模式与技术

在庭院经济众多的内容中，庭院种植是历史较长、技术较成熟的一个重要组成部分。它和农业生产者的生活和生产密切相关，不可分割。在古代社会，人类就开始使用一些简单工具在洞穴周围对野菜进行人工种植，即使在计划经济时期，许多农户也拥有一块靠近住宅的自留地，虽然和我们现在所讲的庭院种植园有所区别，但它们的功能是基本一致的。农民可以在这里根据自己的爱好、需要和可能，种植一些有别于大田的植物，如蔬菜、水果、花卉等作物，在特殊时期还曾种植一些特殊品种，用来从异地以物易物贸易方式换取粮食作物来维持生活。同时，也积累了种植和经营经验，这是庭院种植业的初级阶段。

庭院种植业发展到今天，它已不再只是一种维持和简单改善生活的手段，而是以庭院及其周围，甚至包括承包地的一部分或全部荒山、荒地为对象，依靠家庭和庭院特有的优势，集中使用良种技术、耕种技术、经营技术、信息技术等手段进行小规模、高度集约的精作型农业生产活动。

第一节 庭院种植业模式的组建

庭院种植业模式的组建是指根据庭院时、空、能的优势和特点，选择适当的品种，合理地设计模式结构和布局，使其发挥组合效应，达到高产、优质高效的目的。

一、影响庭院种植业模式组建的因素

庭院种植业模式的组合和设计不是固定不变的，而是受庭院经

营者水平,所处地区发展情况及市场需要,以及其周围环境条件的影响。一般来讲,主要有3个方面,一是社会经济环境,二是自然条件,三是经营者的素质和水平。

(一)社会经济环境对模式组建的影响

庭院经济发展模式类型受社会发展水平的市场需求的制约。因此,在庭院经济模式如种植模式的设计和技术选择上也必须充分考虑这一点。尤其在发达地区,庭院种植模式不是简单种植1~2种粮食或经济作物以满足家庭成员消费为目的的生产过程,而是具有满足或补充人们日常消费需求和改善生活环境条件的综合性功能。如种植经济价值高的瓜、果、桃、李等以及栽植绿化和美化环境的花卉等,同时在有剩余的条件下,根据市场需要对外销售也是其主要目的。

(二)自然环境对模式组建的影响

自然环境条件是指庭院所处地理位置,包括地形、地貌、水源、气候及土壤类型等。对于处于山区丘陵地区的农户,由于地形、地貌复杂,适于栽植以果树、葡萄为主的经营方式;而对于平原,则可以种植经济价值较高的品种;有条件的地区如庭院空间和面积较大者,可以考虑建温室大棚等实行反季节栽培,效益更高。因此,在设计庭院种植模式时要因地制宜,既要考虑积极条件,市场需要,又要充分照顾自然环境和院落特点。

(三)经营者素质和水平对模式组建的影响

经营者素质和水平是指庭院经营者的文化素质和对外界信息接受程度。经营者素质高的家庭成员在选择庭院种植结构和模式时,能够广泛收集信息,甚至进行参观考察和学习,并且能够较好地根据实际条件选择适宜的种植模式和种植品种,应用先进实用的生产技术。有的还能够在考虑种植结构时,科学合理地兼顾短期利益和长远利益的有机结合。如在庭院后围种植生长期长的乔木,而在阳光充足的前院栽植花卉和葡萄,在房屋北部阴面安排栽培喜阴蔬菜等。

二、庭院种植业模式组建

根据种植技术要求和庭院的时间、空间和能量利用特点，组建庭院种植模式应把握以下原则：

1. **品种优选原则**　在模式组建中首先要解决种什么的问题。庭院种植业是大田种植技术的浓缩，具有大田种植“实验室”的示范作用。因此，用于庭院种植的作物品种应该是最优的品种，在引进品种时，也首先在庭院试种成功后再向大田推广，但这并不意味着是新优品种就拿回来种，而是需要通过严格的考察实践，只有适合当地土壤气候条件的作物才可引入试种。其次，应考虑种植的品种是否是市场对路的时令畅销产品，因为对于一般农民来说，首要的问题是生产和效益。

2. **环境结构优化原则**　庭院是一个小型生态系统。在这个生态系统中，人是最重要的因素，营造一个幽雅舒适的生存环境是庭院经济建设的一个重要目的。因此，在组建庭院种植模式时要首先考虑不能对人的生活带来任何不便。其次，种植业只是众多庭院经济内容中的一部分，种植业组建应服从庭院经济总体布局和规划，对其他部分如养殖、加工等也不能造成妨碍和不良影响，应从系统观点出发，统筹考虑，做到互相协调、共同发展。第三，从生态和环境角度考虑，应用生物技术和美学原理，发挥种植业的优势，创造具有个性特点的庭院生态、环境、艺术、效益的统一体。

3. **技术先进原则**　庭院种植地离住宅较近，面积较小，灵活性强，便于管理和操作，水、肥、温度等作物生长的基本条件也较好，应尽量利用这些条件，采用先进的种植与配套技术，如间作套种，搭茬栽培、立体种植等，充分发挥其时、空、能优势，获得更高的经济效益，并为进一步向大田推广积累经验。

4. **经济实用原则**　庭院经济种植虽然灵活性较强，根据品种选择和互相搭配、个人爱好、设施利用方式、季节变换、市场需求等可以形成很多组合方式，并可随时调整、更改，可丰富庭院经济内容和人的生活情趣。但它毕竟还是一项商品生产活动，还应充分利用其灵活性、发挥主观能动性，充分考虑其实用价值和经济效益，降低成本和风险，使高效和费用有机地结合，提高效益。

三、庭院种植业的规划与布局

庭院种植地的规划和布局没有统一的模式可循，也不能盲目照搬。应因地制宜、扬长避短、形成自己的特色，这是唯一正确的方法。但同时也要符合庭院经济的总体要求和作物的生长要求。对现有庭院的规划布局与改造，在安排好其他生活设施的前提下，选择一块面积较大、相对整齐、光照条件较好的空间作种植园；对新建庭院，在条件允许的前提下，为更好地利用太阳光照和土地，可不设院墙，对于面积过小的庭院可不安排专门的种植地，以盆栽、刺架类和攀缘类作物种植为主；对于面积较大的庭院除安排足够的种植地外，还可考虑建造塑料大棚和日光温室。

一般来讲，种植园应安排半截庭院中靠南的位置，由此向北，依此为棚架类作物种植区和庭院休息用地、住房，东西两侧安排厨房、库房、畜禽舍、厕所等并与攀缘类种植相结合。可利用房屋遮挡住风对作物的侵袭，通过沼气池与畜禽舍形成物质供应关系。棚架类作物种植要与庭院休息场地结合起来，但同时也应注意和建筑设施如房屋、畜禽舍等保持一定距离，以免种植作物受畜禽侵害和因灌溉造成建筑物基下沉和破坏。

第二节　以蔬菜生产为主的模式与技术

一、模式概况

随着中国社会经济的发展，人民生活的改善，社会对蔬菜的需求量增加，对质量要求愈来愈高，各地为满足需求，实施“菜篮子工程”，蔬菜种植已成为农村经济发展和农民脱贫致富的一条重要途径。

以蔬菜为主的庭院种植业主要颁布于靠近城镇和大开型厂矿企业的地区。这里销售对象稳定,交通便利是其绝对优势;耕地面积小,庭院占地面积小则是其劣势。另外,一些具有资源优势的偏远地区,也可进行蔬菜的开发种植。

在庭院种植业发展过程中,因蔬菜品种的繁多,其组合形式多样,各地根据实际情况都在进行不同程度的探索。同时,通过搭茬和补茬,还可和其他作物搭配形成“菜－菜”、“菜－粮”、“菜－果”、“菜－药”、“菜－花”等组合模式。即使生产品种明确后,还可形成更多的模式结构,如在北方推荐选用的甘蓝、西瓜、花生、蒜苗等套种的一年六熟种植模式,就是利用地膜覆盖和畦带种植技术。首先种植甘蓝和西瓜,甘蓝收获后,利用其茬口和地膜结构种植花生,西瓜收获后,及时净土并栽种耐热菜花,花生和菜花收获后,清膜整地并做畦,搭建拱栅,实行蒜苗、菠菜间种,从而实现全年生产蔬菜。品种和组合方式不同,可形成许多不同的庭院种植模式。

北方地区蔬菜种植模式普遍是以提高为主的特点,以下内容以其发展过程中的几个主要阶段为线索,重点介绍适用于北方地区庭院蔬菜种植的几种模式:

1. **露地和地膜覆盖模式**　以传统种植模式为基础,以品种搭配、间作、套种、轮作等技术手段,提高复种指数和单产,或为应用地膜覆盖种植技术提前撇种和提早收获,缩短生长期或延长收获期,提高土地利用率和经济效益。如应用较多的辣椒、番茄、小白菜间套、洋葱、菠菜、毛豆间套模式,以及前面提及的一年六熟模式等。

2. **立体种植模式**　在露地和地膜覆盖模式的基础上,结合作物的植株高矮、生长期长短、喜光性差别等由平面向空间利用发展,“占天不占地”。提高土地利用率的同时,利用空间增植品种,形成平面上多样化栽培,空间利用上错落有致,保证均衡生产和供应。

立体种植可以在平地相对高度范围内种植,也可利用院内一些设施如树木、院墙、屋顶等或为专门搭设棚架种植攀缘类蔬菜品种,如各种瓜菜类和豆菜类,如山东益都县米崖乡西坡村农民孙道祥,将一道高 2 米、宽 0.5 米、长 10 余米的墙头,改建成菜地,其具体做法是先在墙头铺一层石板，再沿墙头两侧用石块砌成一条石槽，然后在槽内填土、填肥。当年栽种80多株辣椒合每公顷产750多千克，收益相当可观。还可以采用无土栽培技术和新发展的营养土栽培技术，在不作物生长特性和条件的前提下，将种植地在空间“叠加”起来，使土地利用率成倍增加。如河南一些地方的农民，利用庭院内向阳的墙壁，分层作梯，固定培养土、种植蒜苗等。同时，还可以充分利用一些地表不能利用而空间可以利用的地方如屋顶、鸡舍和猪舍顶、阳台、过道等，发展相适应的作物品种，如葡萄、花卉、攀缘类植物等。还可以充分利用农家地窖、地下储藏室等作为生产场地，用来培养食用菌，生产芽菜。甘肃某农民曾成功地利用温暖地窖储藏期使洋芋发芽后开春时提前移栽，较常规种植法提前成熟。另外，在北方推广应用较多的还有食用菌、苦瓜立体生产模式，食用菌、黄瓜立体生产模式，丝瓜、辣椒、苋菜立体模式，生姜、豇豆、小白菜隔畦立体种植模式和冬瓜、番茄立体模式等。

庭院蔬菜立体种植模式在中国华北地区已逐步推广到大田。如河南省焦作等地近几年探索和推广的“甘蓝－西瓜－大白菜”立体种植模式一般每公顷产瓜菜150 000千克，每公顷纯收入在30 000元左右；“水萝卜－马铃薯－早白菜－晚白菜”立体种植模式每公顷产水萝卜7 500千克。马铃薯30 000千克，早、晚白菜各37 500千克，每公顷产值近45 000元，每公顷纯收益达37 500元；“甘蓝－西瓜－花生－菜花－蒜薹－菠菜”立体模式及“菜花－茄子－芫荽－白菜”立体模式每公顷纯收益均在15 000元以上。夏季瓜豆棚套食用菌，每公顷纯收益在15万元以上。

3. **保护地设施利用模式** 利用温室效应，人为改善种植条件，保障蔬菜的温湿度生长环境，进行蔬菜错季和反季节生产的一种措施。近年来，这种模式在中国北方发展很快，实现了南菜北种，缓解了北方蔬菜供应紧张的矛盾，甚至在特殊季节向南方供应。根据设施的成本投入和可提高温度的高低又可分为塑料大棚、日光温室、增温型日光温室和智能型日光温室几种。目前用于大众化蔬菜生产的有塑料大棚、日光温室和增温型日光温室，智能型日光温室则是利用电子技术进行温度、湿度、气体环境等的自动化调节和控制，设施成本较高，只用于育苗生产和特殊蔬菜的种植和栽培。这方面的典型在北方很普遍。如辽宁省昌图县牤牛乡 1986 年全乡庭院大棚面积 26 000 米^2，纯收入达 38 万元，效益可观。

以上几种模式，各有不同的技术侧重点，在实际应用中还可以交叉搭配，灵活组合，并且不应拘拟于现有模式，要充分发挥地方优势和自身特点，积极探索创造具有各自特色的新型模式。

二、模式特点剖析

蔬菜生产作为第一性生产，一方面可为畜牧业和加工业提供原料，带动庭院经济的全面发展，另一方面其副产品如菜叶等可作家禽家畜的饲料。即使在市场价格过低的情况下，也可将其作为畜禽饲料和加工原料进行转化，物质利用渠道广，市场风险承受能力强。以蔬菜种植为主的模式具有以下特点：

1. **品种利用特点** 蔬菜种植品种相对其他作物较多，品种选择范围和适应种植地区较广，调整余地大。

2. **栽培方式特点** 蔬菜的栽培方式极为广泛，如撒播、穴播、畦播、盆栽、攀缘种植、棚架栽培、食用菌栽培、无土栽培、营养土栽培、营养基质栽培等。这为其庭院栽培提供了有利条件。

3. **时间利用特点** 大部分蔬菜生产周期较短，可多茬栽培，利用这一特点和品种多样化的特点，参考相容相斥关系，就可进行不同生长期和生长季节蔬菜间的相互搭配，实现全年性生产连续性供应。

4. **空间利用特点** 蔬菜中具有植株矮小、耐阴、攀缘生长的品种，为蔬菜立体化栽培提供了可能，通过立体种植措施如棚架设施、无土栽培设施、营养柱栽培设施等充分利用庭院空间资源，在不影响光合作用和通风换气条件下，使光、热资源利用提高。

5. **设施利用特点** 在利用空间进行立体种植时，除构筑设施外，还可以利用院墙、屋顶、屋檐、阳台、舍顶、树木等现有设施。保护地设施使蔬菜生产达到了更高的层次，全面利用了蔬菜品种多样化、栽培方式的灵活性以及时间和空间利用的便利性等特点，合理地利用了自然光热资源，改善了北方地区季节性温差大等气候条件缺陷，进一步有效地提高了土地、资源的利用率。蔬菜种植率先使用了保护地设施技术，而且至今仍在不断发展。

6. 病虫草害防治特点 集约化高密度生产使病虫草害问题更加严重。多品种的集约化组合，使其中各品种之间的营养争夺更加激烈，而且调节余地不大，导致其生命比较脆弱。在这种环境中生长各种病虫草害又易交叉感染，特别是多茬作业和地设施种植。特殊庭院环境不能使用大量农药，这就需要我们随时观察，及时防治。

7. 日常管理特点 蔬菜种植作业虽然触动强度不大，但因集约化特点使其生长，易受杂草、病虫害等侵袭，而且技术难度、条件要求、投入等较高。特别是多茬作业和保护地设施种植，需要随时观察，及时防治。同时，在庭院中从事蔬菜种植业生产已不再是一种单纯的种植生产活动，需要栽培、土肥、植保、设施、环境等方面的基本知识和系统综合能力，协调各种相关因素之间的关系也显得更加重要。如有些蔬菜品种还需要在其生长过程中进行打尖、扶秧、培土等辅助性作业，及时追施水、肥、预防病虫害等，和大田农作物种植，具有复杂的管理程序和技术要求。这些特征表明，庭院蔬菜种植业属于精作型农业。

三、关键技术要点

（一）模式选择要因地制宜、循序渐进

对于经济条件和技术水平较低的农户，可选择露地和地膜覆盖模式。这种模式的投资和风险均较小，技术要求不高，只需勤奋劳作，可在有限的土地上改变原有的一年一茬（二茬）为多茬种植，并向高层次发展积累资金和经验。经过一段时间的资金积累和种植经验积累，有能力对土地更多地投入和能胜任一般蔬菜的种植作业，从而从露地—地膜覆盖模式向立体种植模式转化。在露地和地膜覆盖模式上，要选择土地肥力较高，水源条件较好的地块，并在每茬种植时

施足底肥、适当追肥，在品种选择上要更细致地设计和搭配。对于已具有较好的资金条件和种植规模的农户，为追求更高的经济效益和从事特种蔬菜作物种植者，可选用保护地设施利用模式。这种模式投资较大，风险也较大，要求采用者具有良好的技术素质，如土地处理技术、良种选择和培育技术、施肥和病虫害防治技术等，以降低风险。因此，选择该模式时要慎重。

（二）品种选择和配置要科学合理

一般来讲，适合大田栽植的各种蔬菜，多数也适宜于庭院。根、茎叶类蔬菜较易栽培，而果菜类对环境条件的要求相对较高。在选择品种时，应根据市场供求情况、庭院环境、经济技术要求和适宜模式，选择把握性较大的蔬菜品种。为给配置组合留有余地，可将种类范围适当定宽。在选种前应重视了解各种蔬菜种子的特征，学会质量鉴别方法和种前处理方法，保证所选品种有优良品质和较强的抗病虫害能力，保证种子的发芽率和成活率，使设计模式能够顺利实现。

选定品种后，对所选品种根据模式需要进行配置设计。在搭配和布局中应注意以下几点：

1. **重视配置能多次收获采摘或收获期较长的品种，或成长期虽短但能多次种植的速生蔬菜**　在庭院种植面积较小的情况下，更应精细安排。叶菜类如韭菜、芹菜等（可多次收割，收获时间也长），茄果类如番茄、辣椒等（结果期长，采收、供应期也长），菠菜、豌豆苗、小白菜等速生蔬菜（可连续播种，连续收获），以及丝瓜和秋扁豆等（立秋后进入收获高峰，可一直采收到霜降）。此外，佛手瓜也是一种生长期、收获期都较长，既可食用，又可观赏，还耐储藏的蔬菜。

2. **重视配置单产高、营养成分丰富的品种**　如洋葱、花椰菜、番茄、辣椒、菜豆、豌豆、胡萝卜等，它们不仅营养丰富，干物质含量高，而且单产高。

3. **配置耐阴性较强的蔬菜**　庭院受建筑物和树木的影响，光照条件多有不足，可选择耐阴性较强的蔬菜，如芹菜、莴笋、豌豆苗、葱、蒜、丝瓜等。

4. **科学利用蔬菜之间和其他作物的相容与相克关系**　有些蔬菜

能分泌杀菌素、生长素或有机酸、生物碱等化学物质，从而直接或间接地对其他作物的生长产生抑制或促进作用。能促进对方生长者为相容，抑制对方生长者为相克。如大蒜与棉花间作时，大蒜的分泌物能驱逐棉蚜；大蒜与大白菜、卷心菜等间作或轮作时，大蒜所分泌出的挥发性物质，能抑制大白菜的软腐病菌；韭菜与大白菜间作时，可使大白菜免得根腐病；洋葱与胡萝卜间作，两种菜的气味可互相驱逐害虫。相克的植物有：桃树根系分泌有毒物质，洋艾（茴香）分泌挥发性油，都能抑制菜豆、豌豆、紫苏种子的发芽；番茄、向日葵、南瓜等，容易使马铃薯发生晚疫病等。所以，在选择庭院蔬菜及其间作物时，应注意它们之间的相容相克关系，以期获得稳产、高产、高效益，见表10－1。

表10－1　蔬菜作物立体种植中宜与不宜的种类搭配

蔬菜种类	宜轮、间、套作种类	不宜轮、间、套作种类
天门冬属	番茄、欧芹属、罗勒属	
菜豆	马铃薯、黄瓜、药草、结球甘蓝、花椰菜	洋葱、大蒜、根甜菜
胡萝卜	洋葱、豌豆、薄荷、萝卜	莳萝
根菜	洋葱、结球甘蓝	菜豆
结球甘蓝	薄荷	番茄
芹菜	洋葱、番茄、结球甘蓝	
玉米	马铃薯、豌豆、菜豆、黄瓜	番茄
细香葱	胡萝卜	豌豆、菜豆
黄瓜	菜豆、玉米、豌豆	马铃薯、薄荷、番茄、萝卜
茴香	单作	番茄
欧洲韭	胡萝卜、洋葱、细香葱	菜豆、豌豆
生菜	胡萝卜、萝卜、草莓、黄瓜	
洋葱	胡萝卜、草莓、生菜	
皱叶欧芹	天门冬属植物、番茄	薄荷
豌豆	胡萝卜、萝卜、菜豆、玉米	洋葱、马铃薯
马铃薯	菜豆	黄瓜、番茄、豌豆
萝卜	豌豆、胡萝卜、生菜、洋葱	黄瓜
菠菜	豌豆、胡萝卜、生菜、洋葱	黄瓜
草莓	菜豆、菠菜、洋葱	结球甘蓝
番茄	洋葱、皱叶欧芹、结球甘蓝、罗勒属植物	玉米、马铃薯、黄瓜

5. 重视时空利用率的提高　庭院蔬菜的配置，应根据不同地区

和不同的需要，考虑间作或套种。不少地方有果菜、粮菜、菜菜间套的习惯，既可充分利用土地，又可提高经济效益。如萝卜、胡萝卜、葱、蒜、洋葱、豌豆、菜豆、莴笋、芹菜、小萝卜、菠菜、大豆等，均适合间套，尤以大豆为最好，既可收获青豆作菜，又可肥田，有利于间套作物增产。庭院蔬菜不同于大田，应着重发挥其立体栽培优势，达到一地多用。如用棚架种植藤蔓类菜瓜、豆类时，架下还可生产食用菌等耐阴蔬菜。利用门窗和棚架种植蔬菜的方法见表 10－2。

表 10－2　利用门窗和棚架种植蔬菜的方法

名称	图示	说明	名称	图示	说明
拱形门廊栽培		在门口台阶的两侧，砌上水泥池或砖池，上面用竹竿、铁管制成拱形支架。断面积比门高、宽各大 50～80 厘米。长度为 1～1.5 米。用以栽培瓜果等	长方形门廊栽培	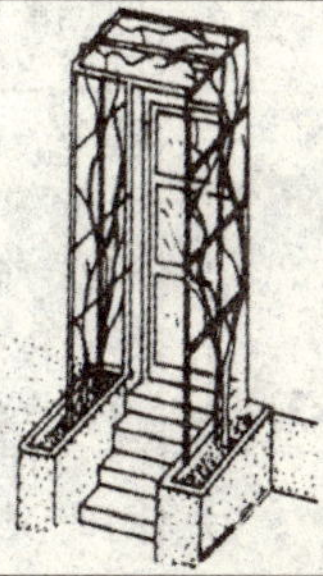	架材可以用竹、木、水泥、铁管制作
方形廊道栽培	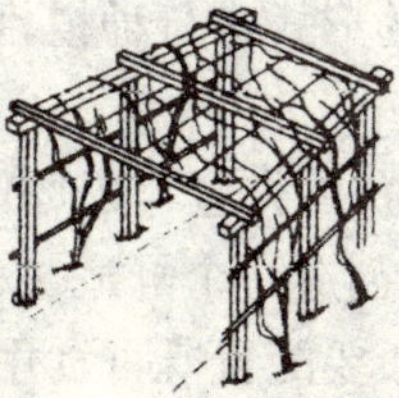	支架用水泥制作	扇形影壁式栽培	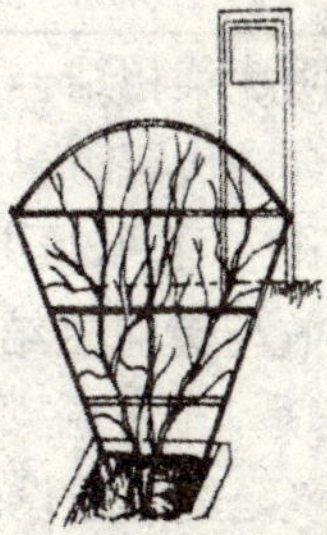	在街的门前用竹竿、木条、铁管等材料做成影壁式架。栽培攀缘性果菜
单壁廊道栽培		在居室前人行道上，搭上支架。距窗宽度 2 米以上，高度 2.5 米以上。既可为居室遮阳，又美化环境	单侧门道栽培	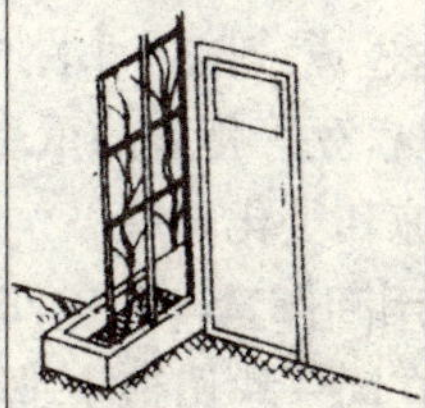	有些屋门上有雨搭，可以在一侧搭上支架，一般北屋搭在西侧，厢房搭在北侧为好

续表

名称	图示	说明	名称	图示	说明
敞棚式栽培		在比较宽敞的庭院里可以搭上敞棚用于栽培攀缘植物，下面放上桌椅，既可休息，又有收益	拱形廊道栽培	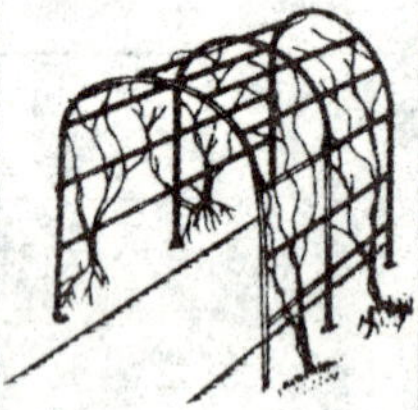	在庭院中的人行道上用铁管、竹片捆扎成拱形棚架，栽培攀缘瓜、菜，构成绿色长廊（高度应在 2.5 以上）
天井栽培架		两栋平房或居民楼之间拉上铁丝，上面爬满攀缘植物，形成绿色的天幕，是居民夏季休息、娱乐的最佳场所，同时又是瓜、菜的生产场地			

喜光与耐阴蔬菜相结合，生长期长短不同的蔬菜相结合，高矮秧不同蔬菜相结合，以及蔬菜与其他作物相结合的形式进行种植，可以充分利用土地和空间，取得更高的经济效益。

6. **注重实效与美化相结合**　庭院蔬菜种植，首先应考虑庭院这一主要因素，它是人们的主要生活和生存空间，创造一个舒适、安逸、温馨的生活环境是庭院建设的第一要求。因此，要配置既可食用，又可观赏的蔬菜种类和品种，利用一切可以利用的面积和空间。如平房围墙，门庭过道或院内小路两侧，种植如蛇形丝瓜、蛇瓜、葫芦、观赏南瓜、紫色扁豆等爬蔓的瓜、豆菜类，既可获得市场上短缺的产品，又可遮阳纳凉和美化环境。

（三）利用间作套种和轮作技术合理进行茬口安排

间作是在同一块田地中把两种或两种以上能够互相促进并可提

高总产量的作物，实行隔行、隔垄或隔畦的种植方式。

套种是在前茬作物作物生育后期，在其行间、畦间或为垄种植后茬作物，茬有一段较短的共生期，但又互不影响生长，甚至能互相促进的种植方式。

轮作是指在同一块地上，为保持地力和防治病虫害，在一定周期内对某同一作物收获后有序地换种其他作物，避免因单一作物连种（连作）的种植方式，也称倒茬。

在间作套种和轮作技术指导下，根据种植地面积大小、生长期长短、管理者技术水平、市场行情、病虫害防治要求等进行合理的茬口安排，以便充分利用土地，做到周年生产和均衡供应，同时避免易发病虫害的传播和流行，限制病虫害的扩散和蔓延。

茬口安排分为季节利用茬口和土地利用茬口。

1. 季节利用茬口　季节茬口安排是着重从时间方面考虑，为了打破因季节而形成的蔬菜市场淡季、旺季供应状况，根据各种蔬菜对温度条件的要求和当地气候条件，选择适宜栽培的季节。做好茬口安排，可使土地利用率提高，蔬菜上市及时，品种丰富，提高效益和社会效益。

季节茬口安排种植时，多数地方常以越冬菜、早春菜、晚春菜、夏菜、秋菜等五大茬为主进行安排。但由于庭院面积小，用五大茬的顺序进行安排生产时难于操作，为此可细分为早春菜、晚春菜、夏菜、夏秋菜、秋菜、晚秋菜、越冬菜 7 种类型。

（1）早春菜　在北方早春菜可播种小油菜，即在 2 月下旬间播种或定植；可于 2 月下旬，利用阳畦或塑料薄膜小拱园覆盖栽培早熟春甘蓝、育油菜等；还可在 2 月底至 3 月上旬，利用阳畦定植早熟辣椒、番茄、矮生菜豆、西葫芦、早熟黄瓜等；或 3 月上旬露地定植早中熟春甘蓝、春莴笋、春花椰菜、油菜等；也可 3 月中旬开始定植塑料薄膜小拱圆棚覆盖栽培早熟辣椒、番茄、矮生菜豆、西葫芦、短生菜豆等。

（2）晚春菜　该茬蔬菜是露地蔬菜栽培的一个重要茬次，倒茬、接茬的时间一般在 4 月上旬到 5 月初。倒茬菜主要有越冬菠菜、芹菜、春小白菜等;4 月上旬收获后,接茬菜可安排芹菜,中晚熟甘蓝、苤蓝、莴笋等;断霜后栽培番茄、西葫芦、辣椒、菜豆、黄瓜、茄子、南瓜、冬瓜;或直播黄瓜、南瓜、菜豆、豆角等。该茬蔬菜的栽培时间,正值春末夏初,所以又称春夏菜。

(3) 夏菜 主要为补充 8 ~ 9 月淡季供应,所以夏菜又叫淡季菜。倒茬、接茬的时间,一股在 5 月上旬至 6 月上旬,前茬菜有春菠菜、春小白菜、早中熟春甘蓝、花椰菜、春莴笋、春芹菜等。接茬的主要有冬瓜、夏豆角、半夏、黄瓜、生姜、夏甘蓝、韭菜或芹菜育苗。

(4) 夏秋菜 这茬菜是安排部分秋菜的茬次,倒、接茬的时间,一般在 6 月中旬至 7 月中旬。倒茬的蔬菜有中晚熟甘蓝,晚春芹菜、大蒜、洋葱、春马铃薯、早熟番茄等。夏秋菜可种植苋菜、夏小白菜、秋黄瓜、秋架芸豆、大葱,也可安排秋甘蓝、秋花椰菜、秋莴笋、秋芹菜等,还可以于 7 月中播种秋胡萝卜等。

(5) 秋菜 这茬菜是露地蔬菜栽培中的一个重要茬次。倒、接茬的时间,一般在 7 月下旬到 8 月中旬。倒茬菜有春黄瓜、春架芸豆、中晚熟春番茄、早熟茄子、辣椒、冬瓜、南瓜、夏小白菜等;接茬菜较多,从 7 月下旬到 8 月初,可安排早熟大白菜、萝卜、秋矮生菜豆、育芹菜苗、假植储藏的花椰菜、延迟栽培的番茄苗、立秋前后播种的蔬菜有萝卜、根用芥菜、秋马铃薯、大白菜、秋菠菜等,开始栽培秋花椰菜、秋甘蓝、秋莴笋、韭菜等。

(6) 晚秋菜 这茬菜的时间一般在 8 月下旬到 9 月中旬。倒茬菜有冬瓜、南瓜、抢茬黄瓜、茄子、辣椒、豆角、春中晚熟番茄以及晚播小白菜、苋菜等;接茬菜有大白菜、秋芹菜、秋花椰菜、秋莴笋,秋季延迟栽培的番茄以及大葱,洋葱的育苗等。

(7) 越冬菜 这茬菜的倒买倒卖茬时间范围较广。第一阶段是从 9 月下旬到 10 月上旬,倒买倒卖茬菜有秋熟大白菜、萝卜、早秋芥菜、秋花椰菜以及豆角、茄子、辣椒、早秋黄瓜等,接茬菜有青蒜、大蒜,播种越冬菠菜、大葱;移栽延迟栽培的芹菜、莴笋等;第二阶段是从 10 月下旬到 11 月上旬,倒买倒卖茬菜有萝卜、大葱、根芥菜、秋马铃薯、秋菜豆、秋菠菜以及晚秋黄瓜、茄子、辣椒、假植椰花菜等;第三阶段是 11 月中下旬,这段时间,倒买倒卖茬菜有大白菜、秋芹菜、秋菠菜、秋芫荽等,收获后,可作翌春发展早熟保护栽培地用。

2. 土地利用茬口 土地利用茬口是指在一块土地上,一年内种植蔬菜的茬次。有的一年内两作两收、三作三收、三作两收,或两年内五作五收等,使土地利用率有了显著提高。目前一般年平均复种指数为 2.5 ~ 3.0。在土地利用茬次方面,有以下几种类型可供种植蔬菜时选择。

在两大季的基础上,早春抢种一茬小春菜,收获后安排冬瓜或南瓜、茄子、春架云豆、甜(辣)椒、豆角等,秋季安排大白菜、芹菜、萝卜、芥菜、大葱或越冬菠菜等。

以两大季为主,中间抢种一茬夏小菜。其特点是充分利用两季菜倒、接茬的空闲时间,拖种一茬生长期短的速生夏小菜,如小白菜、苋菜等,即春季安排早熟番茄或矮生菜豆、西葫芦、洋葱、马铃薯、晚熟结球甘蓝。收获后,安排一茬速生夏小菜,收获后,再安排球菜,可栽植大白菜、秋莴笋、秋萝卜、秋花叶菜、秋芹菜,秋菠菜或延迟栽培的蔬菜。

越冬叶菜类,如菠菜、芹菜、莴笋等收获后,栽茄子、辣椒、架云豆,冬瓜等春夏瓜果菜类,秋季栽种大白菜、秋萝卜、秋花叶菜或种大蒜。

早春菜(包括利用阳畦、风障、塑料薄膜小拱圆、地膜等各种保护设施进行早熟栽培的春甘蓝、春莴笋、春萝卜、春油菜、春芹菜等),夏淡季菜(直播夏黄瓜、夏豆角或冬瓜、夏甘蓝等),越冬菜(栽种大蒜、越冬菠菜、越冬芹菜、莴笋)等。

春季洋葱、大蒜、马铃薯,秋季黄瓜、秋架云豆、秋莴笋、秋花叶菜等,冬季越冬菠菜、薹菜、芹菜等。这一类型,是以上年秋季早熟大白菜、花椰菜、萝卜等为主要茬口,收获后种大蒜或栽洋葱,前茬如为冬闲地,则春季栽种马铃薯,6 月等收获大蒜、洋葱或马铃薯后,安排秋黄瓜、秋架云豆,或秋花椰菜、秋莴笋等,或是安排育苗。收获后,再安排越冬菜。具体时间根据秋菜收获倒茬时间安排。

春黄瓜、早熟番茄,收获后安排早熟大白菜、萝卜、秋马铃薯,收获后再安排大蒜、越冬菠菜或延迟芹菜、洋葱等。上述几种土地利用茬口安排可根据庭院面积大小、食菜习惯、市场需要等情况选用。

（四）保护地设施利用技术

保护地设施利用是提高蔬菜产量，增加品种和收入的一项重要的人工技术措施，在蔬菜生产中起着不可替代的作用。一方面，可改变蔬菜供应季节，实现蔬菜的错季和反季供应；另一方面，庭院小环境形成的屏障效应，可使保护地设施免受风和病虫害的侵袭和伤害。

目前，保护地种植蔬菜的设施类型有如下几种：

1. **中小型塑料薄膜棚** 中小型塑料薄膜棚，其结构、类型基本相似（图 10－1），只是覆盖的面积和空间大小不同，主要是用于果菜类早熟或延后栽培，耐寒绿叶菜类越冬保护栽培，小拱棚亦可作分苗用。

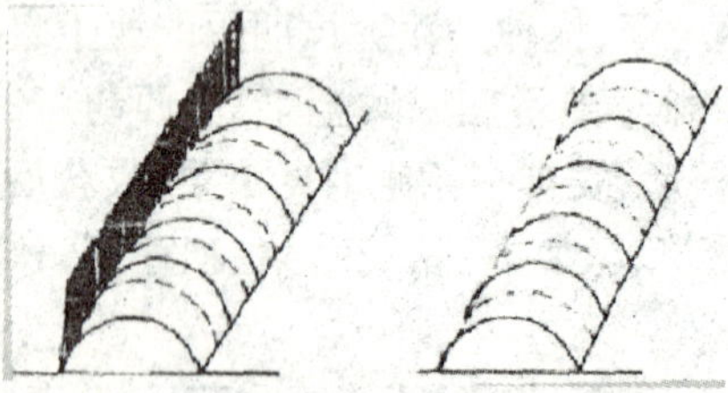

图 10－1 塑料薄膜小拱棚

一般庭院因其空间和种植规模所限，大部分以小拱棚为主，而且其基本原理和结构相同，因此，这里只是以小拱棚为主作简要介绍。

塑料薄膜小型棚又称小拱棚，是目前生产上应用最为普遍的一种保护地栽培方式。它的结构简单，体积较小，负载轻，取材方便，多用轻型材料建成，如用毛竹片、细竹竿、荆条或直径 6～8 毫米的钢筋作为骨架材料，按畦宽每隔 80～100 厘米插一拱杆，高 80～100 厘米，纵向柱 2～3 道横杆，或将骨架插成花拱，不拉横杆，上覆塑料薄膜即成拱形小棚，夜间为了保温防寒，其上可覆盖草帘或草苫。小拱棚与风障配合使用，其增温保温效果更好。

2. **单斜面日光温室** 单斜面日光温室又称单斜面大棚或土温室，是近年来发展最快的一种棚型。在中国北方地区，冬春季晴天多，太阳光能资源丰富，采用大角度的拱形屋面，使其充分采光，利用太阳光照，加强防寒保温措施，不仅可以生产耐寒的叶菜类蔬菜，如管理及时，春节亦可供应黄瓜、番茄。虽然投资略高于一般春用塑料大棚，但经济效益高。

单斜面日光温室不适合于一般家庭庭院蔬菜种植，但却对以蔬菜种植业为主的专业型农户非常适宜，因此在这里也作为重点给予介绍。根据有无支柱和跨度规模，又可分为：

(1)有柱单斜面日光温室　有柱单斜面日光温室为东西延长，有北、东、西三面围墙和后屋顶。跨度为6.5米，有三排立柱，屋脊最高点2.8米。这种日光温室采光角度大，接收光量多，三面围墙较厚，保温效果好。

其结构与建造要点是：围墙有北墙，东西两山墙三面。一般为土打墙，宽80厘米。后墙高1.8米，在距地面1.2米以上每间预留一个0.45米×0.60米的通风窗，通风时扒开。墙内外用麦秸泥抹光，内涂白灰，增加反光，或涂白色保温涂料，既可反光，又可起到保温隔热作用。

后立柱为水泥预制柱，0.14米^2，上端宽0.24米，以便放横梁。后立柱距后墙1米，柱高2.95米，地下埋入0.4米，柱下设奠基石。后排立柱间距3米，上架水泥横梁，承担后屋面。横梁为0.14米^2，长2.95米的水泥预制件。

中柱距后柱2.2米，高2.4米，埋入土中0.4米。前柱距中柱2.3米，柱高1.4米，埋入土中0.4米，中柱、前柱基都垫“稳柱石”，间距同后立柱。三者上面固定直径0.1米粗的毛柱拱杆。

棚面横向拉8号铅丝以固定棚架，间距0.5米；两端拉紧用15千克以上的石块固定，埋在两山墙外深1米的地下。

搭后屋面时，先放直径约0.1米的斜梁，其上横放3~4根檩条，上铺0.2米厚捆成把的玉米秸，再铺各0.1米厚的麦秸和土，然后草泥封顶即可。

棚架建好后，上覆塑料薄膜，以无滴长寿膜为最好。然后用尼龙压膜线或8号铅丝外套细塑料管，以1米的间隔压在薄膜之上。上端固定在事先埋好的地锚上。

草苫是用于前屋面保温的不透明覆盖物,要求保温性好,轻便,容易揭盖。一般采用宽1.2~1.3米,长7米,厚0.04~0.05米的稻草,搭接覆盖两层。每个草苫下放两条麻绳以便卷放。

单斜面日光温室的前沿土地受外界温度影响大,为减少土地热量的外传,在前沿外侧挖一条宽0.4米,深0.5米的防寒沟。内填麦糠,树叶或碎秸秆等,然后用土封严实。

(2)无支柱单斜面日光温室　跨度为6米,只有后立柱,无前、中立柱,见图10-2。

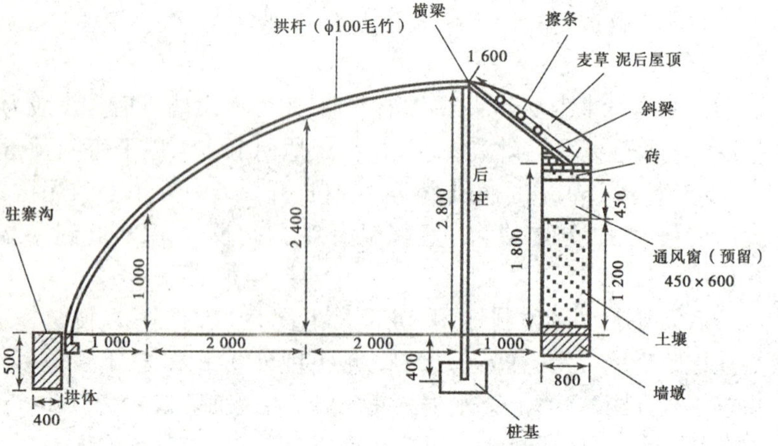

图10-2　无支柱日光温室剖面图(单位:毫米)

整个拱架的压力主要由后柱和横梁支撑,所以埋设要更加牢固,后柱的奠基石一定要用水泥墩。

拱杆由长7米,直径0.1米的毛竹,用火烤弯成弓圆形。各拱杆要弯成一致,间隔1米,使透明屋面平整。上端固定在横梁上,下端埋入地下。为防止拱杆下沉或外撑,拱杆下端最好用拱脚石固定。横梁上也可按1米的距离预先留下直径1厘米的小孔,以便使拱杆固定的更牢。

拱杆面横向拉8号铅丝固定。因没有前、中立柱,铅丝间距离应小些,每40厘米设置一道,两端拉紧,固定于两山脚墙外的地下。

无支柱单斜面日光温室的其他结构及要求与有立柱单斜面日光

温室相同。无支柱单斜面日光温室减少了立柱,室内操作管理更方便。跨度缩小,加大了透光面的角度,增大了光线的入射量。加上良好的保温覆盖材料,即使在深冬不进行加温,也可进行果菜类蔬菜的生产。

3. **其他**　与塑料薄膜棚和单斜面日光温室相近和相配套的其他设施还有以下几种,可和它们配套使用或单独使用。

(1) 软化栽培设施　软化栽培设施,要具备温暖潮湿,遮光密闭,黑暗或半黑暗的条件,在栽培中使蔬菜植株或部分组织生长软化,获得金黄或白色的柔嫩产品。如生产韭黄、蒜黄等,这类设施有檐下软化床和半地下式软化窖两种。

(2)阳畦　阳畦又称冷床,是利用太阳光的热能来提高畦温的一种保护地形式,可用作育苗、分苗或早熟栽培,它又分为一般阳畦和改良阳畦两种,见图 10－3、图 10－4。

(3)温床　温床在结构上与阳畦相似,除具有阳畦的防寒保温设备外,还用简单的人工方法来补充日光增温的不足,使畦内保持较高的温度,可进行喜温蔬菜的育苗或早熟栽培,亦可进行软化栽培。目前常用的有酿热温床和电热温床两种,见图 10－3、图 10－4。

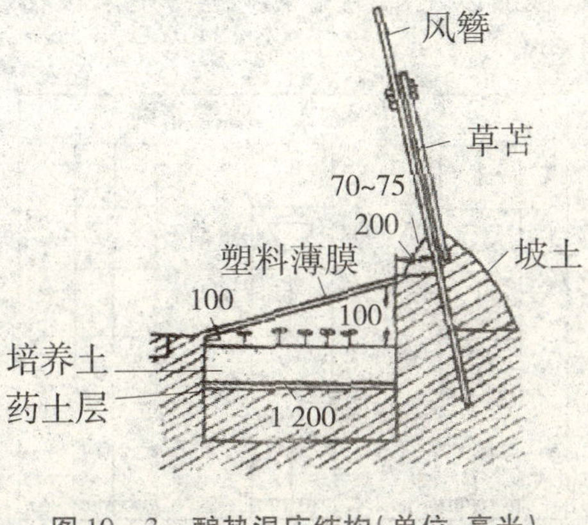

图 10－3　酿热温床结构(单位:毫米)

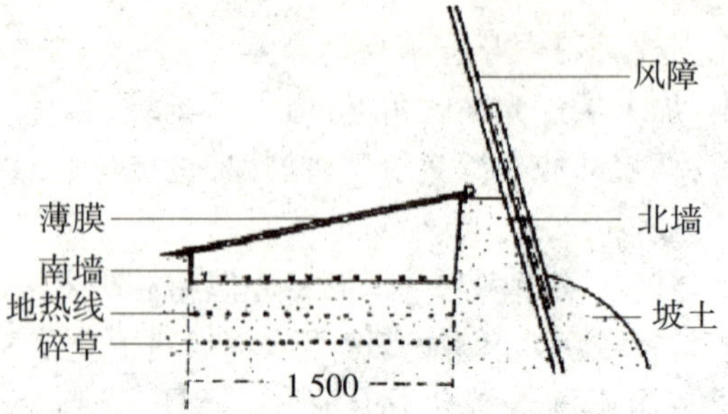

图 10－4　电热温床示意图(单位:毫米)

(五)人造土柱蔬菜立体栽培技术

采用石棉水泥管、硬质塑料管、聚乙烯袋内装营养土制成柱状和香肠式袋状结构,按蔬菜种植株行距在其四周按螺旋位置开孔,孔径0.03 米左右,植株种植在孔中的基质中,播种时注意捏紧种植孔,栽苗时也应注意压实菜苗基部,以利生根。水和养分的供应和补充是通过安装在每一个柱或袋顶部的滴灌系统进行投入,以渗透的方式向下传播,最终再从底部的排水孔中排出。为防止盐分集结,每月用清水洗盐一次,用这种立体栽培技术,既可种一年生的蔬菜,也可种多年生的蔬菜。如种多种叶菜如韭菜、芹菜、小白菜等,也可种茄果类如茄子、辣椒、番茄以及瓜类蔬菜。还可用来栽花,美化环境。见图 10－5、图 10－6。

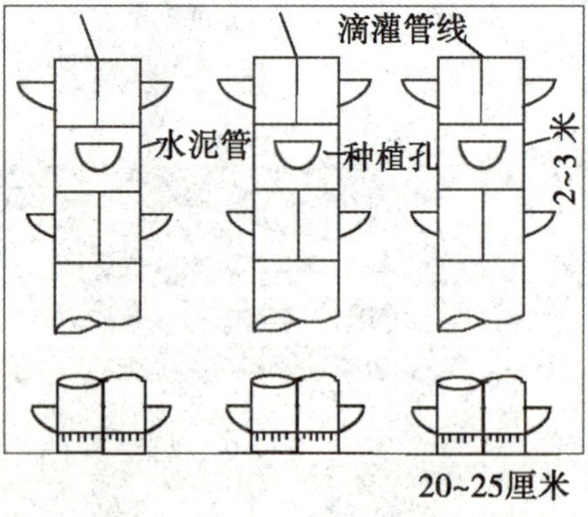

图 10－5　柱状栽培示意图

图 10－6　长袋状栽培示意图

人造土立体种植可不占用有效面积而获得更多的种植空间，如 5 个立体菜柱占地不到 3 米^2，其实际种植面积可达 18 米^2 以上，所种植的蔬菜产量高，生长周期短，还可随收随种，循环种植，2 个立体菜柱 1 年可收获 500 千克以上青菜。

人造土立体菜柱适用于广大农村，可在房前屋后、屋顶、庭院天井、晒台、阳台、大棚、温室内闲余空间等处设置。尤其在多雨季节和地区，可避免雨涝。在干旱地区，如有小型滴灌设备配合，也可采用。

（六）芽菜高效生产技术

各种豆类（黄豆、绿豆、豌豆、蚕豆等）、谷类（小麦、大麦、荞麦等）和蔬菜（萝卜、白菜、香椿、空心菜等）的种子，萌发后长出数厘米长的胚轴及嫩根或幼苗，可以食用，称之为芽菜。

芽菜种类繁多，营养丰富，鲜嫩可口，味美清香，风味各异，食用方法多样，深受人们喜爱。

芽菜生产具有生长周期短，占地面积小，环境条件易控制，投资少，资金周转快，经济效益高等特点。芽菜的生产周期一般为 10～25 天，最多的也不会超过 1 个月，适当安排可以周年生产，每天销售。

因芽菜可以立体栽培，所以场地面积不需要很大，更适合于家庭庭院集中生产和工厂化规模生产，如1995年，中国农业科学院蔬菜花卉研究所利用200米^{2}的温室进行豌豆苗生产，其年纯收入高达10万余元，这是其他蔬菜产品所难以比拟的。对一些无土壤种植条件的地区、家庭以及边远林区、海岛驻军、远航中的船舶等流动性较强的野外作业团体日常蔬菜供应也是有非常重要的意义。如近年来兴起的豌豆苗苗盘纸床栽培方式，因具有洁净、无毒、质轻、美观、活体采摘等特点，深受种植户青睐，其技术要点有：

1. **栽培设施** 一是由保护地设施构成的光照要求较低而温度要求较高的催芽室和具有光照要求的栽培室；二是规格为0.62米×0.24米×0.04米规格的塑料、白铁皮等轻质育苗盘和用洁净、无毒、质轻、持水能力强，使用后其残留物易处理的新闻纸、白棉布、无纺布、珍珠岩、锯末等栽培基质；三是用于立体栽培的支架和水源供应等设施。

2. **栽培技术**

（1）选种与处理 应选择发芽率高95%以上、纯度和净度高、种粒大、芽菜生长速度快、粗壮、产量高、纤维形成慢、品质柔嫩、价格便宜、货源稳定而充足且无任何污染的当年青豌豆、麻豌豆系列品种，并剔除虫蛀、残破、霉烂、畸形、腐粒种子，用清水淘洗2~3次后，用种子体积2~3倍的水量浸种18~24小时。

（2）播种催芽 浸种后再用清水淘洗2~3遍，以清除种子表面的黏液，然后即可播种，并将播完的苗盘摞叠放置，每5~6盘为一摞，置于催芽室的栽培架上。其作业程序一般为：清洗苗盘→铺基质（新闻纸等）→撒播种子→种子二次清洗→铺匀种子→叠盘上架→覆盖保温层（如无纺布浸湿）→置入催芽室→催芽管理→完成催芽→移入栽培室置于栽培架上。当苗盘放入催芽室进行催芽时，除必须保证室内温度外，每天应进行一次倒盘和浇水，调换苗盘上下前后位置，同时均匀地进行喷淋。一般以喷湿后苗盘内不存水为度，以免种子发生霉烂。注意每摞盘之间保持适当空间，以加强通风透气，利于均匀出芽。豌豆苗播种量一般每盘以0.4~0.5千克干种子为宜，在

18～22℃的适温下催芽2～3天，当苗长至1.5～3.0厘米时即可出盘，放入栽培室继续生长。

（3）栽培环境控制　对光照要求不严格是芽菜生产的最大特点，但也不宜过弱，否则会影响外观质量；豌豆苗只有在适宜的温度范围（18～23℃）下，才能保证正常的生产周期；芽菜生产对水分要求较高，且以喷淋为佳。另外，豌豆苗的采收与销售应注意及时收割，剪割长度以8厘米左右为宜，用透明塑料盒或封口袋包装出售。

（七）重视科学施肥和病虫害防治技术

土壤通过与太阳光和大气接触及微生物作用，进行调节，恢复地力，分解有机质来满足作物对养分的要求。但仅靠这些方法是远远不够的，它们提高土地有机质含量的幅度毕竟是有限的，特别是像庭院蔬菜种植这样复种指数和产量水平都要不断提高的情况下，只靠分解有机质来完全满足作物生长要求是不可能的，所以必须及时地配合施用有机肥料和化学肥料加以补充。施肥所补充的养分数量往往比土地中养分含量高得多。因此，对庭院蔬菜种植业来讲，施肥是不可忽视的一项重要措施。不同品种对营养成分的需求也各有不同，应通过学习，了解和掌握各种蔬菜对营养成分的需求和土地养分的简单判别方法，有条件时可采用测土施肥技术进行精量施肥。

庭院蔬菜的病虫害防治也具有重要的意义。首先，病虫害防治可以保证蔬菜的正常生长，通常情况下，庭院蔬菜的复种指数和产量的提高，多以牺牲土地恢复条件和能力为代价。土地负荷的增大，相对减弱了作物抵抗病虫害的能力，而种植品种的增加又易形成交叉感染，使病虫害种类增加，发病率提高。因此，土地利用率越高，越应重视病虫害防治工作。

在庭院蔬菜种植业病虫害防治中还应重视采用综合防治方法，如对土地精耕细作、轮作倒茬、合理安排布局、调整播种时间、加强土肥管理及注意种植区环境卫生等，或者通过种子处理和施肥等方法增加蔬菜抗病虫害物质成分，鼓励使用植物农药和慎用化学农药，注意农药特性和使用时间，以免残留于蔬菜中，对人体造成危害。

四、效益分析

1. 经济效益 庭院蔬菜种植具有较高而且相对稳定的经济效益,并且效益是随着设施利用程度的提高和技术投入的增加而提高的,如前面所提到的"甘蓝－西瓜－花生－菜花－蒜薹－菠菜"一年六熟间作套种立体种植模式,在河南焦作市郊等地区推广,一般每公顷产甘蓝52 500千克、西瓜37 500千克、花生3 000千克、菜花15 000千克、蒜薹22 500千克、菠菜15 000千克。又如种植攀缘类蔬菜,只要经营得当,收获相当可观,种植佛手瓜,1棵仅占地0.25米^2,一个70米^{2}棚架,可生产300千克;栽植丝瓜,平均每平方米架面收入5.6千克;种植苦瓜,每100米^{2}可收230千克以上,如利用温室进行苦瓜嫁接,利用反季节上市,100米^{2}可产370千克。

内蒙古赤峰市农村利用塑料大棚和塑料薄膜日光温室,以秋冬芹菜接早春番茄或黄瓜,秋冬黄瓜接早春番茄,秋冬芹菜接早春黄瓜再接下茬延晚青椒,秋冬西葫芦接早春番茄等几种种植形式为主,其结果为:芹菜一般每公顷产75 000～112 500千克,黄瓜、西葫芦平均每公顷产112 500千克,番茄平均每公顷产112 500千克。

以色列的现代化智能型日光温室内生产的番茄,可连续9个月采摘,蔓长20～30米,每公顷产平均300 000千克左右,高的达450 000千克;青椒一般2～3米高,每公顷年产135 000千克。

根据山东省对庭院经济开发效益的调查分析结果:以蔬菜种植为主的庭院经济模式的庭院利用面积每平方米纯收入23.4元,其收入也是大田生产的2～3倍。显然,庭院种植蔬菜是一项经济效益较好的项目。但同时也可看出,其经济效益高低又与资金、设施、技术的投入和经营管理与市场营销有着很大的关系。因此,影响蔬菜种植效益的因素是多方面的,要提高以蔬菜为主种植业的经济效益,应综合考虑各方面因素,以求整体条件的改善,才能达到预期的目的。

2. 社会效益 以庭院蔬菜种植业为主模式发展,在提高庭院土地的利用率的同时,可利用农村闲散劳动力,使农民走上脱贫致富之路。该模式的发展丰富了城乡人民的物质生活内容，并且已开始由数量需求型向质量需求型过渡，这一需求转变又反过来进一步促进蔬菜种植业的发展，由单纯供应型向供应与服务综合型并举的方向发展。绿色蔬菜、保健蔬菜、包装蔬菜等的出现，标志着蔬菜产业档次的提高和人民生活水平的进一步提高。促进了农村经济的发展。蔬菜作为第一性生产，它的发展可为畜牧业提供饲料，为加工业提供原料，为大田种植提供了技术依据和保证。因此，它的发展不是独立的，而是与其他产业紧密相关，相互依存，其深度发展必然会带动整个农村经济的全面发展。在一些地方，还成为地方经济发展的重要支柱产业。提高了广大农民的文化科技意识和劳动技能，通过庭院蔬菜种植，农民尝到了高收入的甜头，同时也认识到了文化科技对农业生产的促进作用，逐渐培养了科技意识，注意学习，并在实践过程中提高了劳动技能，通过种植和销售蔬菜活动，对市场经济也有了进一步的认识，实现了由传统的小农经济意识向宏观的市场经营思想的转变。

3. **生态环境效益**　多种形式的种植业，改善了庭院生态环境，增加了庭院绿化面积，使农村生活环境得到了较大的改善。同时，进一步与庭院养殖业及加工业相结合，改善了庭院物质循环关系，促进了农村生态环境的改善。

第三节　以林果业为主的模式与技术

中国北方地区，以林果生产为主的庭院种植业早期分布在浅山丘陵地区。这类地区最基本的特征是交通不便利，水资源分布不均，干旱多风少雨，是典型的干旱、半干旱地区和高寒地区。这里生活条件差，农户多居住在山脚，靠山面坡，人口居住比较分散，地方政府对宅基地划分没有严格的界线，多以住宅面积或宅院面积为主，一般情况下，宅院周围可利用土地面积较多，有些甚至上至山顶下至沟底都可以开发利用，只要劳动力和经济条件允许，就可开垦，因此属于一种特殊的庭院经济类型。它可使农民得到直接经济利益,一定程度上,使这些地区的植被得到保护并有效地遏制水土流失,社会和生态效益得到有效提高。这种模式的发展空间较大,但也因经济和受交通不便等因素影响,发展比较缓慢。

近年我国已开始重视这类地区的开发,发挥其特殊优势,走“靠山吃山”的路子,在尽可能少的投入前提下,注重长期和短期效益相结合,种植业和养殖业相结合,粮食作物与经济作物种植相结合,经济效益和生态效益相结合。如在山势较高的地方种植松、柏、李、山楂等耐旱树种作为远期生产目标,地表种牧草发展养殖业,同时间种食用菌、药材、野生蔬菜等经济作物;在山腰靠近宅院内种植果树、梨树、桃树、葡萄、花椒等树种,间作农作物和蔬菜;在果树下栽种耐阴植物如草莓及一些中草药材类,同时建家畜养殖圈舍,充分利用种植业下脚料作饲料;山脚因雨水蓄积较多,地下水也易获取,所以多种植喜水类植物如杨、柳等树种,从而相继形成了不同海拔、具备不同品种特色的形式多样的经济林果带。

改革开放以来,随着市场经济的进一步深化,发展经济作物已成为一种热潮,林果业因其经济效益可观,投入小,易管理特点,在北方大多数平原和高原地区也被作为庭院开发重点项目,并进一步向大田发展,有些地方已呈现规模化发展的趋势,为广大农民脱贫致富,增加收入发挥了积极作用。

一、模式概况

宜林宜果是中国北方浅山丘陵地区的自然特征,这类地区的林果业具较长的发展历史。近几年,有些地方还将开发野生植物资源作为一项重要的农业生产和发展经济的一条路子。

许多宜林宜果地区包括高原和平原地区,利用国家优惠政策和资金帮助,发挥当地资源优势,在市场经济下,一举改变过去贫穷落后的面貌,跨入了富裕者的行列,不但自己的生活和生产条件得到了改善,而且也为整个地区农业经济的发展作出了贡献。根据一些成功经验的总结，这类地区以林果业生产为主的庭院经济种植业发展模式有以下几类；

1. **单一经济林、果模式**　即在庭院有限的空间内，以单一经济林、单一经济果树种植为主的生产模式，如庭院栽植葡萄、枣、板栗、苹果等。山东潍坊市寒亭果树站，1987 年春季在 6 个村分别定植 1 年生巨峰葡萄苗，1988 年平均每公顷产量达 444 000 千克，户均获利 3 000 多元。在辽宁、河北、山西等地区都有用葡萄条经催根后扦插建园，第二年获得每公顷产 37 500 千克的典型农户，利用庭院创造高产的专业户也很多。如山东菏泽市一户市民，利用 122.7 $米^2$ 的庭院栽植两年巨峰葡萄 14 株。当年就结果 20.4 千克，第二年又结果 774.69 千克，折合每公顷产 64 935 千克。辽宁大畦县田庄台镇一居民，在庭院栽植巨峰葡萄和紫丰葡萄，定植后第二年每公顷产 48 000 千克。近几年来，市场鲜葡萄的价格为 1 ~ 2 元，每公顷葡萄纯收入约 37 500 元人民币。山东沂蒙山区农民薄夫华 1996 年庭院种植樱桃收入 8 000 多元。

2. **林果复合模式**　在干旱低山丘陵区，选用耐旱林、果树种，建立"油松盖顶，果树缠腰，山脚桐粮"的立体生态林业布局，即山顶栽油松或侧柏（石灰岩山地），山腰栽苹果，山楂或花椒，山脚种泡桐，实行桐粮间作。形成油松、侧柏、山楂、苹果、花椒、泡桐的垂直布局。这种模式主要适用于浅山丘陵区。有条件和市场的地方，还在林、果地表种植草莓、药材、野生蔬菜及牧草等间套品种。推广应用较多的如果树—草莓间套模式，即利用葡萄、桃子、苹果等落叶果树，中秋前后套种草莓，使果园表土增深一层覆盖物，有利于冬季保持土温，促进果树根系生长和土壤微生物活动。一般 1 公顷果园全部套种草莓，可年收草莓 6 000 ~7 500 千克。除品收入外，可增收过万元。

3. **"林 - 果 - 菜"复合立体模式**　一般情况下，林果业生产为主的模式，在靠近地表的地方，均有一部分阴湿空间，应用立体种植技术将其利用起来，林、果树间套喜阴蔬菜构成林果蔬菜类模式。这类蔬菜以耐阴类和食用菌为主，这部分空间的环境条件也正好适合于它们的生长。

4."林 - 果 - 药"模式 在深山陡坡、距村镇较远,不适合发展经济林的地方,结合用材林的营造种植野生果树,品种如沙棘林等,并建立木草木药材基地,繁育中药材育苗木,可选品种如金银花、白芍、连翘、红花、杜仲、厚朴、黄柏、桔梗、射干等。形成速生用材树、灌木野生果树、木本药材树、草本药材的立体种植和间套模式。对于面积较小的庭院,可在院内果树下向阳的地方栽植喜光的中药材,如金银花、白芍、连翘、红花等。树下耐阴的地方种植耐阴药材,有白术、蓖麻、平贝母等。

5."林 - 果 - 养殖"模式 在不宜种植其他品种的林果业主模式中,可集中涵养水源,培养林地牧草,发展畜牧业,构成种养结合的典型模式类型。

模式一:"葡萄 - 藕 - 鱼"模式。根据动、植物间互惠原理,利用农产品下脚料或垃圾饲料养黄鳝、泥鳅、甲鱼等;池泥壮藕,池中肥水壮葡萄,葡萄向空中发展可充分利用空间,多层次利用水、肥、光、热、气资源,减少污染,形成良性循环。

模式二:"葡萄 - 畜 - 禽 - 鱼"模式。庭院内挖鱼塘167米^2,塘边栽葡萄,塘泥作肥料,葡萄架上房,墙角挖池养蚯蚓喂鸡,鸡粪养鱼、喂牛(猪),猪牛粪产蝇蛆喂鱼、鸡。形成食物链良性循环。

二、模式特点剖析

由于中国复杂的地理特征,这类模式在中国各地都比较普及,是中国现代农业开发模式的一个重要典型,其潜力很大。虽没有蔬菜种植业那样普及和直观,但其地方特色和资源优势特点十分明显,主要表现在:①分布地域以陡坡山区和沟边河滩宜林区为主,地方经济文化比较落后,交通不便,信息不畅,但自然资源和劳动力资源丰富,发展空间大。②模式结构虽然比较合理,但社会环境易制约其优势的发挥,需要信息部门的大力支持和政府做一些协调和引导工作,否则易造成滞销的被动局面,挫伤积极性,影响发展。建立产品储藏和初加工基地是解决这类地区交通运输问题的有效措施,同时还可充分利用劳动力资源提高附加值,增加收入。③该模式以长期效益为主,形成规模后,其效益更可观,但初始资金和劳动力投入较大,需利用时间和空间立体搭配短期项目,实现资源互补,长短结合,以短养长。如在林果间套种生长期短的食用菌类蔬菜和中药材等。④山地丘陵地区作业面积一般较大,操作者大多文化技术水平较低,耕作一般比较粗放,单产不高,需在普及和提高相应的技术水平上下工夫。以期达到高产、优质,最终实现高效的目的,同时,较好的生态环境又使其产品很少受到污染,符合绿色食品标准,故产品较受市场欢迎。以土特产品为主的产品品种,既便于地方农民接受,又可以其特色优势在市场上站稳脚跟,获得稳定高额的经济收入。高原、平原地区庭院一般面积比较小,但其经济、文化、交通、信息、市场等条件较好,易形成地方产业发展模式。⑤因地域条件有限,山地丘陵地区短期内以机械代替畜力作为农业生产动力的可能性还比较小,但靠人力又很难应付繁重的体力劳动,故饲养役用动物,以减少人的劳动力负担和扩大生产规模是十分必要的,不应轻视。而高原和平原地区则宜大力发展机械化、工厂化作业,以提高生产效率,增强竞争能力。⑥对该模式的合理发展的同时,可利用林果树品种发达的根系,涵养水源,保护植被,以实现可持续发展。

三、关键技术要点

(一)优化品种结构

该模式的品种选择范围较窄,引进品种工作量较大,一般情况下,应先以改良和优化地方现有品种为主,选择经济性比较好的品种通过嫁接、育苗等技术进行改良和优化。在有条件的地方,尽量和有关农林院校和科研单位联合进行地方品种的改良和优选,也可以通过科研推广机构和各种技术信息渠道,如电视、广播、书刊、杂志等,借鉴成功的经验,在严格分析对比两者适用条件的基础上,选择适宜的技术和品种直接采用或经小区实验后再在较大范围内推广。同时,也应注意自己的经济和技术条件。一般经济性好的品种,经济和技术投入也比较高，如果勉强种植，有时会适得其反，造成损失。

（二）科学合理的规划和布局

对原有结构的改造应本着充分利用现有条件的原则，在此基础上针对其薄弱环节和不足部分进行加强和补充，只对严重老化和淘汰品种进行更换。对于新建模式区划，一定要注意地域特点和远近期品种结合，创造条件和提高效益相结合，经济效益和生态效益相结合，做到科学、合理的规划和布局。如在建果园时，首先要考虑到果树为多年生植物，对气温和地下水位都有较高的要求。在丘陵山地首先考虑最高温度和最低温度出现的时期和延续天数，其次是雨量和土质。气温较低和无霜期短的地区，只宜选种耐寒果树或采用保护地种植等技术改善条件。地下水位高的地区，一般不宜建果园，应选择土层深厚、地势高燥，交通方便，排灌条件好的地方。对一些引进品种不能轻易纳入规划范围内，应先少量实验 1～2 年后再示范推广，切不可盲目大量种植。对一些新、奇、特的品种更应该特别慎重，以免造成经济损失。在规划分布中还应注意经营方针，如距离城镇较近的果园，则以供应城市鲜果为主。果树的种类和品种可适当多样化，早、中、晚熟搭配，如梨、苹果、桃、柿、草莓、麦李、葡萄等，既可满足市场常年供应，又可调节果园的劳动力和季节的安排。距离城镇较远和丘陵山区交通不便的果园，则应选择耐储存、耐搬运的品种种植，如核桃、银杏、板栗、苹果等。此外，规划时还应结合用材林种植。在果园北面设置防风林带，借以挡风固沙和御寒保温。这点在北方地区尤为重要。

在规划与布局中，应重点考虑立体种植技术。林果立体种植具有较强的代表性，可直观地表现立体农业特点：

一是以最大经济效益为目标，达到合理的投入产出比，强调科学的管理和合理的物质投入。同时，注意维护生态平衡，减少环境污染，使农业系统长期处于良性循环之中，达到持久稳定的经济产出。

二是立足单位面积土地空间资源的开发利用，使其具备空间的广泛性和时间的持续性。小至一亩田、一口塘、一个庭院，大到一个山体、一个水域，建立复合群体的生物立体群落。

三是注重多物质、多层次、多时序、多级质能、多种产业的结合，农、林、牧、渔并举，引入加工环节，以提高立体模式自身的利用率，实现系统内增值的目标。

四是不断提高土壤肥力，有效地保持水土，提高地力，建立立体生物群落和完善人工组装技术，增强对自然灾害的防御能力。

（三）重视改善生产条件

这种模式的开发，同时也是一个改善自然条件和种植条件的过程。

（四）葡萄高效栽培关键技术

以分布较广、栽培方式较多的葡萄栽培为例，世界水果栽培面积和产量中，葡萄的栽培面积和产量相对较高。目前世界上葡萄单产提高较快的国家有荷兰、印度、美国、阿根廷、日本等。中国不但栽培面积较少，而且单产也低。合理利用中国庭院土地和空间资源以及沙荒、盐碱、丘陵坡地和“四旁”（宅旁、村旁、路旁、水旁）零散空地，发展葡萄栽培，在中国一些地区较为普遍。

1. **葡萄的特点**　①葡萄适应性强，生长寿命长，经济效益高。②葡萄是适应性很强的一种果树，南从炎热多雨的海南岛、北至冬季严寒（－32℃左右）的黑龙江，东起山东半岛，西止天山山脉都有葡萄栽培。虽然葡萄原产温暖地带，抗寒性能较弱，但因其枝蔓柔软，越冬时可用埋土办法防寒保温。③葡萄本身对土壤条件要求不严格，无论是红壤、黄壤、沙壤土或黑钙土均可栽培。即使含盐碱量较高的土壤，经过改良，使盐分含量下降到0.2%以下时，也能栽培葡萄，再加上科学管理，同样可生长良好，并能获得较高的产量。④葡萄比其他果树寿命长，一般能活30～50年。根据资料介绍，西藏有生长数百年的葡萄大树，至今仍然枝繁叶茂，果实累累。在山西清徐县有1株180余年的黑鸡心葡萄，年产仍达2 000千克以上。此外，山东的平度县、山西的榆次、辽宁的盖县、河北的昌黎、新疆的吐鲁番等地都有数十年的高龄大树，每年仍然高产。所以，葡萄一经建园，就可长期连年受益。⑤葡萄生产大多采用营养繁殖。其插条或接穗，来自成龄树上，绝大多数芽子已具有分化的花器官，经过一年的营养生长,枝条径粗达10毫米左右时形成花芽,第二年即可开花结果,并能获得较好的产量。

2.**北方地区葡萄栽培区划**　北方葡萄生产栽培根据气温条件、栽培特点和生产发展方向,大致可划分为以下几个栽培地区。

(1)冬季不覆盖适宜栽培区　葡萄生长发育过程中,温度是主要影响因素,它对生长、结果、产量和品质都影响很大。葡萄一般在10℃开始萌芽,25~30℃是枝条生长、展叶、花芽分化、开花结果和浆果成熟的适宜温度,35℃以上生长受到抑制,40℃光合作用几乎停止。秋季温度下降至10℃以下时叶片变黄,叶柄逐渐产生离层而脱落,植株进入休眠期。以欧亚种葡萄为例,在休眠期成熟的枝芽能忍受-17~-16℃的低温,根系能忍受-4℃的温度。因此,把冬季-17~-16℃的绝对最低气温等温线,定为葡萄冬季越冬不覆盖区的界线。在此界限以南的地区,是葡萄不覆盖的适宜区。其具体地理位置的北线在山东的掖县、昌邑、寿光、济南,河南的范县、鹤壁,山西的晋城、垣曲、临猗,陕西的大荔、淳化、宝鸡直至甘肃的天水和四川的马尔康一线;其南线是从江苏的滨海、清江,安徽的泗县、宿县,河南的周口、叶县、西峡,陕西的商南、镇安、汉中,直至四川的绵阳、理县、马尔康一线。该类地区日平均温度大于或等于10℃的年积温在4 000~5 000℃,能满足其晚熟品种葡萄生长的需要。中国著名的葡萄产区烟台、平度、砀山、萧县、宿迁和民权等地都是发展葡萄生产商品基地的理想地区。这些地区的主要酿酒品种有白雅、白、贵人香、龙蛇珠、红玫瑰、法国蓝等,主要鲜食品种有玫瑰香、巨峰、早生高墨、先锋、黑鸡心和龙眼等。

(2)冬季覆盖适宜栽培区　该区域是指-17~-16℃绝对最低气温等温线以北至-21℃绝对最低等温线以南的地区。即从辽宁的大连到河北的秦皇岛、昌黎、唐山、怀来、保定,山西的介林,陕西的延安,甘肃的兰州,青海的民和、西宁和新疆的吐鲁番、和田地区。该区栽培葡萄,冬季需要简易培土防寒,才能安全越冬。这里是欧亚种和欧美杂交种高产、优质的生产基地,是中国的著名葡萄产区,如辽宁的大连、盖县、兴城,京津郊区,河北的昌黎、宣化、新疆的吐鲁番与和田等地。该区大部分产地雨量适中，日照充足，病虫害较少，昼夜温差较大，果实品质、产量均好。是葡萄酒干、葡萄酒和鲜食葡萄的生产基地。栽培的主要品种有新疆的无核白、马奶，山西的龙眼、牛奶，辽宁、北京、天津的玫瑰香和巨峰群等品种。

（3）较适宜栽培区　该区范围较广，其自然条件对葡萄的正常生长、开花结果有一些不利因素，必须在正确选择适宜品种的基础上，加强田间管理才能获得较好的产量和质量。北方较适宜栽培区包括辽宁的丹东、沈阳、朝阳，河北的承德、坝上，山西的大同，内蒙古的包头，宁夏的银川，直至甘肃的嘉峪关一线以南，这是覆盖适宜栽培区北线以北的地区。该地区日平均气温大于或等于 10℃ 的年积温为 2 700 ~ 3 500℃，无霜期 145 ~ 170 天，一年中绝对最低气温 -30 ~ -27℃。全年降水量 300 ~ 600 毫米居多。冬季较寒冷，栽培葡萄需要下架埋土防寒。夏季气温较高，秋季干燥凉爽，日照时间较长，昼夜温差较大，葡萄含糖量较高，着色较好，适于栽培早中熟品种，是中国鲜食品种生产基地之一。

（4）实验栽培区　北方试栽区目前限哈尔滨、牡丹江、齐齐哈尔等以南至冬季覆盖适宜区北线地区。此区冬季气候严寒，一年中绝对最低气温常在 -32 ~ -30℃，生长期较短。应用抗寒性较强的早熟品种，如红香水、牛心、黑莲子、布来顿和早生高墨等品种进行露地栽培，采用抗寒砧木嫁接苗栽培。冬季要加大防寒厚度及宽度才能安全越冬。近几年来，利用保护地栽培葡萄，在该地区发展较快，一些早中熟大粒优良品种不断引进，如康太、蜜汁、早生高墨、乍娜、凤凰 51 号、巨峰、甜峰等。经过适应性栽培，其中康太、蜜汁、早生高墨已在该区逐步变成主栽品种，代替了原来的小粒红香水、牛心等品种，并且产量较高，开始向地区自给方向努力。另外，通过杂交育种、引种和资源筛选，选育出了抗寒酿酒品种公酿 1 号、公酿 2 号、北醇、山玫瑰、山黑等具有东北山葡萄抗寒性状后代。通过资源筛选，选育出了具有两性花较丰产的山葡萄优系，如双庆、双优、双锦等，都是中国酿造具有山葡萄优良品味美酒的特异原料。在冬季防寒地区，可以不用防寒设施或只用简单防寒设施就能安全越冬。

3. **主要葡萄栽培方式**

(1)露地栽培　葡萄适宜在土地面积大的平原、坡地、沙荒地上进行较大规模的栽培。这种栽培形式,历史悠久,是生产上的主要栽培形式。它的主要特点是集中连片,容易实现机械化作业,提高劳动生产效率,减轻劳动强度,降低生产成本。

(2)庭院栽培　为农户和城镇机关、部队、厂矿、学校等单位利用庭院及各种建筑物周围的闲散空地栽培葡萄的一种形式。不仅能绿化、美化环境,又能给人们提供美味新鲜的葡萄。一般庭院栽培,由于小气候优越,管理方便,都表现结果早、产量高、质量好、效益高,是深受农村和城镇人民群众欢迎的一种栽培形式。

(3)保护地栽培　这是在露地和庭院栽培的基础上用人工加设保护措施,创造小气候,使葡萄提前萌发生长和延后生长,促进成熟,或一年多熟的栽培方式。在葡萄的行间,还可以种植草莓、食用菌类及药材等。其经济效益高,受到生长季节短的北方地区人民群众的欢迎。

(4)盆栽葡萄　是把葡萄栽植在容器内(盆、缸、箱、篓等),放置在庭院、窗台、楼房的平台、阳台或客厅、会议室等处。由于葡萄果实色泽鲜艳,粒形美观,枝蔓柔软,可人工造型做成"彩珠争艳"、"彩珠绿扇"、"金龙托珠"、"星斗争辉"等美丽的形状,供人们观赏。每个单位或家庭栽培陈设几盆葡萄,既可绿化、美化环境,消烟除尘,净化空气,又能品尝到美味可口的新鲜葡萄,可谓一举多得的好事。

4. **庭院葡萄栽培技术要点**

(1)深挖穴、重改土　庭院边角葡萄种植地土质一般较差,需经改良和处理才能实现幼苗早期丰产。

(2)栽大亩、促旺长　因庭院采光问题,栽大苗可在成活后最初几个月内,利用树体本身所含养分,尽快抽生枝蔓到达有充足光线的高度,保证叶片正常的光合作用,继续积累有机养分,达到根深叶茂。

(3)长放蔓,快满架　只要树势强、生长旺,就尽快把枝蔓放到架面上,在按树形要求,培养出主蔓和结果枝组。幼苗要坚持"以长树为主、结果为副"的原则,尽快使枝蔓放满架面,为成龄树丰产打下基础。为了解决因长放枝蔓带来的主蔓基部光秃问题,要特别注重夏季利用副梢快速整形。

(4)重防护,早促发 庭院栽培葡萄,经常受畜禽损伤,严重影响葡萄生长,必须严加护理,促进苗木早发快长。

(5)勤绑蔓,改善风光条件 把枝蔓及时、均匀地绑在架面上,以使架面通风透光。一般每平方米架面留8~10个新梢,多余的及早除去,副梢处理也应及时进行。

(6)严格疏花疏果,控制合理负载 合理的疏花疏果,可以稳定树势,确保连年丰产。疏花穗的原则是:壮枝留2穗,中枝留1穗,弱枝不留穗。为了使果穗紧凑、果粒饱满,在开花前剪除副穗和1/4左右的穗尖,开花坐果后及早疏除果粒,大型果粒每穗留30~40粒,中型果粒每穗留50~60粒。

(7)控制施用氮肥,以防冻害 庭院葡萄一般容易施用氮肥过多,造成树体徒长,这不仅当年果实着色差、糖度低,而且枝蔓内有机养分含量低,枝条不充实,在越冬期易抽条死亡。所以,必须适当控制施用氮肥,增施磷、钾肥,以缓和树势,提高果实品质和越冬性。

(8)果穗套袋,预防病虫害 在开花后及早对果穗套袋,可以有效地防病、防虫、防蜂、防鸟的危害,同时还可以大大减少喷药次数,对生产绿色食品也极为有利。

(五)大棚草莓高效栽培技术

草莓浆果鲜红艳丽、芳香多汁、甜酸可口,富含人体必需的矿物质、维生素、多种氨基酸等营养成分,其可食用部分达到98%以上,因而越来越受到消费者的青睐。

1. **品种选择** 棚室栽培中,若采用促成栽培,应选休眠浅、花芽分化早、适应性广、冬季低温下开花结实力强、花粉稔性好的品种,如丰得、明宝等。

2. **培育壮苗** 棚室栽培最为理想的草莓壮苗,应由脱除病毒的种苗繁殖而来,具有5~6片叶,苗重达30~40克,根系发达、白根多,地下部干重高于地上部。草莓壮苗培育的实用方法主要有遮光育苗、夜冷育苗、水培育苗和盆钵育苗。其中遮光育苗是用高密度遮阳网或黑色薄膜等材料遮光,创造短日照条件(控制日照时数在9~10小时),以促进花芽提早分化的育苗方法。夜冷育苗是每天下午4点半后将草莓植株移入冷库(10~15℃)进行低温处理,第二天上午8点在移出放在阳光下接受光照(如此进行20天左右)以促进花芽提早分化的育苗方法。水培育苗是直接通过营养液配制(中断育苗中期营养液中氮素供应)调节植株的营养状况(降低育苗中期植株体内氮素水平),以促进花芽分化的育苗方法。盆钵育苗是将草莓繁育苗中种株发生的匍匐茎小苗移入塑料营养钵中集中管理,以促进花芽分化培育壮苗的育苗方法。

3. **草莓促成栽培措施** 在种植前,用溴甲烷熏蒸或利用太阳能的热量进行大棚土壤消毒。然后,撤除覆盖物使棚内土壤充分透气,再翻耕耙平。结合起垄(每垄连沟1~1.2米宽)每公顷施腐熟的有机肥30 000~37 500千克、过磷酸钙40千克、氮磷钾复合肥30~40千克作基肥。待到50%苗株达到花芽分化期时定植。定植密度因垄走向不同而异,一般南北走向的垄,行距为25厘米、株距为15厘米左右;东西走向者行距为40厘米、株距为15厘米。栽植深度以叶鞘基部分与土面平为宜,使发根部位尽量与土壤接触。定植后随即浇透水,使土壤与植株根系紧密接触。

自定植后的第二天起,根据天气情况和干燥程度每3~7天浇水一次,绝对不能使垄面干得发白。栽植后大约半个月草莓植株地上部开始萌发新叶,此时应将最下部发生的腋芽或刚发生的匍匐茎及枯叶、黄叶摘除,但应保留5~6片健壮叶。

为了提高土温,一般在10月中下旬覆盖地膜。盖膜前应将带孔的塑料软管置于垄中间(孔口朝上),以便日后滴灌。盖膜时最好选择在下午2点后覆盖,并利用下午或第二天上午掏苗。掏苗时可在苗的位置用刀片划一短线,使苗掏出后露出的土较少。当顶花芽分化1个月后(南京地区一般在10月20日左右)开始盖棚保温。盖棚后的7~10天内白天应尽量使温度保持在30℃以上,其间如棚内干燥,白天应对叶片喷洒水分,地膜只盖到高垄的肩部。植株现蕾后,要停止高温多湿的管理方法,使棚内温度逐步下降至25℃左右。在开始揭棚膜降温的头3天，白天最好每天先在叶片上喷水1～2次后再适当揭膜，傍晚再盖棚膜。当外界气温可能降到0℃以下时，应在大棚内覆盖中棚或小棚。一般开花期白天温度保持在23～25℃，果实转白后保持在20～22℃，收获期保持18～20℃。

在大棚草莓促成栽培期间，如果早晨在叶缘见不到水滴时，则需及时浇水。追肥可结合灌水进行；追肥应掌握勤施少施的原则，一般共施追肥6～8次。另外，在始花期应摘除多余的侧芽和基部叶片，以利于更好地开花结果。棚内利用蜜蜂辅助授粉是一项增产增收的重要栽培措施。草莓生长期间的病虫害主要有灰霉病、白粉病、炭疽病，蚜虫、红蜘蛛等，应注意及时防治。

4. **草莓的采收** 草莓鲜果柔软多汁、不耐储运，过熟采摘易变色变质；采摘过生则着色不好，商品性差。大棚草莓由于栽培方式多样，从10月至翌年6月均有鲜果采收上市。一般而言，在12月至翌年2月间，气温较低，以九成熟（果面着色90%）采收为宜。在11月及3～4月应以八成熟采收为宜；在10月及5～6月以七成熟采收为宜。采收草莓应尽可能在上午或傍晚温度较低时进行，大棚草莓最好在早晨结合揭开内层覆盖物时采收。采摘时，应将手形成空心，尽量不挤压果实，用拇指和食指拿住果柄，在距果实萼片1厘米处折断。采收时盛装鲜果的容器要浅、底要平，为防挤压，果实叠放不宜超过3层，不能装得过满。

（六）自然灾害防御和病虫害防治技术

进行以林果业为主的模式开发，受地理、自然等条件的影响较大，其对自然灾害的防御能力较弱，故应对其进行人工保护。如在多雨地区疏通排水渠道，在干旱缺水地区蓄水保苗。如在类似于甘肃中部的干旱、半干旱地区，新栽幼苗树冬季常受干风侵袭，导致枝梢干枯甚至整株死亡，严重影响林木成活与生长。为改善这种情况，需采用“截杆栽根技术”解决阔叶树幼苗的风干问题，雨季、秋季适当深栽，培土埋苗，春季及时刨土透气，解决针叶树风干问题。

近几年来，有些地方还借鉴国外经验，将日光温室和高效果品生产技术进行“嫁接”，形成了复合型高新技术，这就是保护地果树种植技术，目前已比较成功地种植了樱桃、猕猴桃、油桃、桃、杏、李、葡萄等品种。该技术的实验成功，不仅扩大了果树栽培的地域范围，拓宽了日光温室种植技术的应用范围，提前了果品上市时间，而且有利于提高种植者的经济效益。但与其相配套的树木调控、整型与修剪、肥水管理、病虫控制、栽培环境调控等要求也相对较高。

随着林果业种植面积的不断扩大和内容的不断丰富，其病虫害的防治显得越来越重要。木本植物和草本植物同园种植，种植业和养殖业的结合等又使病虫害防治工作更为复杂。庭院林果树病虫害防治应以物理和生物防治为重点，同时结合其他方法进行综合防治。尽量避免化学防治方法，以免因使用化学农药给果品造成残留危害，影响果品的商品价值。

1. **营养预防技术**　加强作物营养，增强作物自身抗病能力。在种植前，首先对土壤和根苗进行消毒处理，以免种源和根源性疾病传播。种植时施足底肥，在生长过程中及时足量地补充营养物质，增强其抗御病虫害的免疫能力。

2. **生物防治技术**　通过合理搭配组合，利用不同作物抗逆性的差异，相对减轻病虫害和自然灾害造成的损失。如一些药用植物对作物的病害具有一定的抑制作用，如利用动植物相互存在着依存关系，许多益鸟可以及时消灭或减轻植物的虫害等。

3. **生物农药防治技术**　在物理和生物防治措施无法控制病虫害时，可采用施用生物农药的办法。近年来，化学农药给人类和生态带来的负面效应越来越严重，结合生物和化学方法，人们又研制出了对动植物伤害较小的生物农药。为了我们共同生活的生态环境和实现可持续发展战略，应尽量以生物农药代替化学农药防治病虫害。

4. **卫生防疫技术**　搞好果园环境卫生，做好防疫工作预防病虫害的发生。作物的病虫害主要是因为病原菌在合适的生长环境中繁殖，通过风等传播途径带入病区的。因此，只要注意园内外环境卫生，破坏病原菌的生长繁殖环境，避免园区之间的频繁物质交换和人及其他动物的走动，就可以起到减轻病虫害发生的作用。

（七）深度加工和完善的销售服务

因远离城镇，交通不便，或由于市场行情多变，价格低，易造成产品积压和损失，所以应重视当地加工能力的提高。一方面可以减少因运输、销售不及时造成的直接经济损失；另一方面可以充分利用当地劳动力资源，提高产品的附加值，增加收入。注意市场开拓，这是获得最终经济效益的保证。

（八）善于应用新技术

根据林果业栽培技术的发展趋势，还应重视高品质栽培和配套技术、轻型设施栽培技术、节水省工栽培技术、配方施肥和除草营林技术、组织培养和化学调控等技术的应用。

四、效益分析

1. 经济效益 庭院林果业的经济效益和蔬菜种植业相比，相对比较稳定，属长期效益型。一般情况下，林果业在种植后 3 ~ 5 年后才能产生经济效益，而且一般每年只收获一次，用材林的效益回收期更长。但林果业进入盛产期之后，其产量和效益会明显高于蔬菜，而且会连年稳定上升，直到进入果树生长后期，才逐渐下降。有些果树品种还有大小年之分，即隔年产量相差较大。由于林果业在整个生长期的运行成本较其他种植业低，如与其他品种的种植相互搭配，有望实现长期效益与短期效益的有机结合。前面提到的林果药型模式即实现了长、中、短效益相结合，桔梗或射干 2 ~ 3 年收获，桔梗每公顷可收 750 千克；木本药材 6 ~ 7 年采伐，每公顷收 3 000 千克；速生用材林 15 年进行第一次间伐，每公顷采伐量 37. 5 米^3，20 年生用材林采伐，每公顷蓄积 180 米^3。又如林果业和草莓套种模式，在不影响林果业生产的前提下，秋栽草莓，第二年每公顷产量可达 3 750 千克，以后每年每公顷产量达 15 000 ~ 22 500 千克，最高达 52 500 千克，每次种植可连续采收 3 ~ 4 年。

河南省商水县农民高恒心应用“林 – 鸡 – 鸭 – 猪 – 鱼”立体种养模式，坑塘养鱼，坑边植树，林下养鸡、猪、养鱼，每年每公顷产值达

172 500 元，每公顷纯收入 48 750 元。

可见，以林果业为主的庭院种植模式，和其他作物种植搭配，非常必要。一方面可以利用林果业发展初期的闲置空间，发挥所配种植物的短期收获效应，弥补林果业前期的收入空缺，以短养长，促进林果业的发展，增加林农、果农的收入。另一方面，山区利用木本、草本药材资源丰富的优势，在营造用材林和果园的同时，立体种植中药材，还可繁育中药材苗木，建立木、草本药材基地，同时经营和管理林果业和药材种植，省时省工，可解决用材林周期长，见效慢与山区群众亟待脱贫致富的矛盾，实现近、中、远期经济效益的有机结合，值得适宜地区大力推广。

2. **生态环境效益** 林果业的最初种植就是以治理生态环境为主要目的，通常以一个国家和地区的森林覆盖率来说明其生态植被的保护程度。在靠近沙漠和河滩地带，种植用材林和经济林有着更重要的意义，我国对此十分重视，多次花大力气解决土地沙化和荒漠化的问题，并已取得显著效果。直观地来看，庭院林果业种植似乎对生态环境治理贡献不大，但大环境是由无数个小环境所组成的。因此，作为一个社会细胞，家庭林果种植业就是一个国家甚至整个地球生态环境保护和治理的一个缩影。同时，也改善了农村和家庭小环境的生态，有利于人们生活条件改善。

总之，庭院林果种植业在保持生态平衡、水土保持、防风固沙等工作中发挥着重要的作用，其生态效益和环保效益是无法用经济价值来衡量的，可以说，它是一项功在当代，利在千秋未来的大好事。

第四节　以药用植物为主的模式与技术

中药材是祖国医药宝库中一颗璀璨的明珠，它具有天然原料、综合疗法、治标治本、医病健身的显著特点。几千年来为中华民族的生存与繁衍作出了巨大贡献。随着中国改革开放的不断深入和商品经济的日益发展，中药已突破供处方用药和医药工业制药原料的传统范围，向工农业生产和生活的诸多领域渗透。如在农药、饲料、卫生用品、美容化妆品、服装、食品、饮料、香烟等方面都有着广泛应用。同时，随着中国和世界各国的交往和贸易、文化交流日益增加，加上回归自然、天然药物热的兴起，中医越来越受到国内外医药界的重视，也日益为世界所公认。世界范围的研究、开发、利用中草药的热潮带来了中国中药外贸事业的发展，形成了广泛的深具潜力的海外市场，中药出口业务已扩大到100多个国家和地区，中药出口创汇成了中国独特的一大经济优势。中药材种植有希望成为农材经济发展的又一个新的经济增长点，有条件的地方应对其给予高度重视，加大开发种植力度，发展区域和地方经济。

国内外对中药的需求推动了中药材生产的迅速发展。随着中国城乡经济改革的推进，社会主义市场经济的建立和发展。中药材生产在生产方式和生产体系两方面都发生了变化。生产方式由过去以采集野生为主转变为栽培为主，采集野生为辅；生产体系最明显的变化就是生产者直接进入市场。由于多数药材公司放松甚至放弃了传统的药材业务，生产主要依赖市场调节生产，缺乏有效的组织与引导，生产存在着相当的盲目性，许多品种生产大起大落。党参、人参、黄连、川芎、当归、生地等品种因地域条件限制，产量远不能满足需求，而野灵芝、野人参、野天麻、川松贝、冬虫夏草等小宗药材和珍稀野生药材供应十分紧张并不断加剧，加之无节制滥采乱挖，使本来十分有限的药用植物资源更加匮乏。有些品种不考虑生长特性被随意引种，伪劣种子、假信息都对中药材生产的健康发展造成影响。因此，积极探索并逐步建立人工中药材生产组织新体系，调动和保护中药材生产者的积极性乃当务之急。

一、模式概况

药用模式适种区域范围较窄，具有鲜明的地域特征，主要分布在冷凉型山地小气候地区，海拔相对较高，多集中在深山，生态植被破坏小，气候湿润、凉爽，利用这类地区和大面积山场发展中草药种植如人参、党参、金银花、远志等,具有比平原好的外观和内在品质等方面的优势和竞争力,如能形成一定规模,其效益不可估量。

甘肃定西地区部分县乡因处于高寒阴湿地带,粮食产量一直很低,但非常适宜种植当归等中药材,是中国当归的主要产地。近年来大力发展当归等中药材的种植,总产量达1 000万千克,占全国当归产量的1/2以上,成为当地支柱产业,为当地经济发展作出了巨大的贡献。河北省在冀东张家口及海拔500米以上的地区大力发展种植中草药,当地农民巧妙地利用特殊的气候条件、植被资源,同时根据市场需求,引入相应的中草药品种并尽快形成规模,参与竞争,增加收益。有的地方农民在条件适宜地区,专业发展间作种植中药材以增加经济收入。如河南省卢氏县赵景芳,充分利用杜仲林行间、套种炉贝母每亩创产值21 600元,念出一条间作套种中药材的高效致富经。

以药用植物为主的种植业模式按其组合配置,可作如下分类;

1.**“粮-药”组合配置模式** 小麦、玉米、半夏间作套种,在小麦和玉米种植行间插播半夏,以后每年注意避开半夏生长位置种植小麦和玉米。在常规收获小麦和玉米的同时,每年收获一茬半夏。该模式在河南一带试种成功,并不断推广,具有较好前景。在此模式基础上还发展起来一种小麦、菠菜、地黄、玉米立体间作套种模式,适合交通方便、人多地少、肥力条件较好的地黄种植适宜区。

2.**“林-药”立体间作配置模式** 这类模式在本章林果业部分已有介绍。这里只以适用地区较广的林木、人参间作立体种植模式为例作一说明。在整好林地内切割等高线内沟,以利排水,沟深3厘米。沟内种植人参种子,种子间距3~5厘米,行距20~30厘米。林参间作模式可在中国温带山地,如吉林、黑龙江大部,内蒙古及西北部,华北山地等有条件地区种植。间种人参,管理简便,不需松土除草和浇水施肥,天然成熟后具有野参的一切理化特性。

3.**“果-药”立体间作配置模式** 果树树冠高大,中药材株型矮小,可利用庭院近地表面和空间生长,两者间套,各得其所,互不影响。通常在庭院内适宜种植的中药材品种有金银花、白茂、连翘、红花等。适宜树下种植的耐阴药材救助白术、蓖麻、平贝母等。葡萄和黑木耳立体间作也可构成果药立体间作模式。

4.“乔－灌－果－药－菜－草”复合立体模式 充分利用庭院或屋后特有的空间，以药为主合理组合乔、灌、果、草、药等植物。这种上乔下灌、果药结合、花草搭配的乔木、灌木、果树、药用植物、蔬菜、草坪立体模式，既控制了雨水冲刷，防止水土流失，改善了生态环境，又创造了可观的经济收入。这类模式适合于沙化，荒漠化转严重的地区。

工龄类模式适选树种有：沙兰杨、泡桐、苹果、桃、李、梅、杏等；灌木可选用白蜡条、杞柳、紫穗槐；药材选用金银花、药用菊花和淮阳黄花菜；草种选用狗牙根。平均每公顷产值在 15 000 元以上。

二、模式特点剖析

1. 固有的副业地位 药用植物的栽培和种植，毕竟在农业中占次要地位，加之市场容量有限，风险较其他经济作物大，因此种植面积不宜过大。

2. 较强的地方特色 药用植物种植地域性较强，即对土、肥、水、气、湿等生长条件要求较高，这些条件直接影响药用植物生长。一般来讲，野生药材较人工栽培药材具有更好的品质和较低的产量。

3. 较好的节地性 药用植物一般不与其他作物争夺良田，只要环境条件适宜，对地块大小和整齐程度要求不高，有些还可在山地、林、草地中生长，减轻了农用耕地的负担。

4. 人工种植的局限性 人工药用植物栽培是对一些市场需求较大，经济效益可观的药材品种，根据其习性，辅以完善的种植条件进行种植，从而扩大种植区域范围，提高产量，以获得更高的经济效益。其资金投入都较高，且成功率有限，而且因生长环境的改善，种植密度的增大和生长期的缩短，有可能使自然生长习性逐渐退化，抵抗病虫害和自然灾害的能力逐渐减弱，品质和药性也受到一定影响。因此，在以中药材种植为主的庭院经济模式中，要对品种的选育和自然环境条件的模拟栽培技术给予重视。

5. 适合立体模式组建 在药用植物中充分体现了时间和空间搭配原则，虽然在各种模式中药用植物占次要地位，但在模式组合中，总是将其对地域气候要求作为一条重要的原则去考虑。在各类模式搭配过程中，药用植物种植总是利用其他作物的生长期空档和生长空间空档进行，将时空利用原理充分发挥，提高了时空利用率和单位面积产量。

6. 同样存在相容相克关系 在药用植物和其他作物搭配中，同时也利用了相容相克关系，配置时不能将对作物生长产生抑制伤害的药用植物和与之相克的作物安排在一起，而是在有可能的情况下，将对作物病虫害具有抵御伤害的药用植物品种和与之相容的作物品种进行，以促进其生长。如香草种植忌与豆科作物重茬。

三、关键技术要点

（一）选地与选种

根据药用植物地域，要使所种品种具有较高的产量和较好的，就需要首先为其提供良好的生存环境，而这种环境在自然条件下主要由所选择植地所处的位置决定的，但对一般家庭来说，庭院种植限制了种植者对种植地的选择。所以，对庭院种植地内种植药用植物只能在庭院种植地范围内选择，根据其所能提供的各种药用植物种植条件，选择种植，即以地定种。同时，作为一种商品生产活动，还应注意调查和分析市场行情，尽量控制种植规模和选用多用途品种，以免造成较大损失。

（二）种子处理

种子是具有生命力的活体，大部分中药材都是通过种子繁殖。因此，必须选纯正、无病虫害、粒大而重、经过妥善储藏和科学处理的种子，才能保证一播全苗，药材种子的处理方法有以下几种：①对大多数容易发芽的种子，如大黄、甘草、防风、白术、泽泻和决明子等，用冷水或温水（40～50℃）浸种12～24小时后播种。②对种皮硬实，含有胶质或腊质、吸水力差的种子，如茱萸、党参、杜仲、黄芪、穿心莲、辛夷等，可分别采用机械损伤、剥壳，或用赤霉素等化学药剂和生长激素处理。黄芪的种子种皮不透水，要将种子用石碾碾至种皮由棕黑色变为灰棕色，或用2倍于种子的细沙，混合拌匀摩擦，当种子发亮时，迅速取出在流水中冲洗30分后播种。③对人参、西洋参、北沙参、黄连、五味子、乌头、黄柏等要求使用在低温湿润条件下完成胚后熟的种子。采用低温或温沙层低温处理的方法，以打破种子休眠，促使发芽。如西洋参种子拌在清洁的细河沙中，保持7%的，置于地下室或室内，在10～15℃下处理60天后，裂口率可达80%以上，胚长达4.15毫米，一般地说在0～5℃的低温下处理120天，通过生理后熟阶段，发芽率可达80%左右。

（三）搭配组合

中药材一般不单独种植，主要利用各种技术在其他作物种植的空隙时间和空隙边角地带种植。因此，科学地组合搭配十分重要，在选择与药用植物搭配种植的品种和搭配时要注意把握以下几点：

1. **正确配置品种**　虽然药用植物不占主要位置，但因其对地域性要求严格，需要选择优良纯正的品种，其他作物品种均根据与之相容相克原理进行选种配置。

2. **利用间作套种技术**　充分利用作物播种和采收的时间差，并选择产量高、效益好的品种与中药材配置。组合中尽可能避免药用植物与其他作物争夺资源，在保证其他作物生长正常和较高产量的前提下，使药用植物产品的品质和产量得到提高。也就是说，要以维持整个种植系统的高产、高效、优质、低成本为原则。

3. **利用立体种植技术**　在间作套种技术的基础上，可利用空间搭配和药用植物生物性状的多样性，在更大范围内选择搭配伙伴。如林木树种，果树树种以及葡萄等棚架作物，利用它们的近地空间进行一些耐阴药用植物的种植。在安排一些特殊的药用植物品种搭配时更应引起重视。如根系药用植物党参，原野生于高山阴坡或半阴坡。幼苗期怕强光直晒，需荫蔽；成株时又喜阳光，怕积水，耐寒，能在田间越冬等。这就需要按照高秆和棚架类植物的生长期，科学合理的选择其他种植品种，并与之立体组合搭配，形成相互协调、互为利用的共生关系。利用党参耐寒性和其他作物冬季闲茬的特点生产党参，可使冬季土地不致闲置，从而达到高效利用的目的。

另外，在考虑种植地搭配的同时，还可以利用院内房屋、院墙、阳台等，选择攀缘类和盆栽类药用植物进行设施利用种植。和攀缘类蔬菜和花卉的种植一样，还可以专门建造设施，在美化庭院环境的同时，与攀缘类蔬菜和花卉搭配和混栽相同习性药用植物，既丰富了品种类型，又增加了经济收入。高寒地区，还可以考虑利用保护地栽培技术，如地膜覆盖、塑料大棚、日光温室以及软化床、阳畦等。

（四）栽培与田间管理

药用植物的种类繁多，有种子播种、根系栽种；育苗移栽、扦插等多种栽培方式。在播种时要根据不同的种类习性，采取相应的措施。种前均需要整地培肥，除草消毒；播种时起垄做畦，播种后保湿育苗；出苗后适当施肥灌水健苗，中耕除草。有的还需要搭架、打尖等田间作业。在生长过程中，注意观察长势和病虫害发生情况，及时预防和治理。即使一些天然种植的品种，也应进行适当的土地处理和除草灌木，创造和改善其生长环境，提高产量和质量。同时，也应重视病虫害的防治。为防止放牧时牲畜对其造成伤害，在种植地周围可加设一些栅栏和篱笆墙进行围护等措施。

（五）收获与加工

药用植物的收获也是很重要的一环。有些是和粮食作物一样，一次性收获；有些是在其生长过程中分段收获或连续收获。药用植物根据其用途，把握收获季节和时机对保证其品质非常重要，过早或过迟收获都有可能降低品质和经济效益，甚至完全失去药用价值。因此，药用植物的收获中应严格把握，并很好地储存。

采收后的中药材，除了骨碎补、鲜芦根等少数种类可供鲜药用外，为防止药材霉烂变质，便于分级、包装、储藏、调运，也为了进一步加工炮制成饮片供临床药用，大多数药材应在产地经过初步加工后才能出售。由于中药材种类繁多，品种规格和地区用药习惯不同，加工方法也各不相同。现将一般常规中药材产地初加工方法介绍如下：

1. **种子类药材加工**　一般果实采用收后直接晒干、脱粒、收集种子。有些药材要去种皮或果皮，如薏苡仁、决明子等。有些要击碎果核，取出种仁供药用，如杏仁、酸枣仁等。有些则要蒸，以破坏药材易变质变色的酵素，如五味子、女贞等。

2. **花类药材的加工**　为了保持花类药材颜色鲜艳，花朵完整，采后应放置在通风处摊开阴干，或在低温下迅速烘干，以避免有效成分的散失，保持浓郁的香气，如红花、芫花、金银花、玫瑰花、月季花等。极少数种类则需选蒸后再进行干燥，如杭白菊等。

3. **果实类药材的加工**　一般果实药材采收后直接晒干或烘干即可。但果实大又不易干透的药材，如千佛手、酸橙、宣木瓜等应先切开后干燥；以果实或果皮入药的药材，如栝楼、陈皮、山茱萸等，应先去除瓤、核或剥皮后干燥。此处，有极少数药材如乌梅等还需经烘烤、烟熏等方法加工。

4. **皮类药材加工**　一般采后趁鲜切成片或块，再晒干即成。但有些种类在采收后应趁鲜刮去外层的栓皮，再进行干燥，如丹皮、椿根皮、黄柏皮等；有些树皮种类在采收后应先用汤略烫后，加码叠放，使其“发汗”，待内皮层变为紫褐色时，再蒸软刮去栓皮，然后切成、片卷或筒，再进行干燥，如肉桂、厚朴、杜仲等。

5. **全草和叶类药材的加工**　采收后宜放在通风处阴干或晾干，尤其是含芳香挥发油类成分的药材，如薄荷、荆芥、藿香等忌晒，以避免有效成分损失；有些全草类药材在未干透前就应扎成小捆，再晾干至全干，避免散失，如紫苏、薄荷、断血流等。一些含水量较高的肉质叶类，如马齿苋、垂盆草等应先用汤水略烫后再进行干燥。

6. **根及地下茎类药材的加工**　这类药材采收后，一般先洗净泥土，除去根须、芦头和残留枝叶等，再进行大小分级，趁鲜切成片、块或段，然后晒干或烘干即成。如白芷、丹参、牛膝、前胡、射干等；一些肉质性、含水量高的块根、鳞茎类，如天冬、百部、薤白等，应先用沸水稍烫一下，然后再切成片晒干或烘干；对于质坚以干燥的粗大根茎类药材，如玄参、葛根等应趁鲜切片，再进行干燥；对于干燥后难去皮的药材，如丹皮、桔梗、半夏、芍药等应趁鲜刮去栓皮；对那些含淀粉、浆汁足的药材，如天麻、地黄、玉竹、黄精、何首乌等应趁鲜蒸制，然后切成片晒干。有些种类如北沙参、明党参等应先放入沸水中略烫一下，再进行刮皮、洗净、干燥。如丹参、玄参、白茂等药材，还要经沸水煮，再经反复“发汗”，才能完全干燥。还有些种类的药材，如山药、贝母等须用硫黄熏蒸才能较快干燥，保持色泽洁白，粉性足，且能消毒、杀虫、防霉，有利于药材的储藏。